Copper Rule and The Morality of Benevolence

黄勇 著

道德铜律与
仁的可能性

上海交通大学出版社
SHANGHAI JIAO TONG UNIVERSITY PRESS

内容提要

在古今中西激荡的全球—地域化时代中,不同文化背景的人应该如何相处? 本书就此提出"道德铜律"的伦理原则。传统儒家伦理为全世界的文明提供了这样的伦理资源——我们不仅要关心自我外在的利益,而且也关心自我的内在美德,即"为己之学",此外,儒家伦理也关心他人的福乐康宁,使他人具有仁义礼智,即"为人之学",就业达成即为己和为人的合二为一。

图书在版编目(CIP)数据

道德铜律与仁的可能性/ 黄勇著. —上海:上海交通大学出版社, 2018
ISBN 978 - 7 - 313 - 18426 - 9

Ⅰ.①道… Ⅱ.①黄… Ⅲ.①儒家—伦理学—研究 Ⅳ.①B82 - 092

中国版本图书馆 CIP 数据核字(2017)第 275746 号

道德铜律与仁的可能性

著　者:黄　勇
出版发行:上海交通大学出版社　　　　　地　　址:上海市番禺路 951 号
邮政编码:200030　　　　　　　　　　　电　　话:021 - 64071208
出 版 人:谈　毅
印　　制:苏州市越洋印刷有限公司　　　经　　销:全国新华书店
开　　本:880 mm×1230 mm　1/ 32　　印　　张:11.25
字　　数:266 千字
版　　次:2018 年 1 月第 1 版　　　　　印　　次:2018 年 1 月第 1 次印刷
书　　号:ISBN 978 - 7 - 313 - 18426 - 9/ B
定　　价:79.00 元

自　序

　　笔者在近二十年来一直关心全球化问题。现代交通和通信工具把以前老死不相往来、生活在地球不同角落的人类连在了一起,使大家生活在一个真正意义上的地球村。可是,与我们通常以为的相反,全球化不仅不是一个同一化的过程,而恰恰是一个多元化的过程。这不仅是因为全球化过程使我们有可能认识和理解先前存在于这个地球各个地方的各种不同的宗教和文化,而且还因为,在全球化过程中,这些先前相互之间相对分离的宗教和文化,由于相互影响,如果不是产生了新的宗教和文化,就是使各自内部变得越来越多样化起来。

　　因此,全球化与地域化并非它们表面上看起来的那样是相矛盾的概念。以前只对本地才有意义的地域性知识(local knowledge),由于全球化而获得了超地域性的意义,从而成了全球化的知识(global knowledge),因为一方面它成了生活于其他地域的人的精神资源;另一方面,它也可以从别的地域性知识那里吸取养分,从而有助于改进自己的地域性知识,使之能够更恰当地指导自己独特的生活。正是在这样一种意义上,我们可以说,我们的世界越是全球化,它也就越是地域化,反之亦然。就此而言,说我们的世界正在走向全球化是个片面的说法,因为它同时也正在走向地域化,而把这表面上相反的两种趋向结合起来的乃是各个地域知识之间日益紧密的联系。正是这种日益紧密的联系使我们的时代成了一个全球-地域化(global-local 或者就是 glocal)的时代,最能反映这样一种全球-地域化的哲学理论也就既不是普遍主义(universalism),也不是独特主义(particularism),而是整体主义(holism)。与强调共同性的普遍主义和强调差别的独特主义不同,整体主义强调的是各部分之间的相互联系和相互影响。

这样一种全球化和地域化的过程对我们对伦理思考提出了挑战。在前现代社会,人们在日常生活中需要与之打交道的伙伴大多具有相同或相近的宗教和文化、风俗和习惯、观念和理想,因此为了保证自己行为的道德性,遵循几乎为每个社会都有其特定表述的所谓"道德金律",即"己所欲,施于人"和"己所不欲,勿施于人",就没有什么太大的问题。但在全球化时代,人们在日常生活中必须与之打交道的人往往跟自己在上述这些方面很不相同,再去简单地根据道德金律行事,往往会对他人带来伤害,即使行为者本人并非有意伤害他人,甚至实际上可能存心要帮助他人。因此,全球化需要重新思考我们的伦理生活,本书就是这方面的一个尝试。

作为替代,在本书的第一章,也是最为核心的一章,和第四章的第四节以及第五章的第三节,笔者利用儒家和道家的思想资源,提出了一个全新的道德原则。因没有更好的名称,笔者称之为"道德铜律",以与大家熟悉的"道德金律"相区分。所谓的道德金律有正面的说法,即"己所欲,施于人,"也有反面的说法(这种反面的说法有时也称为"道德银律"),即"己所不欲,勿施于人。"根据道德金律的这两种说法,在决定是否对别人从事某种行动或者从事什么样的行动时,我们应当想一下,我们是否希望别人对自己从事这样的行动。换言之,道德金律假定了行动主体(agent)"己"与行动客体(patient)"人"具有相同的欲望与偏好等。因此当这个假定为真时,道德金律确实能发挥重大的作用,但是我们看到,全球化时代多元社会的一个显著特征,恰恰就是行动主体与行动对象的欲望和偏好等往往并不相同。

　　正是在这样的背景下,笔者提出了所谓的道德铜律。它也有正反两面的说法,正面地说,它要求我们"人所欲,施于人。"而反面地说,它要求我们"人所不欲,勿施于人。"就是说,当我们确定该不该从事某个行动或者该从事什么样的行动时,我们首先应当考虑的不是我们自己是不是希望别人对我们从事这样的行动,也不是旁观者如何看待这样的行动,而是我们的行动实际上会涉及的人是不是希望我们对他们从事这样的行动。易言之,确定一个行为道德与否的,不是行动主体自己的好恶,而是行动客体的好恶。这样的道德铜律不仅可以帮助我们确定我们自己的行为道德与否,而且也可以用来衡量他人的行为。如果行动主体甲对行动客体乙从事为乙所不欢迎甚至反对的行动,根据道德铜律,我们作为旁观者就可以判定,甲的行动是不道德的。同样,在这种情形下,如果甲要我帮助他对乙从事这种为乙所不欢迎甚至反对的行动,我就不但不应当对甲提供帮助,而且还要阻止甲从事这样的行动。道德铜律要求我们在从事道德思考时,不能简单地闭上眼睛,想象一下我自己是否喜欢人家对我从事这样的行动。相反,我们必须设身处地去了解行动对象所具有的特定欲望与偏爱,看看他们是否希望我们对他们从事这样的行动。

　　很显然,这种强调行动对象特殊性的伦理学的一个前提条件是,我们应当对行动对象有正确的理解,而这涉及解释学所讨论的理解问题。因此在第二章中,笔者提出了解释学的两种模式。虽然解释学,主要是由于伽达默尔(Hans-Goeorg Gadamer,1900 - 2002)所作出的巨大贡献,已经成了 20 世纪哲学的显学,但是尽管现代解释学也是五彩缤纷,它们都属于笔者所谓的"为己之学",而我们为了遵循道德铜律所需要的则是还有待建立的、作为"为人之学"的解释学。这里笔者借用了中国儒家传统的说法,但笔者想用它们来说明的却与其在儒家传统中的意义并不完全一样,因为在儒家传统中,这两种用法褒贬不同(赞成为己之学而反对为人之学),而在笔者这里,他们两者都是中性的,或者说他们都是褒义的:对于不同的目的,他们都是恰当的解释学。作为为己之学的解释学的目的是解释者通过与他者,特别是经典文本,进行对话,而实现自我理解并进而达到自我修养的目的,而作为为人之学的解释学的目的则是通过与他者,即我们在日常生活中必须与之打交道的活生生的人,及他者所阅读的文本,进行对话,而达到对他者所特有的宗教和文化、风俗和习惯、观念与理想,喜爱与偏好等的理解,即知其所欲和所不欲,从而使我们在从事涉及他们的行动时能够遵循道德铜律所要求的,即"人所欲,施于人";"人所不欲,勿施于人"。

这就向我们提出了两个问题。一是我们对行动对象的正确理解是否应该以行动对象的自我理解为标准;另一是我们有否可能像我们的行动对象理解他们自己那样理解他们。笔者在第三章专门讨论了这两个问题。关于第一点,笔者运用了当代分析哲学大家戴维森(Donald Davidson, 1917 - 2003)关于第一人称权威的概念:我们对他人的理解活动本身已经假定了一个人的自我理解之正确,不然我们的理解活动就根本不能展开,这一点甚至与精神病理学也并不冲突。在表面上,精神病理学假定,精神病理学家对精神病患者的理解比精神病患者对自身的理解更正确,不然一个精神病患者就没有理由去看精神病医生。但戴维森认为事实并非如此,一个精神病医生对精神病患者的诊断是否正确,以及区分精神病医生之好坏的标准,因而也是一个精神病患者的病能否被治愈的根本,最终还是要看这个精神病医生的判断能否得到精神病患者的确证。这里一个重要的问题不是我们的行动对象对某件事的理解是否正确,如果他们的理解确实不正确,那么对他们的正确理解就不是要对这件事有一个正确的理解,而是要理解我们的行动对象所具有的关于这件事的不准确的理解。关于这一点,原哈佛大学比较宗教学家史密斯(Wilfred Cantwell Smith,1916 - 2000)就说得非常清楚。假如宗教确实如费尔巴哈(Ludwig Feuerbach,1804 - 1872)、马克思(Karl Marx,1818 - 1883)和弗洛伊德(Sigmund Freud,1856 - 1939)所说的是一种幻觉,那么对宗教人士的正确理解就至少应包括知道生活在这样一种幻觉中是什么样子。

关于第二点,即对他人的理解是否可能的问题,同样借助于戴维森和史密斯的有关见解,我们可以有一个肯定的回答。戴维森虽然认为一个人对自我理解的方式与他人对他理解的方式不同,前者不需要证据,而后者则需要有关的证据,如这个人的言谈举止等,而且认为后者要以前者为权威,但他根据维特根斯坦(Ludwig Wittgenstein,1889 - 1951)关于没有私人语言的论证,认为对于他人的理解还是可能的。他的"第一人称的权威"概念所要说明的是一个人对自己的理解和他人对他的理解方式之不同,而不是否定理解他人之可能性。史密斯进一步认为,表面上看来,人文学科的理解比自然科学的理解更难,因为前者的理解对象是人,而后者的理解对象是物,而人要比物复杂得多。但人文学科的理解却也有一个为自然科学的理解所没有的便利。自然科学家对物的理解是否正确,只能向其他自然科学家求证,但人文研究者对人的理解,除了可以向其他人文研究者求证以外,还可以向其研究对象确证。如果我们要知道我们对植物的理解是否正确,我们无法去向植物求证。但是,如要知道我们对一个佛教徒的理解是否正确,我们可以直接问这个佛教徒。当然要想对一个人有百分之百正确的理解,就像一个人要对自己有百分之百正确的理解一样,也许是不可能的事情。我们所希望的是能够尽可能好地理解我们的行动对象。而且对我们行动对象的理解与我们对该对象的道德行为本身不是完全分离的,一方面,正是在我们跟我们的行动对象的行为处事中,我们才越来越理解我们的行为对象;另一方面,我们力图理解我们的行动对象的活动本身就是一种道德行动,因为这体现了我们对我们的行动对象的独特性的关心和尊重。另外,由于人是历史的存在物,因此即使我们今天达到了对我们的行动对象的百分之百的理解,这并不等于我们对该对象的理解活动就可以因此而终结。

以这样一种尊重我们行为对象之独特性的道德铜律为基础,笔者在第五章中对儒家的爱有差等思想提出了一种全新的解释。通常人们认为儒家的爱有差等就是对自己的家庭成员应当有最强烈的爱,而在这种爱逐渐向外扩展时,就应当逐渐减弱。而根据我们道德铜律,第一,儒家的爱有差等主要不是指对不同的人应当有不同程度的爱,而是对不同的人应当有不同种类的爱,即与我们特定的行动对象之独特性相应的爱。爱子女、爱父母、爱丈夫或妻子是不同种类的爱,而不是不同程度的爱;对有德者之德和对有恶者之直是不同种类的爱,而不是不同程度的爱;对善人之爱与对恶人之恶是不同种类之爱,而不是不同程度之爱;亲亲、仁民、爱物是不同种类之爱,而不是不同程度之爱。在这种意义上,我们也可以说儒家主张平等的爱,但这并不是说,儒家与墨家就没有什么不一样了。因为根据笔者的这样一种解释,儒家之所以强调对不同的人应该有不同的爱是因为,我们的爱必须反映我们爱的对象的独特性,不然我们的爱就成了不恰当的爱,而我们上面已经指出,这样的爱就要求我们对自己的爱的对象之独特性有深刻的了解。

但人非神，我们不可能了解每一个人的独特性，我们也不可能对每一个人的独特性有同样程度的了解。相对来说，我们对我们周围的人，特别是家庭成员的了解最深刻，因此我们首先要爱的，也就是我们能以最恰当的方式去爱的，总是我们周围的人，特别是我们的家庭成员。这与墨家的看法形成了鲜明的对比。在回答如果我们爱自己的父母像爱所有别人一样，我们父母得到的爱就会比实行儒家之爱有差等减少时，墨子回答说，由于所有别的人也像爱他们自己的父母一样爱我们的父母，我们的父母还是会得到如果我们实行儒家差等之爱一样程度的爱。在我们看来墨子的问题恰恰是没有看到我的父母与别的父母的差异性。由于我了解我自己父母的独特性，而不了解别人的父母的独特性，我可以对自己的父母有比较恰当的爱，而对别人的父母的爱很可能不恰当，而别人对于其自己的父母的爱与对我的父母的爱的情形也完全一样。

笔者在这里提出的道德铜律，从表面看起来是一种道德原则，因此是一种道义论（ontology）的伦理学。这与最近几十年在西方伦理学界所复兴的美德伦理，似乎很不一致，因为按照一般的理解，美德伦理讲的是行动主体所体现的美德，而不是其所遵循的原则。考虑到笔者这里据以提出道德铜律的儒家和道家传统，根据笔者也认同的一般的看法，从根本上来说，也是一种美德伦理，这里的问题也许更大。但笔者在第四章的第一节和第八章的第一节特别指出，正好像道义论伦理学也可以讲美德，美德伦理学也可以讲道德原则。关键是何者在先的问题。在道义论中，美德是遵循道德原则的美德，而在美德伦理学中，道德原则是从美德中推出的原则。例如从诚实这种美德中，就可以得出不要说谎的道德原则；从节制这种美德中，就可以得出不要纵欲的道德原则；从勇敢这种美德中，就可以得出不要胆小这种道德原则。因此，美德伦理并不是与道德原则不相容的。而本书中所提出的道德铜律，在笔者看来,实际上是反映了儒家和道家传统中所推崇的为西方美德伦理传统忽略的这样一种美德:对别人的与众不同之处的尊重。因此,在本书的其他章节中,着重讨论的不是儒家与美德伦理的可比性,而是儒家伦理,特别是朱熹和王阳明的新儒家美德伦理,对当代西方美德伦理所能做出的重要贡献。

美德伦理的一个重要特征是,行为主体在从事道德的行为时,主要考虑的不是要履行某种外在的义务,而是要成为一个具有美德的人。因此具有美德的人在从事其美德行为时,不仅自觉、自愿、自然,而且还能从中体会到乐趣。这里关键的是他们所具有的独特的道德知识。关于这一点,笔者在第四章的第二节作了一些简单的讨论,而在第七章更以王阳明的良知概念作为例子加以详细说明。人们常根据赖尔(Gilbert Ryle,1900 - 1976)在"知道某事实"(knowing that)和"知道如何做"(knowing how)之间的区分,而将王阳明的良知之知归于后者。但笔者认为,王阳明的良知,同宋明儒也同样津津乐道的德性之知一样,超越了"知道如何做"之知,因为知道如何作某件事的人不一定愿意去作。许多人知道应该行善而且知道如何行善,但不愿意去行善。而具有良知或者德性之知的人不仅知道人应该行善和如何行善,而且还愿意行善。这就是王阳明的知行合一思想。在王看来,知而不行,等于无知。这里值得注意的是,在西方哲学传统中,在说明行动的可能时,人们往往把理性或信念与情感或欲望分开。例如休谟(David Hume,1711 - 1776)和当代哲学中的休谟主义者就认为,信念是证明行动为正当的理由(justifying reason),而欲望则是行动之制动的理由(motivating reason)。离开了其中之一,行动就不可能。而当代哲学中的反休谟主义者中,有的认为信念不需要欲望就可以完全说明行动,还有一些则认为,欲望不需要信念就可以说明行动。而王阳明的良知概念的独特性在于，它同时包含了信念与欲望，而且信念与欲望不是良知之中可以分开的两个部分。相反，从一个方面看，良知完全是一种信念，而从另一个方面看，良知则完全是欲望。这里，离开了信念也就没有欲望，反之亦然。

　　说美德伦理学要求人从事道德行为的理由，是要人成为具有美德的人，但为什么一个人要成为具有美德的人呢？西方的美德伦理学传统无法对此提出一种令人满意的回答。亚里士多德主义确实认为，美德是一个典型（characteristic）的人所必须具有的品格，但它却无法令人信服地说明，为什么一个典型的人必须具有美德。在亚里士多德主义甚至整个西方哲学传统看来，把人与动物区别开来的、人所具有的典型特征是理性，但在理性与美德之间却没有必然的联系，因为一个很理性的人，特别是在亚里士多德（Aristotle，384－322BC）认为高于实践理性之思辨理性的意义上，不一定是一个很道德的人。麦克道威尔（John McDowell，1942－）甚至用了"理性的狼"作为例子说明这一点：一个没有理性的狼出于自然的本能会参与集体捕猎，而一旦获得了理性，这个狼很可能会想是否可以不参与集体捕猎却仍可以享受其果实，甚至享受比参与捕猎的狼更大的份额。笔者认为儒家在这方面恰恰具有明显的优越性，因为儒家用来区分人与动物的不是理性而是道德：不道德的人与禽兽无异，因此在第六章笔者以王阳明的良知概念为例说明这一点。我们在上面提到，在王阳明看来，具有美德的人之所以能够自觉、自愿和自然地从事具有美德的行为，并在这样的行为中找到乐趣，是因为他们有良知。这里王阳明又强调，良知是人之为人都具有的，是把人与禽兽区分开来的东西。换言之，失去了良知的人就无异于禽兽，当然这只是就其实然状况而言，就其当然状况而言，失去了良知的人与禽兽还是有差别的，因为失去了良知的人，通过致良知的功夫，可以重新获得良知,而禽兽是无论如何都不能具有良知的。通过这样一种理解,儒家就能够比亚里士多德主义更好地说明为什么一个人应该成为具有美德的人,虽然他们都认为美德为一个典型的人所必要,但儒家能够比亚里士多德主义更清楚地说明美德与典型的人之间的关系。

　　笔者在上面谈到,较之道义论和功用论伦理学,美德伦理的一个重要特征是,具有美德的人从事道德行为的理由是要成为一个具有美德的人。因此道义论和功用论对美德伦理的一个严重批评是,美德伦理本质上是自我中心的,因为道德的行为应当是为他人考虑的行动,而具有美德的人从事这样的行动的目的是为了自己。尽管一个人要具有美德就必须考虑他人的利益,但第一,这个人之所以会考虑他人的利益,其目的是为了自身的利益,即成为一个具有美德的人;第二,正如亚里士多德所说的,具有美德的人在为他人着想时,考虑的是他人的外在利益,而在考虑其自身利益时则考虑其内在的美德。这里由于具有美德的人认为内在的美德比外在的利益更重要,这样的人就是自我中心的。笔者在第八章中指出,对于这样一个批评,作为当代美德伦理之主流的亚里士多德主义没有办法做出恰当的响应。因此,笔者以朱熹为例子,说明儒家传统中具有美德的人的一个重要特征是,他们不但关心他人外在的利益,而且也关心他们的内在美德。换言之,他们不仅要使他人福乐康宁,而且也要使他人具有仁义礼知。虽然儒家传统中具有美德的人在这样关心他人之外的幸福和内在的美德时,他们也是为了自己成为一个具有美德的人,但这并不表明他们是自我中心的,因为如果问他们为什么要成为具有美德的人,他们会说,这是因为他们要关心他人的外在幸福和内在美德。因此在具有美德的人那里,为己和为人合二为一了。

目　录

自序 ……… *i*

导言 ……… *1*

第一章　道德铜律作为全球伦理原则：以儒家和道家为资源 ……… *13*

第一节　道德金律的问题 ……… *17*

第二节　道德铜律：资源和长处 ……… *33*

第三节　对批评的回应 ……… *53*

第二章　解释学的两种类型：为己之学与为人之学 ……… *85*

第一节　解释学的两种类型：为己之学与为人之学 ……… *87*

第二节　作为为人之学的解释学之必要性 ……… *93*

第三节　作为为人之学的解释学之可能性 ……… *96*

第三章　理解他者——戴维森的"第一人称的权威" ……… *105*

第一节　宗教研究中的还原论与反还原论之争 ……… *108*

第二节　宗教理解与戴维森的第一人称的权威 ⋯⋯ 114

第三节　宗教理解的可能性 ⋯⋯ 123

第四章　儒家伦理的几个基本问题：《中国哲学百科全书》若干
　　　　文章评论 ⋯⋯ 139

第一节　美德伦理 ⋯⋯ 142

第二节　道德知识 ⋯⋯ 148

第三节　道德底形而上学 ⋯⋯ 153

第四节　金律 ⋯⋯ 157

第五章　罗蒂的进步与儒家的真理 ⋯⋯ 169

第一节　罗蒂的儒家真理之一：扩展自我的范围 ⋯⋯ 173

第二节　罗蒂的儒家真理之二：情感的进步 ⋯⋯ 179

第三节　孔子与罗蒂的争论之一：差异在道德教育中的
　　　　地位 ⋯⋯ 184

第四节　孔子与罗蒂的争论之二：道德的形而上学 ⋯⋯ 191

第六章　儒家的道德知识论：王阳明的良知说 ⋯⋯ 205

第一节　良知不同于知识 ⋯⋯ 208

第二节　庸圣之别的起源 ⋯⋯ 211

第三节　王阳明良知说辩难 ⋯⋯ 217

第七章　王阳明在休谟主义与反休谟主义之间：良知（体知）＝
　　　　（信念＋欲望）≠怪物 ⋯⋯ 227

第一节　体知：体之以心之知 ⋯⋯ 231

第二节　体知：体之于身之知 ⋯⋯ 237

第三节　体知：信念＋欲望≠怪物　……　245

第八章　美德伦理的自我中心问题：朱熹的回答　……　257
第一节　儒家伦理与美德伦理　……　259
第二节　自我中心批评之第一层面　……　263
第三节　自我中心批评之第二层面：亚里士多德主义的
　　　　问题　……　274
第四节　自我中心批评之第二层面：朱熹的儒家回答　……　285

参考书目　……　305

人名索引　……　329

名词索引　……　334

后记　……　341

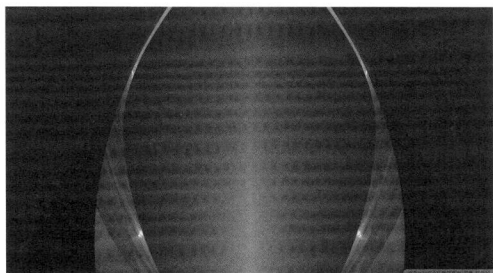

导 言

全球化给我们当代人类的道德生活提出了两个问题,一是一个社会如何根据多元的文化和宗教来制定其普遍的、具有强制性的政治公正原则,笔者在《自由主义的超越与仁爱政治观》一书中专门讨论了这个问题;另一个是生活在全球化社会中的人如何相处,这是本书各章所要讨论的伦理问题。笔者在本书的自序中指出,在一个全球化的时代,由于我们在日常生活中必须与之打交道的人往往与我们具有不同的宗教与文化、风俗与习惯、思想与理想、欲望与偏好,因此在几乎所有人类文明中都能够找到其某种表述的道德金律,已经不适用。作为替代,在本书的第一章,也是最为核心的一章,和第四章的第四节以及第五章的第三节,利用儒家和道家的资源,提出了一个全新的道德原则。因没有更好的名称,笔者称之为"道德铜律",以与大家熟悉的"道德金律"相区分。所谓的道德金律有正面的说法,即"己所欲,施于人,"也有反面的说法(这种反面的说法有时也称为"道德银律"),即"己所不欲,勿施于人。"根据道德金律的这两种说法,在决定是否对别人从事某种行动或者从事什么样的行动时,我们应当思考,我们是否希望别人对自己从事这样的行动。换言之,道德金律假定了行动主体(agent)"己"与行动客体(patient)"人"具有相同的欲望与偏好等。因此当这个假定为真时,道德金律确实能发挥重大的作用。但是我们可以看到,全球化时代多元社会的一个显著特征恰恰就是行动主体与行动对象的欲望与偏好等往往并不相同。

正是在这样的背景下,笔者提出了所谓的道德铜律。它也有正反两面的说法。正面地说,它要求我们"人所欲,施于人。"而反面地说,它要求我们"人所不欲,勿施于人。"就是说,当我们确定该不该从事某个行动或者该从事什么样的行动时,我们首先应当考虑的不是我们自己是不是希望人家对我们从事这样的行动,也不是旁观者如何看待这样的行动,而是我们的行动实际上会涉及的人是不是希望对他们从事这样的行动。换言之,确定一个行为之道德与否,不是行动主体自己的好恶,而是行动客体的好恶。这样的道德铜律不仅可以帮助我们确定我们自己的行为之道德与否,而且也可以用来衡量他人的行为。如果行动主体甲对行动客体乙从事为乙所不欢迎甚至反对的行动,根据道德铜律,我们作为旁观者就可以判定,甲的行动是不道德的。同样,在这种情形下,如果甲要我帮助他对乙从事这种为乙所不欢迎甚至反对的行动,我就不但不应当对甲提供帮助,而且还要阻止甲从事这样的行动。道德铜律要求我们在从事道德思考时,不能简单地闭上眼睛,想象一下我自己是否喜欢人家对我从事这样的行动。相反,我们必须想方设法去了解行动对象所具有的特定欲望与偏爱,看看他们是否希望我们对他们从事这样的行动。

很显然,这种强调行动对象的特殊性的伦理学的一个前提条件是,我们应当对行动对象有正确的理解,而这涉及解释学所讨论的理解问题。因此在第二章中,笔者提出了解释学的两种模式。虽然解释学,主要是由于伽达默尔（Hans-Goeorg Gadamer，1900－2002）所作出的巨大贡献，已经成了20世纪哲学的显学，但是尽管现代解释学也是五彩缤纷，它们都属于笔者所谓的"为己之学"，而我们为了遵循道德铜律所需要的则是还有待建立的、作为"为人之学"的解释学。这里笔者借用了中国儒家传统的说法，但笔者想用它们来说明的却与其在儒家传统中的意义并不完全一样，因为在儒家传统中，这两种用法褒贬不同（赞成为己之学而反对为人之学），而在笔者这里，他们两个都是中性的，或者说他们都是褒义的：对于不同的目的，他们都是恰当的解释学。作为为己之学的解释学的目的是解释者通过与他者，特别是经典文本，进行对话，而实现自我理解并进而达到自我修养的目的；而作为为人之学的解释学的目的则是通过与他者，即我们在日常生活中必须与之打交道的活生生的人，及他者所阅读的文本，进行对话，而达到对他者所特有的宗教和文化，风俗和习惯，观念与理想，喜爱与偏好等的理解，即知其所欲和所不欲，从而使我们在从事涉及他们的行动时能够遵循道德铜律所要求的，即人所欲，施于人；人所不欲，勿施于人。

　　这就向我们提出了两个问题。一是我们对行动对象的正确理解是否应该以行动对象的自我理解为标准；另一是我们是否有可能像我们的行动对象理解他们自己那样理解他们。笔者在第三章专门讨论了这两个问题。关于第一点，笔者运用了当代分析哲学大家戴维森（Donald Davidson，1917－2003）关于第一人称之权威的概念：我们对他人的理解活动本身已经假定了一个人的自我理解之正确，不然我们的理解活动就根本不能展开。这一点甚至与精神病理学也并不冲突。在表面上，精神病理学假定，精神病理学家对精神病患者的理解比精神病患者对自身的理解更正确，不然一个精神病患者就没有理由去看精神病医生。但戴维森认为事实并非如此，一个精神病医生对精神病患者的诊断是否正确,以及区分精神病医生之好坏的标准,因而也是一个精神病患者的病能否被治愈的根本,最终还是要看这个精神病医生的判断能否得到精神病患者的确证。这里一个重要的问题不是我们的行动对象对某件事的理解是否正确。如果他们的理解确实不正确,那么对他们的正确理解就不是要对这件事有一个正确的理解,而是要理解我们的行动对象所具有的关于这件事的不准确的理解。关于这一点,原哈佛大学比较宗教学家史密斯就说得非常清楚。假如宗教确实如费尔巴哈、马克思和弗洛伊德(Sigmund Freud,1856 - 1939)所说的是一种幻觉,那么对宗教人的正确理解就至少应包括知道生活在这样一种幻觉中是什么样子。

关于第二点,即对他人的理解是否可能的问题,同样借助于戴维森和史密斯的有关见解,我们可以有一个肯定的回答。戴维森虽然认为一个人对自我理解的方式与他人对他理解的方式不同,前者不需要证据,而后者则需要有关的证据,如这个人的言谈举止等,而且认为后者要以前者为权威,但他根据维特根斯坦(Ludwig Wittgenstein,1889 - 1951)关于没有私人语言的论证,认为对于他人的理解还是可能的。他的"第一人称的权威"概念所要说明的是一个人对自己的理解和他人对他的理解方式之不同,而不是否定理解他人之可能性。史密斯更认为,表面上看来,人文学科的理解比自然科学的理解更难,因为前者的理解对象是人,而后者理解的对象是物,而人要比物复杂得多。但人文学科的理解却也有一个为自然科学的理解所没有的便利。自然科学家对物的理解是否正确,只能向其他自然科学家求证,但人文研究者对人的理解,除了可以向其他人文研究者求证以外,还可以向其研究对象确证。如果我们要知道我们对植物的理解是否正确,我们无法去向植物求证。但是,如要知道我们对一个穆斯林的理解是否正确,我们可以直接问这个穆斯林。当然要想对一个人有百分之百正确的理解，就像一个人要对自己有百分之百正确的理解一样，也许是不可能的事情。我们所希望的是能够尽可能好地理解我们的行动对象。而且对我们行动对象的理解与我们对该对象的道德行为本身不是完全分离的。一方面，正是在我们跟我们的行动对象的行为处事中，我们才越来越理解我们的行为对象；另一方面，我们力图理解我们的行动对象的活动本身就是一种道德行动，因为这体现了我们对我们的行动对象的独特性的关心和尊重。另外，由于人是历史的存在物，因此即使我们今天达到了对我们的行动对象的百分之百的理解，这并不等于我们对该对象的理解活动就可以因此而终结。

以这样一种尊重我们行为对象之独特性的道德铜律为基础，笔者在第五章中对儒家的爱有差等思想提出了一种全新的解释。通常人们认为儒家的爱有差等就是对自己的家庭成员应当有最强烈的爱，而在这种爱逐渐向外扩展时，就应当逐渐减弱。而根据我们的道德铜律，第一，儒家的爱有差等主要不是指对不同的人应当有不同程度的爱，而是对不同的人应当有不同种类的爱，即与我们特定的行动对象之独特性相应的爱。爱子女、爱父母、爱丈夫或妻子是不同种类的爱，而不是不同程度的爱；对有德者之德和对有恶者之直是不同种类的爱，而不是不同程度的爱；对善人之爱与对恶人之恶是不同种类之爱，而不是不同程度之爱；亲亲、仁民、爱物是不同种类之爱，而不是不同程度之爱。在这种意义上，我们也可以说儒家主张平等的爱，但这并不是说，儒家与墨家就没有什么不一样了。因为根据笔者的解释，儒家之所以强调对不同的人应该有不同的爱，是因为我们的爱必须反映我们爱的对象的独特性，不然我们的爱就成了不恰当的爱，而我们上面已经指出，这样的爱就要求我们对自己爱的对象之独特性有深刻的了解。但人非神，我们不可能了解每一个人的独特性,我们也不可能对每一个人的独特性有同样程度的了解。相对来说,我们对我们周围的人,特别是家庭成员的了解最深刻,因此我们首先要爱的,也就是我们能以最恰当的方式去爱的,总是我们周围的人,特别是我们的家庭成员。这与墨家的看法形成了鲜明的对比。在回答如果我们爱自己的父母像爱所有别人一样,我们父母得到的爱就会比实行儒家之爱有差等减少时,墨子回答说,由于所有别的人也像爱他们自己的父母一样爱我们的父母,我们的父母还是会得到如果我们实行儒家差等之爱一样程度的爱。在我们看来墨子的问题恰恰是没有看到我的父母与别的父母的差异性。由于我了解我自己的父母的独特性,而不了解别人的父母的独特性,我可以对自己的父母有比较恰当的爱,而对别人的父母的爱很可能不恰当,而别人对于其自己的父母的爱与对我的父母的爱的情形也完全一样。

作者在这里提出的道德铜律,从表面看起来是一种道德原则,因此是一种道义论(ontology)的伦理学。这与最近几十年在西方伦理学界所复兴的美德伦理,似乎很不一致,因为按照一般的理解,美德伦理讲的是行动主体所体现的美德,而不是其所遵循的原则。考虑到笔者这里据以提出道德铜律的儒家和道家传统,根据笔者也认同的一般的看法,从根本上来说,也是一种美德伦理,这里的问题也许更大。但笔者在第四章的第一节和第八章的第一节特别指出,正好像道义论伦理学也可以讲美德,美德伦理学也可以讲道德原则。关键是何者在先的问题。在道义论中,美德是遵循道德原则的美德,而在美德伦理学中,道德原则是从美德中推出的原则。例如从诚实这种美德中,就可以得出不要说谎的道德原则;从节制这种美德中,就可以得出不要纵欲的道德原则;从勇敢这种美德中,就可以得出不要胆小这种道德原则。因此,美德伦理并不是与道德原则不相容的。而在本书中所提出的道德铜律,在笔者看来,实际上是反映了儒家和道家传统中所推崇的为西方美德伦理传统忽略的这样一种美德:对别人的与众不同之处的尊重。因此,在本书的其他章节中,笔者着重讨论的不是儒家与美德伦理的可比性,而是儒家伦理,特别是朱熹和王阳明的新儒家的美德伦理,对当代西方美德伦理所能做出的重要贡献。

美德伦理的一个重要特征是,行为主体在从事道德的行为时,主要考虑的不是要履行某种外在的义务,而是要成为一个具有美德的人。因此具有美德的人在从事其美德行为时,不仅自觉、自愿、自然,而且还能从中体会到乐趣。这里关键的是他们所具有的独特的道德知识。关于这一点,笔者在第四章的第二节作了一些简单的讨论,而在第七章更以王阳明的良知概念作为例子加以详细说明。人们常根据赖尔(Gilbert Ryle,1900－1976)在"知道某事实"(knowing that)和"知道如何做"(knowing how)之间的区分,而将王阳明的良知之知归于后者。但笔者认为,王阳明的良知,同宋明儒学也同样津津乐道的德性之知一样,超越了"知道如何做"之知,因为知道如何做某件事的人不一定愿意去作。许多人知道应该行善而且知道如何行善,但不愿意去行善。而具有良知或者德性之知的人不仅知道人应该行善和如何行善,而且还愿意行善。这就是王阳明的知行合一思想。在王看来,知而不行,等于无知。这里值得注意的是,在西方哲学传统中,在说明行动的可能时,人们往往把理性或信念与情感或欲望分开。例如休谟(David Hume,1711－1776)和当代哲学中的休谟主义者就认为,信念是证明行动为正当的理由(justifying reason),而欲望则是行动制动的理由(motivating reason)。离开了其中之一,行动就不可能。而在当代哲学中的反休谟主义者中有的认为,信念不需要欲望就可以完全说明行动,还有一些则认为,欲望不需要信念就可以说明行动。而王阳明的良知概念的独特性在于,它同时包含了信念与欲望,而且信念与欲望不是良知之中可以分开的两个部分。相反,从一个方面看,良知完全是一种信念,而从另一个方面看,良知则完全是欲望。这里,离开了信念也就没有欲望,反之亦然。

　　说美德伦理学要求人从事道德行为的理由是要人成为具有美德的人,但为什么一个人要成为具有美德的人呢?西方的美德伦理学传统无法对此提出一种令人满意的回答。亚里士多德主义确实认为,美德是一个典型(characteristic)的人所必须具有的品格,但它却无法令人信服地说明,为什么一个典型的人必须具有美德。在亚里士多德主义甚至整个西方哲学传统看来,把人与动物区别开来的、人所具有的典型特征是理性,但在理性与美德之间却没有必然的联系,因为一个很理性的人,特别是在亚里士多德(Aristotle,384 - 322BC)认为高于实践理性之思辨理性的意义上,不一定是一个很道德的人。麦克道威尔(John McDowell,1942 -)甚至用了"理性的狼"作为例子说明这一点:一个没有理性的狼出于自然的本能会参与集体捕猎,而一旦获得了理性,这个狼很可能会想是否可以不参与集体捕猎却仍可以享受其果实,甚至享受比参与捕猎的狼更大的份额。笔者认为儒家在这方面恰恰具有明显的优越性,因为儒家用来区分人与动物的不是理性而是道德:不道德的人与禽兽无异。因此在第六章笔者以王阳明的良知概念为例说明这一点。我们在上面提到,在王阳明看来,具有美德的人之所以能够自觉、自愿和自然地从事具有美德的行为,并在这样的行为中找到乐趣,是因为他们有良知。这里王阳明又强调,良知是人之为人都具有的,是把人与禽兽区分开来的东西。换言之,失去了良知的人就无异于禽兽。当然这只是就其实然状况而言,就其当然状况而言,失去了良知的人与禽兽还是有差别的,因为失去了良知的人,通过致良知的功夫,可以重新获得良知,而禽兽是无论如何都不可能具有良知的。通过这样一种理解,儒家就能够比亚里士多德主义更好地说明为什么一个人应该成为具有美德的人,虽然他们都认为美德为一个典型的人所必要,但儒家能够比亚里士多德主义更清楚地说明美德与典型的人之间的关系。

笔者在上面谈到,较之道义论和功用论伦理学,美德伦理的一个重要特征是,具有美德的人从事道德行为的理由是要成为一个具有美德的人。因此道义论和功用论对美德伦理的一个严重批评是,美德伦理本质上是自我中心的,因为道德的行为应当是为他人考虑的行动,而具有美德的人从事这样的行动的目的是为了自己。尽管一个人要具有美德就必须考虑他人的利益,但第一,这个人之所以会考虑他人的利益,其目的是为了自身的利益,即成为一个具有美德的人;第二,正如亚里士多德的所说的,具有美德的人在为他人着想时,考虑的是他人的外在利益,而在考虑其自身利益时则考虑其内在的美德。这里由于具有美德的人认为内在的美德比外在的利益更重要,这样的人就是自我中心的。笔者在第八章中指出,对于这样一种批评,作为当代美德伦理之主流的亚里士多德主义没有办法做出恰当的回应。因此,笔者以朱熹为例子,说明儒家传统中具有美德的人的一个重要特征是,他们不但关心他人外在的利益,而且也关心他们的内在美德。换言之,他们不仅要使他人福乐康宁,而且也要使他人具有仁义礼智。虽然儒家传统中具有美德的人在这样关心他人之外在的幸福和内在的美德时,他们也是为了自己成为一个具有美德的人,但这并不表明他们是自我中心的,因为如果问他们为什么要成为具有美德的人,他们会说,这是因为他们要关心他人的外在幸福和内在美德。因此在具有美德的人那里,为己和为人合二为一了。

第一章

**道德铜律作为全球伦理原则：
以儒家和道家为资源**

生活在这个文化和宗教、风俗和习惯、观念和理想都日益多元的地球村,我们需要一种与我们在这个地球村的生活相一致的全球伦理,因为我们所熟悉的大多数伦理原则基本上都与一元社会中的人际关系为思考对象。在这样一种传统社会中,我们作为行为主体需要与之打交道的人(即我们行动的对象),往往具有与我们相同的风俗和习惯、文化和宗教,理想和理念等。而在我们现在正开始进入其中的地球村,原先我们只是通过传说和故事知道的异族人可能就是我们隔壁的邻居,因而成了我们行动的对象。因此现在已经有不少人注意到了全球伦理的重要性。但是,为了确立这种全球伦理,一种比较通行的方式是寻求所谓的底线伦理,即那些为所有不同文化和宗教传统所共同尊重的伦理原则。在这方面首先引起人们注意的就是所谓的道德金律,"己所欲,施于人",[①]及其反面的表达,"己所不欲,勿施于人",后者有时也被称为道德银律。[②]也许确实没有人能够找到比道德金律更为人们普遍接受的道德准则了。[③]而且,正如辛格(Marcus G. Singer,1926 - 2016)所指出的,"金"这个字就表明其作为行动的第一准则所具有的不可限量的价值。④有些学者认为,这两个不同的表述所指的是同一个道德准则,因为每一个肯定的表述都可以用否定的表述来说明。⑤还有一些学者则认为这两者之间还是有区别:正面的表述告诉我们该做什么,而否定的表述告诉我们不应该做什么。在后面这些人中间,有的人认为肯定的表述优于否定的表述,因为光是不做坏事还不能保证我们成为道德的人;⑥而另一些人则认为,否定的表述比肯定的表述好,主要是因为它体现了这些人所推崇的与肯定自由相反的否定自由原则。⑦

在本章中,笔者不想就这两种表述是否表达同一道德原则的问题,以及如果表达的是不同的道德原则,它们孰优孰劣的问题,发表看法。在人类的道德生活史上,这两种表述所体现的道德原则,不管相同与否,都起过重要的作用。其理由很简单。比方说,由于我希望得到别人尊重,我当然也应当尊重别人;由于我不想受苦受难,我当然也不应当将苦难加诸他人。毕竟在"我"与他人之间存在着许多类似性。我在本章中所想做的,是想对在笔者看来是为道德金律(不管是其肯定的表示,还是否定的表述)所固有的问题,以及许多当代哲学家为克服这些问题所做的在笔者看来是不成功的种种努力,做一比较详细的考察。在此基础上,我想利用中国道家和儒家的资源,提出一种在笔者看来更为优越的、能够克服道德金律所固有的问题的、并且更适合于地球村的人际关系的道德原则。无以名之,笔者姑称之为道德铜律。⑧它也可以有肯定和否定的两种说法。简单地说,它就是"人所欲,施于人"和"人所不欲,勿施于人"。由于这种道德原则初看起来,似乎也有不少问题,笔者在最后将对人们对此可能有的问题作出比较详细的回应。

第一节　道德金律的问题

虽然道德金律，不仅在历史上，而且在现代生活中，一直起着重要的规范作用，对它作为道德准则的哲学检查却是古已有之，从奥古斯丁（Augustine of Hippo，354－430），⑨经过康德（Immanuel Kant，1724－1804），⑩到许多当代哲学家，包括它的某些倡导者。笔者认为格维斯（Alan Gewirth，1912－2004）对所有这些批评和反证做出了最好的归类，而且其使用的例子也最为恰当。在他看来，所有的批评都可以归为两类。第一，行为主体对于自己在作为行为对象时所希望自己被人家对待的方式，与其行为对象希望被自己对待的方式，可能并不一致；例如，金律可以容许希望别人与其争吵或者密谋的人去与别人争吵或将别人卷入密谋的网络中，而不管这些别人本身是否愿意。一个希望年轻女子爬到他床上去的淫鬼，就有理由在晚上爬到这个女子的床上去。一个狂热地相信合同之神圣性的人在自己疏忽了欠别人的债时，可能希望别人将他送进监牢，而这样，如果有别人疏忽了欠他自己的债，他也就可以将他们送进监牢；⑪第二，行为主体对于自己在作为行为对象时所具有的愿望，很可能与许多正当的社会规则，不管是法律的还是经济的还是别的，发生冲突。即使行为主体自己的愿望与其行为对象的愿望并不冲突，他们一致的愿望可能都是不道德的。例如，一个违法者甲，在贿赂一个腐败的警官乙的时候，可能正是以甲希望别人对待自己的方式去对待乙。⑫

因此，格维斯对所有这些批评做了个一言以概之的说明："只要作恶者在自己是该邪恶的受害者时不介意这样的邪恶，那么道德金律可以为该作恶者用来证明任何邪恶之正当"。⑬但是，许多当代哲学家（包括格维斯本人)都相信,所有这些批评都是由于人们对本来没有得到精确表达的道德金律做了太字面的理解。因此他们花了很大的力气,试图对它作出更精确的表达,从而使之避免上述的严重问题。在本节中将考察在笔者看来是其中最重要的三种努力。笔者试图表明,所有这些努力都是徒劳的:道德金律所固有的问题是无法克服的。

1. 辛格的一般化解释

当代哲学中对道德金律的一个重要的重新解释是辛格的一般化(generalization)解释。根据对道德金律所做的第一类批评,[14] 道德金律假定了人性的共同性和类似性。但辛格认为,事实并非如此。他认为,道德金律"并不假定人性是相同的,换句话说,它并不假定人们具有相同的趣味、欲望、兴趣和需要"等。[15] 辛格认为,人们之所以误以为道德金律有这样的假定,是因为他们混淆了他所谓的对金律的特殊解释和一般解释,因此只要对这两种解释做出仔细的区分,就可以避免这样的误解。所谓对金律的特殊解释就是:凡你自己希望人家对你做的事情,你也应该为人家做,而他所谓的对金律的一般解释则是:你应该以自己希望别人对待你的方式去对待人家。[16] 这两者之间的主要区别是,根据特殊的解释,我们应该为别人做我们希望别人为我们做的具体的事情。根据这样一种解释,辛格认为,道德金律确实有上面提到的问题。但是根据他所倡导的一般解释,我所要考虑的,不是我希望别人为我做的具体事情,不是我希望他们加以满足的我所具有的特定愿望。相反,我必须考虑的是我希望别人对待我的一般方式。我希望他们做的,与我特定的欲望无关,与我期望他们对我做的所有事情无关。我只希望他们考虑我所具有的特定利益、欲望、需要和愿望(这些很可能与他们具有的特定利益、欲望、需要和愿望很不相同),要他们或者予以满足,或者不要存心阻碍其得到满足。如果我希望别人能够考虑我的利益和愿望，即使这些利益和愿望与他们自己的利益和愿望很不相同，那么根据这种解释的道德金律所要求我的就是，我在与他们有关的行动中，也要考虑他们的利益和愿望（即使他们的利益和愿望与我的很不相同）。因此道德金律与人与人之间趣味、利益、愿望、需要和欲望的差异性是完全一致的。⑰

　　表面上看来，辛格对道德金律的一般解释，与我要倡导的道德铜律，"人所欲，施于人"和"人所不欲，勿施于人"，非常一致，因为只有这样，我们才能考虑到我们行为对象之独特的利益、趣味、欲望和理想等。如果真是这样，笔者与辛格也就没有什么太大的意见分歧。笔者所有的唯一的问题可能就是，如果这样，我们为什么还称之为道德金律，因为根据这样一种解释，一个人的行动之恰当性的标准，已经不是这个行动者自己的，而是行为对象的利益、欲望、趣味等，而道德金律的特征，正是以我之所欲和不欲为标准。但在辛格本人看来，他对道德金律的一般解释必须与笔者这里要提出的道德铜律严格地区分开来。辛格本人将笔者所谓的道德铜律"人所欲，施于人"看作是道德金律的倒置（inversion），并马上将其作为不道德的和自相矛盾的东西而拒之于门外。在他看来，我们绝不能认为，对道德金律的这种倒置优于道德金律，甚至可以用来代替金律。人们之所以认为其优于金律并可以取而代之，完全是因为他们没有看到这种倒置的后果。⑱笔者将在第二节详细讨论为什么辛格会这样认为，并通过解释这种倒置，也即是笔者所谓的道德铜律，所具有的后果，来说明为什么他的看法是错误的。这里笔者只想表明，辛格对道德金律的一般解释与笔者的道德铜律不是一回事。

　　如果真是这样，那么辛格对金律的一般解释到底指的是什么呢？辛格指出：他的一般解释的核心是这样一种要求："我们在判断别人涉

及我的行动时所用的标准,必须与我们用来判断自己涉及别人的行动
时所使用的标准一致"。^⑲换言之,这个一般解释要求我们对某个特定
行动的主体和对象使用同样的标准。就好像我希望别人在从事与我有
关的行动时能够考虑我所特有的欲望、利益、需要等,我在从事涉及别
人的行动时,也要考虑我的行动所涉及的人所具有的特有的欲望、利益
和需要等。这种主张本身在笔者看来没有什么问题。^⑳这里的问题是,
我们在从事涉及别人的行动时,怎样才能考虑我们行为对象的特殊需
求。在笔者看来很显然,最明显、最可靠和最恰当的方式是通过与我们
的行为对象对话,如果可能的话,通过与他们一起生活,或者通过阅读
有关他们的材料,从而了解他们实际上到底具有什么样的愿望和兴趣
等。但辛格并不这样认为。他在这里考虑到了我们在前面提到的对道
德金律的第二类批评。他认为:正好像行为主体有时可能有卑劣的欲
望,我们的行为对象也可能有这样的欲望,因此我们不能完全按照我们
行为对象的愿望行动。为了避免这样的问题,辛格的办法也就是其更
广泛的"一般化原则":"对于某一个人来说是正当的,就一定是对在同
样或类似情况下的所有人都是正当的"。^㉑根据这个一般化原则,辛格
认为,一个人在从事涉及他人的行动时所要考虑的,既不是其行为对象
实际上所具有的好恶,也不是这个行为主体认为自己在处于其行为对
象的景况时所具有的好恶,而是处于其行为对象的位置上的所有人都
应当有的好恶。正是在这种意义上,辛格认为,他对道德金律的一般解
释与一种为许多人接受的理论十分一致:^㉒

　　一个人应当从一种"没有偏见的、理性的旁观者"的角度来评价所
　　有人(包括自己的)行动。换言之,在判断一个涉及自己或者自己
　　的利益的行动时,不管是作为从事这种行动的主体,还是作为受这

种行动影响的对象，这个人都必须把自己或自己的利益从这样一种情景中抽离出来，然后再确定如何去评判这样的行动。

这里我们看到，道德金律的一个特征就是"从我自己的观点出发"（"己所欲，施于人；己所不欲，勿施于人"），辛格将其转换成了"从虚无缥缈的观点出发"，从而在根本上改变了道德金律。③因此，即使辛格的这样一种转换是正当的，值得称赞的，我们也实在没有理由继续称之为道德金律，因为我们现在所有的乃是："无偏见的、理性的旁观者所欲，施于人；无偏见的、理性的旁观者所不欲，勿施于人"。这与原来的道德金律已经相差十万八千里了。而且更重要的问题是，不管这样一种转换是否还应当被称为道德金律，在我们对自己的行动做出具体的决定时，这样的一般化了的道德准则，无法为我们提供任何具体的指导。关于我们自己需要什么，相对来说，我们最容易了解；而对于我们的行为对象到底有什么喜好，虽然了解起来困难一些，但也不是不可能；但我们怎么能够知道一个无偏见的、理性的旁观者希望我们（和别人）应当如何行动呢？㉔

此外，即使我们能够知道，这个无偏见的理性的旁观者会要求我们应该如何从事涉及他人的行动，以及要求他人应该如何从事涉及我们的行动，辛格对金律的一般化解释还是存在着几个严重的问题。首先，这个理性的旁观者如何避免偏见呢？无非是这两个原因：或者是他知道了我们所有人的特殊喜恶，或者不考虑我们任何人所具有的特殊喜恶，而只考虑我们大家都共有的方面。如果是前一种情况，那么即使是这个无偏见的理性的旁观者也很难（如果可能的话）提出为我们所有人都可以而且应该遵循的正确的行动方式；如果是后一种情况，那么辛格对金律的一般解释就不能恰当地回应他所想回应的对道德金律的第一个批评：金律假定的人性的共同性。其次，由于辛格的一般解释强调，我们必须将共同的行动准则运用于行为主体和行为对象，它就至少不会鼓励(如果不会阻止)人们用比衡量他人涉及自己行动之标准更高的标准来衡量自己涉及他人的行动。辛格确实说，他的一般解释只是谴责那些不想让别人拥有自己想拥有的好处的人，但不谴责那些不想让别人承担自己想承担的义务的人。㉟但这显然是一种附加的特设说明，其本身并不包含在其对金律的一般解释之中。由于这个一般解释只是要求我们对自己和别人使用同样的标准，那么对自己和别人运用不同的标准，不管是将更高、更严格的标准运用于自身还是将其运用于他人，都同样地违背这种经过一般解释了的道德金律。事实上，虽然辛格没有说，将更高、更严格的标准运用于自身的人是不道德的人，但他确实说，他的金律表明，这样的人很愚蠢，因为他们实在是没有需要对自己如此苛刻。㊱在这种意义上，笔者认为格维斯讲得对，经过这样一种解释，道德金律对行为主体过于放任，而对行为对象则过于严谨。㊲

2. 格维斯的理性化(rationalization)解释

笔者现在要考察当代哲学中对道德金律的第二种重新说明：格维斯的理性化解释。我们在前面看到，格维斯自己认为，传统的道德金律存在着两个严重的问题。但格维斯认为，它们不是道德金律固有的问题。在他看来，如果我们将道德金律理性化，就可以避免这两个问题。他所谓的理性化是指，我们必须加一个额外的要求：这里涉及的欲望必须是理性的欲望。经过这样的理性化，道德金律就是：凡你理性地希望人家对你做的事情，你也应该对人家去做。㊳为了说明这一点，格维斯正确地指出，这里要求的"理性"不是道德意义上的规范性。换言之，我们确定一个欲望是否是理性的欲望，并不是看这个欲望是不是好的、正当的或者道德的欲望(或者是不是对好的东西、正当的东西和道德的东西之欲望）。这一点很重要，因为，先前确实有不少哲学家试图将道德金律所涉及的欲望限定为好的和道德的欲望。例如，在说明了道德金律存在的明显问题以后，奥古斯丁就指出：在"凡你希望别人对你做的事情"这个说法中，要加上一个"好"字，^②从而使它变成"凡你希望别人对你做的好的事情"。同样，当代哲学家古尔德（James A. Gould，1922 -）也认为，道德金律的意思是：凡你认为别人应当对你做的正当的事情，你也应该对人家做。^③奥古斯丁和古尔德之间的唯一不同是，在奥古斯丁那里，所谓好的事情，乃是普遍的、即在任何场合下都是好的事情；而在古尔德那里，所谓的"正当"必须根据不同社会的不同理解来定义。但他们两个人都认为，道德金律并不是说，凡我们希望人家对我们做的事情，我们都应该对别人做，它只是要求我们对人家做我们希望人家对我们做的道德的事情。但格维斯正确地指出，这就意味着，道德金律就不再是确定道德善恶的第一道德原则。^④换言之，道德金律在这里成了完全多余的东西：经过这样修正了的道德金律要求使用道德金律的人首先知道，什么是道德的和什么是不道德的事情。但是，如果我们已经知道什么是道德和不道德的事情，那么我们还需要道德金律干什么呢？本来道德金律之所以重要，恰恰是因为我们不清楚什么是我们该作（道德的）的事情和什么是不该作的（不道德的）事情，而道德金律可以帮助我们找到答案。^⑤所以与这样的处理方式不同，格维斯强调，他的"理性"概念在道德上是中立的。他认为，当我们将若干道德上中立的理性要求运用于行为主体的欲望上时，就必然会出现一个能够解决道德金律之传统困难的规范性的道德内容。^⑥

到这里，笔者认为格维斯基本上对的。问题是，他所谓的道德上中立的理性要求到底是什么。他说，这里所讲的道德上中立的理性要求就是演绎逻辑和归纳逻辑的准则。这里的演绎逻辑也包括概念分析，它可以帮助我们认识到,一个复杂概念的组成部分如何必然地从属于这个概念。[34]在将这样一个道德上中立的理性概念运用到道德金律时,格维斯指出,我们把概念分析运用到行动和欲望的概念,就得到了一个原则,从而使我们能够用某种必然的内容来代替对金律的传统解释所具有的偶然的欲望。[35]在他看来,这里的行动有两个相互关联的一般特征,一是自愿和自由,一是目的性或意向性。[36]换言之,行动有两个必要条件:它必须是自愿的,而且有一定目的(即行为主体的福利)。由此格维斯认为,逻辑上必要的是,一个行为主体必须拥有这些一般特征的权利,并且隐含地主张自己拥有这样的权利。[37]不然这个人就不能行动,因而也就不能成为行为主体。如果行为主体有权拥有这些一般特征,格维斯进一步推论道,根据普遍化原则,所有有可能成为行为主体的人也一定都有权利拥有自由和福利。[38]由此他便得出了其所谓的"一般一致性原则":你必须根据你的行为对象和你自己的一般权利来行动。[39]接下来,格维斯更将这个一般一致性原则用来将道德金律理性化,从而得到了对道德金律的这样一种表述:"凡你有权要求人家对你做的事情,你也应该对人家做"。[40]格维斯相信:经过了这样的理性化,道德金律就可以避免他所看到的两个问题:① 由于行为主体和行为对象的权利源于行动的必要条件,我们就可以避免行为主体或者行为对象或者他们大家都有的卑劣的欲望,因为这些卑劣欲望与行动的这两个必要条件没有任何关系;② 由于经过理性化了的道德金律要求我们在行动时要考虑到我们行为对象的一般权利,我们就不能将自己的欲望强加于人。

格维斯的论证看起来非常符合逻辑,但在笔者看来还是存在着一些严重的问题。首先,虽然他声称其理性概念是道德上中立的,他用来限定道德金律所涉及之欲望的"权利"概念显然是规范的、而非道德中立的概念。如果在我能够使用道德金律之前，我必须知道什么是我所有的（也是我的行为对象所有的）一般权利，那么他对奥古斯丁和古尔德所做的批评也就同样适用于他自己：道德金律在这里已经不再是我们可以据以确定道德行动与非道德行动的第一准则了。[41]其次，我们也不能完全确定，格维斯的理性化原则是否真的成功地解决了金律的第二个问题。如果行为主体和行为对象所共同享有的卑劣欲望可以同时增进他们的福利，那么经过理性化了的道德金律似乎也无法阻止人们从事满足这样的欲望的活动。第三，更重要的是：格维斯的权利概念来自其行为主体概念。这样，在其理性化了的道德金律中的行为对象就只限于所有可能在同时也成为行为主体者，而动物、疯子、头脑有缺陷者、甚至儿童都要被排除于道德金律所适用的行为对象范围之外了。在格维斯看来，动物根本不可能成为行为主体，有精神病的人只有部分的必要的能力，儿童只是潜在（potential）的行为主体（虽然以后可以成为行为主体，但作为儿童，他们还不是而且不可能是行为主体），这种潜在的行为主体与他所讲的预期的（prospective）行为主体不同，后者虽然在某个特定行动中不是行为主体，但只要他愿意，他完全可以成为行为主体。[42]这样一种立场不仅与我们的道德直觉相违背，而且也缺乏必要的证明，毫无疑问，所有的行为主体必须满足他所提出的两个条件，但为什么行为对象也必须满足这样两个条件呢？动物、痴呆者、儿童不是行为主体，因此我们不能让他们对自己的所作所为负道德义务，但这不等于说，我们在涉及他们的行动时就可以因此而不考虑他们的"福利"。第四，我们看到，格维斯的道德金律要求我们根据我们行为对象和我们自己的一般权利去行动，因此他认为，行为主体就必须在他自己和他人之间，特别是当涉及后者的自由和福利时，没有偏见。[43]这也就是其所谓的道德金律之平等主义特征。这种平等主义特征并不要求行为主体为了其行为对象而牺牲自己的自由或福利。[但在我们的日常生活中,如果有人作出自我牺牲,为了别人而放弃自己的自由和福利,我们通常认为这是一个好人。但是,现在如果我们应用格维斯之强调行为主体与行为对象之平等的道德金律来衡量,这样的人似乎与那些要别人为他们作出牺牲的人没有什么不一样,都成了不道德(或者至少是非道德的)人了,因为他们同样地违背了道德金律的平等原则。[最后,格维斯理性化的道德金律强调,行为主体应该根据他们自己和他们的行为对象所拥有的对于自由和福利的一般权利来行动。但是,不同的人所理解的自由和福利可能并不相同,而且当自由和福利这两者之间发生冲突的时候,不同的人对这两者的价值可能也有不同的看法。有人也许情愿牺牲一些福利也要保持自由,还有一些人可能认为福利比自由更重要。在所有这些情况中,格维斯的道德金律都无法告诉我们应该如何行动。[

3. 哈尔(R.M. Hare, 1919 – 2002)的想象中的角色转换

当代哲学中拯救道德金律的第三种努力是英国著名伦理学家哈尔的想象中的角色转换。哈尔认为,虽然道德金律要求我们"己所欲,施于人;己所不欲,勿施于人",在我们使用道德金律时,我们不能只考虑我们自己的所欲和所不欲,即不能只考虑我们自己实际上具有的兴趣和爱好,并将之也看作是我们的行为对象之所欲和所不欲。相反我们要想象一下,如果我自己处于我的行为对象的位置,具有我行为对象所实际具有的兴趣和爱好,我希望人家如何对待我。他用这样一个例子来说明他的看法:假定有一个法律规定,债权人为了使债务人偿还债务,有权将后者送进监牢;再假定甲欠乙的债。现在乙在想,为了让甲还债,他是不是应当行使其将甲送进监牢的权利。这里,哈尔认为,乙必须愿意将甲所有的偏好和利益作为他(乙)自己的偏好和利益来考

虑，或者想象一下"如果我是甲会怎么样"。㊼在他看来，经过了这样的想象中的角色转换，由于乙想仅因欠债入家就将自己送进监牢不对，他也就不应当仅因甲欠了他（乙）的债而将他（甲）送进监牢。

关于哈尔的想象中的角色转换，有些人做出过一些批评。一方面，泰勒（C.C.W. Taylor，1936 –）认为，我们实际的行为对象的某些方面，也许为作为行为主体的我们所根本无法想象的，因为哈尔的角色转换所要求的，不只是行为主体获得某种新的身体特征，而是获得一种与其自己实际上所有的很不相同的遗传和教养。㊽例如，他指出，要让一个中年男子想象，如果他是一个十七岁的女孩，从她的情人那里收到一封信，告诉她，他（她的情人）要与她分手，他（这个中年男人）会有什么样的感觉，具有逻辑上的不可能性。㊾另一方面，西尔弗斯坦（Harry S. Silverstein）则指出，行为主体不可避免地会将一些为其行为对象所不知道的东西带进其想象中：行为主体知道和相信一些为其行为对象所不知道和不相信的东西，而且行为主体认为这个事实本身对于其做出恰当的决定有关。㊿为了说明其看法，西尔弗斯坦用了海尔自己也用过的一个例子：一个人对将要去死的人作了一个他知道自己不会履行的诺言，目的只是想让快死去的人的最后时刻快乐一些。在西尔弗斯坦看来，这里，做出这种虚假诺言的人，㊿

……不能想象他自己，担当他所假想的作为将要去死的人的角色，知道或者了解到人家对他作的承诺是虚假的，因为不然的话，他所想象的角色就违背了这个实际情况中的一个重要方面。但是他也不能想象自己不知道或者不了解这个承诺是虚假的，因为不然的话，这个实际情况的一个重要方面就被忽略了。

这两个批评,从两个不同的方面(一个涉及为行为对象所知但为行为主体不知的信息,而另一个涉及为行为主体所知而为行为对象不知的信息)有力地说明,想象的角色转换不能帮助一个行为主体了解到其行为对象的实际感受,特别是当行为主体和行为对象具有很不相同的背景的时候。因此,要想知道我们的行为对象对我们涉及他们的行动的感受,光靠这样想象中的角色转换,有时是不够的,有时则是不恰当的。但在某种意义上,这样的批评对于哈尔的想象中的角色转换,并没有击中要害。

首先,哈尔要求行为主体想象的,不是他们如果作为行为对象所可能有的实际感受,而是任何人处于其行为对象的位置时都应当有的感受。这是由哈尔关于道德理性中的可普遍性原则所要求的。根据这样的可普遍性原则,我们的行动必须是我们愿意将其看作为在类似情形中的所有人规定的行动原则之一个例证而接受的行动。⑩哈尔又用了一个例子来说明这一点,假如我想移动人家的自行车,以便我可以把自己的汽车停在这里,再假定这部自行车的主人对我移动他的自行车有轻度的不高兴。在这种情况下,我到底该不该移动别人的自行车呢?这里我们运用哈尔的角色转换:我可以想象自己是这辆自行车的主人,知道有人想移动它以便将其汽车停在这里。经过这样的转换,哈尔说,由于我不想让自己的自行车被移动的愿望远没有别人想把他的汽车停在这里的愿望强烈,所以其他人应该可以移动我的自行车。现在,再把想象中的角色转换回到实际的状况,这个行动主体所得到的结论就是,我可以将汽车停在这里。⑪因此很清楚,哈尔的角色转换,虽然确实是为了避免过于依赖行动主体的实际感受,但也不是为了理解行为对象的实际感受,而是要确定行动主体和行为对象,从一个同情的、无偏见的观察者的角度,都"应该"有的感受。⑫由于哈尔采取了这一步骤，他就可以避免上述的对他想象中角色转换的两种批评，但也由于他采取了这一步骤，他也就不得不面临我们前面讨论的辛格由于持类似立场而面临的各种问题。

第二，为了获得这种无偏见的观察者的视野，哈尔在偏好或利益与理想之间作了区分。在他看来，在想象性的角色转换中，我们所要想象的只是我们的行为对象的偏好和利益，而不是其理想。^⑤在哈尔看来，原则上说，用我们的道德思考来解决各种利益之间的冲突，相对比较容易，而当冲突所涉及的是理想时，情形就要复杂得多。^⑥因此，理想之间的某些冲突就不能用道德金律这样的论证来说明。^⑦从事想象中的角色转换的目的就是要为一组（属于行动主体的）利益和偏好与另一组（属于行为对象的）利益和偏好之间的冲突找到一个客观的标准，而完全不考虑他们各自所有的理想。哈尔用纳粹将犹太人放进毒气室的事件为例子。他用角色转换的道德金律要求纳粹把自己想象成不想被放进毒气室的犹太人。他认为这样一个角色转换可以说服纳粹不把犹太人放进毒气室，因为纳粹自己并不希望人家将他放进毒气室，而且他（经过想象中的角色转换以后）作为犹太人不想被人家放进毒气室的欲望，较之他（在实际状况中）作为纳粹想杀犹太人的愿望，要强烈得多。他认为，如果我们把犹太人和纳粹的各自的理想引进来，那么问题就十分复杂。由于他们的理想各不相同，而且没有一个客观的标准，道德金律就无法解决他们之间的冲突。

但是，恰恰是因为他把行动主体和行为对象的理想完全排除了，哈尔想象中的角色转换就不能处理某些典型的情况。例如，如果一个纳粹分子所持的人类理想是要求他去杀害犹太人，而且他的这种信念是如此坚定，以至如果他发现自己原来也是一个犹太人，他也希望自己应该被杀掉。在这种情况下，哈尔的角色转化就不能起任何作用了。当

然,海尔相信,只有极少数狂热的纳粹分子真的会这样。在他看来,只
要人类的实际状况没有什么太大的变化,我们可以相当确定地相信,几
乎没有人会走上述的那个狂热的纳粹所走的路。而且当我们在同属于
不走这样的路的绝大多数人讨论时,说也许有人会走这条路,对我们的
论证不会有什么影响。⑱这里的问题是,即使这样的事例确实很少,这
也不能成为一个道德原则不能处理这些问题的借口。更重要的是,哈
尔所谓的狂热分子可能也不是他所想的那么稀罕。例如为数可能不少
的宗教原教旨主义者,即使是在从事了哈尔所建议的角色转换以后,可
能还是会决定将自己的宗教信仰强加于人。因为你如果问他们,"如果
你自己是你想将你的基督教信仰强加其上的非基督徒,你是否愿意人
家将基督教信仰强加到你的身上?"我认为可以想象,他们大多都会非
常真诚地认为,他们不但接受,而且还非常希望人家将基督教信仰强加
到他们自己身上(如果这些基督教原教旨主义者,本来也不是基督徒,
只是在有人将基督教信仰强加到他们身上以后才成为基督徒、并成为
原教旨主义者的,那么情形就更是这样)。对于这样的具有特定理想的
狂热主义者,哈尔所提供的唯一的办法就是,看看实践他们的特有理想
是否损害其行为对象的利益、是否会损害他们在把自己想象成行为对
象以后所具有的利益。如果是的,这样的特殊理想就不能予以考虑。
在哈尔看来,被放进毒气室显然不是犹太人的愿望,也不是在把自己想
象成是犹太人以后的纳粹的愿望。在这样的情况下,道德金律就不容
许纳粹去杀犹太人,因为这里纳粹不只是在追求一种理想,而且是在追
求一种特定的理想,一种蔑视和排斥犹太人和纳粹共同利益的理想。⑲
这里存在着两个问题。首先,很清楚,哈尔在这里认为,一个人的物质
利益比其理想更重要,但他没有能够提供令人信服的理由说明,为什么
是这样。事实上,正如哈尔自己有时也承认的,一个如果发现自己有犹

太人血统而愿意将自己杀掉的狂热的纳粹分子甚至可以这样自吹自擂地认为："较之自由主义者，他具有道德上的优越性，因为他在追求其理想时，甚至可以不考虑自己的或者任何别人的物质利益。"⑩他上述处理具体利益和理想之间的冲突的方式显然不适用于那些试图将自己的宗教信仰强加于人的原教旨主义者。他们很可能相信，实践他们的理想（即将其基督教信仰强加于人），不仅符合那些非基督徒的利益，而且如果他们自己不是基督徒，也会真心诚意地欢迎别人将这样的基督教信仰强加到他们自己身上。

　　我们在上面考察了当代哲学中对道德金律的三种重新解释，它们都试图克服在我们本节开头所指出的道德金律的两个严重问题。这三种重新解释都以某种方式肯定了行动主体与行为对象之间可能有的差别，因此要求我们在行动时不能简单地将我们自己的喜恶看作也是我们行为对象的喜恶。但是，为了克服道德金律在这方面的问题，他们都没有要求我们去努力了解我们的行为对象之特殊的需要、兴趣和愿望等。相反，他们都以某种方式要求我们从无偏见的、客观的角度去考虑，所有人在处于我们的行为对象和我们自己的位置上会有什么样的需要、兴趣和愿望等。很显然，如我们指出的，经过这样的重新解释，道德金律已经面目全非了。因为道德金律之所以存在于几乎所有的宗教和文化传统，就在于其简单、明了：你要知道如何对待人家吗？你就想象一下，你自己喜欢人家如何对待你。总之，考虑到行动主体与行为对象之间的可能差别，所有这些对道德金律的重新解释，为了避免行动主体把自己的兴趣和爱好看作也是行为对象的兴趣和爱好，不是去发现行为对象的独特需要，而是不考虑任何人（不管是行动主体还是行为对象）的独特需要，而是要发现所有人类的共同需要。因此，经过辛格的一般化，经过哈维斯的理性化，经过哈尔的想象中的角色转换，道德金律实际上成了亚当·斯密（Adam Smith，1723－1790）的"无偏见的旁观者"的观点，成了罗尔斯（John Rawls，1921－2002）的"原初状态"的观点，或者简直就是康德的绝对命令。⑪当然，如果对道德金律的这些重新表述和解释能够解决其传统表述所存在的问题，那么我们也就没有必要在其还该不该被称为道德金律问题上纠缠了。但如笔者在上面力图表明的，所有这些重新解释都没有真正解决道德金律所存在的问题。有时它们好像是解决了道德金律的问题，但是它们马上又因此而引出了新的、甚至更严重的问题（例如，它们可能无法说明利他主义行动的道德性质；它们可能无法把成人和儿童，正常人和精神失常者作为平等的行为对象）。确实，人类具有一些共同的需要，因此道德金律，无论是其传统的表述，还是其现代的解释，都有其一定用途。但很显然，不同的人之间也有许多相互不同的方面。很显然，我们的行动在涉及他人时，不只涉及他人与我们共同的方面，而一定也会涉及他人与我们不同的方面。在这种意义上，道德金律，包括其种种当代解释，都至少有其局限性。更重要的是，如果我们仔细考察那些人类共同的方面，我们也会发现，所有这些共同的方面，用沃尔泽（Michael Walzer，1935－）的话说，都是一些非常单薄的概念，如果我们不将其置于作为这些概念之来源的具体背景之中，它们不能告诉我们任何东西。⑫例如，没有人会否认，对食物的需要是所有人类的共同需要。但是，当我们遵循由辛格、格维斯和哈尔等重新解释的道德金律，如果我们试图想象一种"一般的"食物（即不是任何一种特殊的、只为我们行动主体所喜欢或只为我们的行为对象所喜欢的食物），那么我们就会不知道如何行动，而如果我们把自己所喜欢的食物就看作是"一般的"食物，我们就很可能做出很不恰当的行动（例如让素食主义者吃肉）。

第二节　道德铜律：资源和长处

因此，作为道德金律（和银律）的替代物，笔者在这里要提出一种笔者所谓的道德铜律。^①笔者用道德铜律所表示的道德原则，简单地说，用正面的表述就是人所欲，施于人，而用负面的表述则是人所不欲，勿施于人。这里，与道德金律和银律的最重要区别是，在我们决定涉及别人的行动时，我们所依据的不是如果我处在别人的位置上我会愿意或不愿意别人对我做什么样的事情。相反，我们是要看实际上处在这个位置上的这个实际的人在实际上愿望我们对他做或不做什么样的事情。也就是说，在我们决定涉及别人的行动时，我们所考虑的不是作为行动主体的我们自己的愿望，而是作为道德行为对象的他人的愿望。更重要的是，要理解作为我们行为对象的他人的愿望，我们不能坐在靠背椅上，闭着眼睛，去想象我们的行为对象具有什么样的愿望，或者想象如果我们自己处于我们行为对象的位置上可能会有什么样的愿望，而是要想方设法去了解他们的真实想法，这包括与我们的行为对象直接对话，去阅读关于我们的行为对象的材料，去观察我们行为对象的生活，甚至如果可能的话，参与我们行为对象的生活。

1. 道家的资源

虽然就笔者所知，不但还没有人用"铜律"来表示笔者这里要表述的道德原则，而且还没有人明确地提出这样一种道德原则，但笔者也要说明，这个道德原则也不完全是笔者凭空创造出来的。在西方伦理学传统中，有时也会提到笔者这里的道德铜律的内容。但是，如我们在分析辛格对道德金律的一般化解释时所看到的，笔者这里所谓的道德铜律的内容不仅被看作是道德金律的倒置（inversion），因而没有独立的地位,而且被看作是荒谬的东西,作为金律的反面例证,而被彻底拒绝。笔者在提出这个道德原则的时候,得到的最大启发来自中国的传统思想,它在中国的道家和儒家哲学的传统中具有深刻的根源。

我们知道庄子特别强调事物的差异。例如在《齐物论》中,有这样一段著名的话:㉔

> 民湿寝则腰疾偏死,鳅然乎哉?木处则惴栗恂惧,猿猴然乎哉?三者孰知正处?民食刍豢,麋鹿食荐,蝍蛆甘带,鸱鸦耆鼠,四者孰知正味?猿狙以为雌,麋与鹿交,鳅与鱼游。毛嫱丽姬,人之所美也;鱼见之深入,鸟见之高飞,麋鹿见之决骤,四者孰知天下之正色哉?自我观之,仁义之端,是非之涂,樊然淆乱,吾恶能知其辩!

这就是说,人睡在潮湿的地方,会得腰痛病,泥鳅则不会;人睡在树上睡觉会害怕,猿猴则不会。人、泥鳅和猿猴不能各自把自己认为是最恰当的居所想当然地看作也是别的动物最恰当的居所。同样,人喜欢吃牛羊肉,鹿喜欢吃草,蜈蚣喜欢吃蛇,乌鸦喜欢吃老鼠。他们不能把自己最喜欢吃的东西看作也是别的动物最喜欢吃的东西,人们都说毛嫱、丽姬美,但鱼、鸟、鹿见了他们就跑。因此他们同样不能把自己的美的标准看作是别的动物的美的标准。

通常人们在谈到庄子的这段话时,主要把它看作是表达了庄子的相对主义立场。㉕就庄子认为不存在一个普遍的评判标准而言,庄子确实可以被认为是一个相对主义者。但我们绝不能将这样一种相对主义理解为主观主义,以为既然不存在一个普遍的评判标准,那么我们要怎样评判就怎样评判。庄子在这里强调,我们从事某种行动时必须注意到我们的行为对象的特殊性。在这种意义上,庄子的立场就不是一种相对主义立场，因为他肯定正当的（自然的、符合道的）行动乃是考虑到了我们行为对象的特殊性的行动。庄子认为，什么是泥鳅之恰当的居所，存在着一个绝对的标准。他所强调的只是，对于泥鳅来说是恰当的居所，对于别的动物就不一定是恰当的居所。因此在我们从事任何行动时，我们必须首先考虑到我们的行为对象的特殊性。只有这样，我们才能从事正当的行动。如果我们把自己的好恶看作也就是我们行为对象的好恶，就会产生非常坏的后果。庄子在《骈拇》篇首章中也指出：⑯

> 彼至正者，不失其性命之情。故合者不为骈，而枝者不为跂；长者不为有余，短者不为不足。是故凫胫虽短，续之则忧；鹤胫虽长，断之则悲。故性长非所断，性短非所续，无所去忧也。

这也告诉我们，我们必须尊重事物的本来面目，不能以我们自己的标准将其强求一律，不然就会出现悲哀的事情。

这一点庄子在《至乐篇》第五章中的鲁侯养鸟这个著名故事中就表达得非常清楚：⑰

> 昔者海鸟止于鲁郊，鲁侯御而觞之于庙，奏九韶以为乐，具太牢以为膳。鸟乃眩视忧悲，不敢食一脔，不敢饮一杯，三日而死。此以己养养鸟也，非以鸟养养鸟也。夫以鸟养养鸟者，宜栖之深林，游之坛陆，浮之江湖，食之鳅鲦，随行列而止，委蛇而处。

这个故事说的是，鲁侯在养鸟时，把自己的喜好看作是鸟的喜好。他自己喜欢住在宫廷里，于是便把这个海鸟供养于宫廷中；他自己喜欢九韶音乐，于是让这只海鸟也欣赏九韶音乐，他自己喜欢丰盛的宴席，于是也用丰盛的宴席来款待这只海鸟。其结果是，这只海鸟吓得不敢吃、不敢喝，三天以后便死了。这个故事，表面上与《马蹄》篇首章中伯乐治马不同。伯乐治马是"烧之、剔之、刻之、雒之。连之以羁絷。编之以皂栈，马之死者十二三矣；饥之，渴之，驰之，骤之，整之，齐之，前有橛饰之患，而后有鞭荚之威，而马之死者已过半矣"。[⑤]庄子说，虽然后人都称"伯乐善治马"，但在他看来，伯乐是没有按照马的"真性"治马。所谓马的真性就是："蹄可以践霜雪，毛可以御风寒，吃草饮水，翘足而乐"。[⑥]由于没有按照马的真性去治马，马也就差不多被治死了，因此与鲁侯养鸟的结果差不多。

不过与鲁侯养鸟不同的是，伯乐这里也没有"以己治治马"，即没有按照其自己喜欢被对待的方式去治理马，因为很显然，伯乐自己不喜欢被烧、被剔、被刻、被饥、被渴、被驰、被骤等。相反，在鲁侯养鸟的故事中，庄子说，鲁侯在这里是"以己养养鸟也"，即以自己希望别人侍候自己的方式侍候鸟。换言之，伯乐治马时没有遵循道德金律，而鲁侯养鸟时则遵循了道德金律。因此表面上看起来，如果我们用道德金律来衡量，鲁侯对待鸟的方式是道德的，而伯乐对待马的方式是不道德的。但在庄子看来，不仅伯乐对待马的方式不对，而且鲁侯对待鸟的方式也不对。他们共同的毛病是没有根据马和鸟自己希望被对待的方式去对待马和鸟。因此，庄子对鲁侯建议的方式是："以鸟养养鸟"（即以鸟希望被对待的方式来对待鸟），这也就是笔者这里倡导的道德铜律。在庄子看来，如果以鸟希望被对待的方式来对待鸟，那么鲁侯应该让鸟栖息于树林，游弋于江湖，吃泥鳅和小鱼，自由自在地跟其他鸟结群飞翔。

庄子是反对主观主义的，他在《齐物论》第三章中说："夫随其成心而师之，谁独且无师乎？奚必代之而心自取者有之？愚者与有焉。为成乎心而有是非，是今日适越而昔至也"。[⑩]他在这里批评人们在了解事物的实际状况之前就形成主观的意见，认为这就好像一个人没有到一个地方却说是到了一个地方。在我们运用道德金律时，实际上发生的就是这样的情况：还没有去了解我们行为对象的真实愿望，我们就已经通过想象以为知道了他们的愿望。为了克服这样一种主观主义，在《逍遥游》中，庄子提出了"至人无我"的概念，⑦而在《齐物论》的一开头，他又提出了"吾丧我"的概念。⑫在《人间世》篇的首章更提出"心斋"，所谓的"虚而待物"，⑬即以虚明的心境而不是带着主观意见待物。所有这些都要求我们不能以自己的主观偏见看待别的事物。为什么呢？他谈到了与人籁、地籁不同的天籁："夫天籁者，吹万不同，而使其自己也，咸其自取，怒者其谁邪！"。⑭这里很显然，庄子并不是说我们应该放弃我之为我的个性。事实上，他所说的"吹万不同，而使其自己也，咸其自取"，恰恰是要我们肯定自己的个性。关于这一点，外篇《缮性》篇的首章说得更明确："彼正而蒙己德，德则不冒，冒则物比失其性也"。⑮这说明了相关的两点。一方面，一个人珍惜、保管好自己的德性；另一方面，一个人不要将自己的德性强加于（"冒"）别人。如果他强加于别人，就会使别人失去其自然的本性或者说德性。因此庄子之所以要提倡"无我"和"吾丧我"，是要我们不要以我自己的标准来衡量和评判别的东西。

虽然庄子在这些寓言故事里喜欢用人和其他动物的不同，说明我们不能用我们人类愿意被对待的方式来对待与我们不同的物种。但在笔者看来，不容置疑的是，他用这些寓言故事真正想要表达的是，在人与人之间也有这样的不同，因此在我们处理人与人之间的关系时，也必须考虑到我们行为对象的特殊性，而不能以我们自己所好简单地看作也是他人所好，把我们自己所恶也简单地看作是他人所恶。也许正是在这种意义上，他在《田子方》篇的次章抱怨鲁国的君子"明乎礼仪而陋于知人心"，⑦因此，虽然这些人"进退一成规一成矩，从容一若龙一若虎，其谏我也似子，其道我也似吾"，⑦但《庄子》还是借温伯雪子的口说："是以叹也"。⑦

笔者在上面主要是在庄子那里发掘道德铜律的道家资源。最近读了友人王庆节（James Qingjie Wang，1958 - ）的《老子的自然观念：自我的自己而然与他者的自己而然》一文，觉得其不仅对老子的自然概念提出了一种全新的解释，而且对笔者在这里提出的道德铜律思想也深有启发。根据王庆节的解释，老子的自然观念包含了两个方面，一是让自身的自己而然，一是让他者的自己而然。由于笔者的铜律主要涉及的是与他者有关的行动，笔者对其第二种意义特别感兴趣。在解释这种意义的自然时，王庆节又联系了老子的无为概念。在说明了对这个无为概念的几种传统解释之问题以后，王庆节提出了无为因而也是自然的两个方面的意义。而这两个方面的意义，正好与笔者的道德铜律的正反两个方面的意义一致。一方面，他以《老子》第十七章为根据：

太上，下知有之，其次，亲而誉之。其次，畏之。其下，侮之。信不足，安有不信。犹呵，其贵言也。成功遂事，而百姓谓我自然。

在王庆节看来，老子这里的意思是：⑦

对于统治者来说，百姓、人民、在下位者乃是不同于自身的他者，因而有着自身特定的"自己而然"的形态和方式。承认并尊重这一特殊性、他者性，亦即对这种特殊性、他者性的不加干涉，任其"自己而然"就构成了统治者"无为而治"的政治哲学的基石。换句话说，若无统治者，无"自我"的最为"无为"的"自己而然"，断无被统治者的、"他者"的作为"无不为"的"自然而然"。

在笔者看来这就是笔者在这里倡导的铜律的反面说法：人所不欲，勿施于人。但是，虽然王庆节没有指出，但笔者想他也一定同意，虽然没有"我"之不干预，"他者"就不能"自己而然"，但我们不能反过来说，有了"我"之不干预，"他者"就一定能"自己而然"。因为这个"他者"也许由于另一个"他者"的干预或者由于自身的原因（例如老弱病残之类）而不能"自己而然"。在这种情况下，就需要笔者所提倡的道德铜律的正面意义：人所欲，施于人。笔者想这也就是王庆节通过对老子的第六十四章的解释所想说明的无为之第二种意义。老子在这一章中说："是以圣人欲不欲，而不贵难得之货；学不学，而复众之所过；能辅万物之自然，而弗敢为也"。王庆节在这里强调最后一句中的"辅"一字，说明，"我"的无为不只包含不妨碍"他者"之"自己而然"，还包含辅助"他者"之自己而然。这就表明，老子和道家的自然无为概念，并不是像许多人通常所以为的那样，是个自由至上主义（libertarian）概念。它不仅包含了伯林（Isaiah Berlin，1909-1997）所谓的否定自由概念，也在一定程度上包含了其肯定自由的概念。而同时由于其肯定自由概念是以辅助他者之自然而然为基础的，因而也就可以避免伯林所担心的家长主义和极权主义。当然，如何理解他者之"自然而然"还是一个问题，我们在本章的后面还会加以讨论。

2. 儒家资源

在儒家传统中，我们也可以发掘出道德铜律的许多重要资源。我们上面看到，儒家传统乃是道德金律的一个重要源泉。但笔者认为，这样的道德金律，在儒家传统中，是在笔者这里所强调的道德铜律的背景下提出的，是道德铜律的一个方面（当行动主体与行为对象在行动所涉及的方面相同或基本类似的时候,道德金律和银律可以达到与道德铜律一样的效果),也是实践道德铜律的一个方法。

在谈到道德铜律在儒家中的渊源时,笔者在这里所要强调的是儒家的爱有差等说,或者更确切地说,是儒家对墨家强调一视同仁之爱无差等说的批判。无论是维护儒家还是批评儒家的人一般都同意,儒家在这里的立场是人们应该对自己的父母有最强烈的爱,而在从自己的父母向外扩展的时候,这种爱的程度就会或者就应该逐渐减弱。在笔者看来,这样一种理解没有看到儒家的一个更根本的主张。笔者在另外一篇文章中指出,⑧儒家在这里强调的不是对不同的人应该有不同程度的爱,而是应该有不同种类的爱。这在孟子的"亲亲、仁民、爱物"之间的区分就表现得十分清楚。孟子说:"君子之于物也,爱之而弗仁;于民也,仁之而弗亲。亲亲而仁民,仁民而爱物"。⑨君子对于草木禽兽加以爱惜,对于人类伙伴施于仁德,而对于自己的父母则给以亲爱。在这里,"亲"、"仁"和"爱"不应当看作是同一种爱的不同程度,而应当看作是三种不同的爱。对于自己的父母亲,我们的爱的方式是"亲"。对于自己的人类伙伴,我们的爱的方式是"仁"。而对于别的生物,我们的爱的方式是"爱"。当然在这三者各自内部还有差别,因此我们还应当有不同的"亲"的方式,不同的"仁"的方式和不同的"爱"的方式。例如,我们爱父母、爱子女、爱丈夫或妻子,很明显地就是不同种类的爱,而不是不同程度的爱。孔子也要求我们"以直报怨、以德报德",⑩他又说"惟仁者能好人,能恶人",⑪而不是像耶稣(Jesus)所要求的以德报怨。这里"直"与"德"、"好"与"恶"就是我们对不同种类的人施以仁德的不同方式。这就是说,孔子不主张耶稣的以德报怨,并不是说对坏人我们就不要去爱,而是说我们不能以爱善良的人的方式去爱。所以仁者,也即善于爱的人,就不仅能"好人",也能"恶人"。这里的"恶",正如陈荣

捷（Wing-Tsit Chan，1901－1994）所指出的，并不包含着一种"恶意"，[64]
而是一种恨铁不成钢的爱。

从这种意义上说，儒家的爱虽然从其本质来说来自一个人内在的
仁爱之心，但其爱的方式或种类至少部分地由被爱者的特殊情况确定
的。如果我们的爱完全取决于我们自身，而不考虑我们所爱的对象之
特殊性，那么其逻辑结果当然就是一视同仁之爱。而如果我们的爱要
取决于我们所爱者的特定情况，那么当然我们就必须根据不同对象的
不同情况以不同的方式来体现我们普遍的爱。在这一点上，宋儒程氏
兄弟就对儒家的这一观点看得非常清楚。孔子曾经说："克己复礼为
仁"。[65]那么如何克己呢？程颐就指出："以物待物，不以己待物，则无我
也"。[66]这就是说，真正的无我无私之爱乃是考虑到被爱者之特殊性的
爱，而不是不管三七二十一去爱，不是按照我自己的想法去爱。不然，
我们就无法知道我们爱的对象的特殊性，因而也就不能恰当地去爱。
其兄程颢说得更明确："圣人之喜，以物之当喜；圣人之怒，以物之当怒。
是圣人之心，不系于心而系于物也"，[67]因此，"至于无我，则圣人也"。[68]

从上面的讨论，我们可以看出，儒家仁爱观的爱有差等概念实际上
是建立在物有差等这个基础上的。用孟子的话说："夫物之不齐，物之
情也……子比而同之，是乱天下也"。[69]这就是说，世上的事物本不相
同，如果我们强用同一方式待之，就会天下大乱。这里，表面上看，孟子
是在反对庄子的齐物论，但实际上他所表达的是与庄子一样的意思，因
为如我们上面看到，庄子的"齐物"并不是将不同事物"比而同之"，而是
认为不同的事物具有同等的价值，因此切不可"比而同之"。正因为人
与人不同、物与物不同，我们对待他们的方式也应该根据他们不同的情
况而有所不同。因此，孟子在说明要得天下需要先得其民、要得其民要
先得其心时，更进一步明确地指出，得民心之道就是笔者这里所谓的道

德铜律："所欲与之聚之,所恶勿施"。[59]就是说,天下老百姓所需要的,便替他们收聚起来,而他们所不喜欢的,则不要强加于他们。这里,孟子说得很清楚,我们在对待别人时要根据别人的好恶,而不是根据我们自己的好恶。这是对我们的道德铜律的最好表述。后来程子对孟子的这句话也非常强调。[61]程颐说的"民可顺也,不可强也",[62]也就是这个意思。程颢也说:"民之所宜者务之,所欲与之聚,所恶勿施于尔也",[63]又说:"'因民之所利而利之',若耕稼陶渔,皆因其顺利而道之"。[64]

我们看到,如果我们遵循道德金律,那么在我们决定行动前,只要想象一下,如果我自己是我行动的对象,自己希望如何被人对待,因此相对来说,比较简单。但如果我们要遵循道德铜律,我们就必须了解我们行为对象的特殊好恶。我们说儒家的仁爱观所倡导的道德原则,本质上是道德铜律,因为它认为,爱的对象不同,爱的方式也就不同。因此,儒家也就强调知人的重要性。孔子在《论语》中就说:"不患人之不知己,患不知人也"。[65]不过关于这一点,还是宋儒程氏兄弟说得清楚:[66]

> 不知,则所亲者或非其人,所由者或非其道,而辱身危亲者有之,故"思事亲不可不知人"。故尧之亲九族,亦明俊德之人为先,盖有天下者,以知人为难,以亲贤为急。

这里,程子指出了知人之难。为此,程颢认为《论语》已经为我们指明了知人的几种方式:[67]

> "视其所以",所为也;"观其所由",所从也;"察其所安",所处也。察其所处,则见其心之所存。在己者能知言穷理,则能以此察人如圣人也。

当然，在从儒家传统发掘道德铜律的资源时，我们也不能忘记，在儒家传统中也有许多我们在这里试图用道德铜律取而代之的道德金律的表示，无论是其正面的表述还是其反面的表述。例如，在《论语》中，我们看到孔子说"己所不欲，勿施于人"，⑱又说"夫仁者，己欲立而立人，己欲达而达人"。⑲在《中庸》中也有类似的表述：⑳

忠恕违道不远。施诸己而不愿，亦勿施于人。君子之道四，丘未能一以焉。所求乎子以事父，未能也，所求乎臣以事君，未能也；所求乎弟以事兄，未能也；所求乎朋友先施之，未能也。

《大学》中的君子之道实际上也与道德金律有关：㉑

所恶于上，毋以使下。所恶于下，毋以事上。所恶于前，毋以先后。所恶于后，毋以从前。所恶于右，毋以交于左。所恶于左，毋以交于有。

事实上，不仅有不少人讨论儒家的道德金律，而且大多数人都认为，道德金律，特别是其反面的表述，己所不欲，勿施于人，乃是儒家道德的根本。这是否与笔者在这里突出的儒家的道德铜律相矛盾呢？首先，笔者在这里主要强调的是道德铜律的儒家资源，而没有企图论证儒家伦理的根本就是道德铜律；其次，在笔者看来，就儒家所提倡的道德金律本身而言，虽然有不少人试图加以捍卫，㉒也具有笔者在前一节中揭示的道德金律所固有的问题。但同时笔者也想指出，一方面，虽然道德金律本身具有问题，但如果我们将其作为道德铜律的一部分，即当我们通过对道德铜律的使用，发现我们的行为对象与我们行动主体具有相同愿望时,那么我们也可以运用道德金律;另一方面,如我们在下面将要指出的,在某些特定情况下,我们无法直接运用道德铜律,就是说我们一时无法了解我们行为对象的愿望,而这种特定的情况又要求我们必须马上做出行动的决定。这时我们可以运用道德金律,作为求其次的办法。另外,如我们在下面也要指出的,遵循道德铜律也比遵循道德金律困难得多,因为我们一般都习惯以自己的好恶为人家的好恶。因此只有通过一定的道德修养过程,我们才会学会去了解人家的好恶。

关于先秦儒家的道德金律,宋儒程颢程颐兄弟也有不少讨论。虽然他们都认为儒家的道德金律(即忠恕之道)非常重要,但他们都始终认为这不是儒家最根本的东西。孔子曾说:"吾道一以贯之"。孔子自己没有说这个一到底是什么,但现在人们一般都接受曾子的解释,把这里的一理解为忠恕(即儒家版的道德金律)。但二程却认为,这里的一不是忠恕,而是。[⑧]在他们看来,忠与恕的关系,就好像孝弟与仁的关系。在问到《论语》中的"孝弟也者,其为仁之本也"时,程子说,此"非谓孝弟即是仁之本,盖谓为仁之本当以孝弟,犹忠恕之为道也"。[⑧]这里程子对孔子的"孝弟也者,其为仁之本也"中的"为"字做了独特的解释。一般把这个字看作是一个联系动词,解作"是"。这样孔子这里说的就是,孝弟是仁的根本。而程子则把这个"为"字看作是一个实义动词,以后面的"仁"字为宾语。这样孔子这句话的意义便是,孝弟是实践仁(为仁)的起点。这里我们的兴趣主要不在于程子的解释是否符合孔子的原意。我们所关心的是,既然程子认为孝弟与仁的关系类似于忠恕(金律)与仁的关系,那么我们也就可以理解,在二程那里,道德金律只是实践仁的开始。因此,程子反复强调忠恕近于仁,是为仁之方,违道不远,而不是仁。例如程颐说"恕者入仁之门,而恕非仁也"。[⑧]又说:"'我不欲人之加诸我也,吾亦欲无加诸人',恕也,近于仁……然未至于仁,以其有欲字尔"。⑱那么如何达到仁呢，我们在前面提到程子对孔子的"克己复礼"的解释，真正的仁要到达无我的境界。这里联系先秦儒家的道德金律，程颐再次提到了"无我"的概念：⑲

> 孟子曰，强恕而行，求仁莫近焉。有忠矣，而行之以恕，则以无我为体，以恕为用。所谓强恕而行者，知以己之所好恶处人，而己未至于无我也。故己欲立而立人，己欲达而达人，所以为仁之方也。

这里程颐认为，道德金律（即"以己之所好恶处人"）还没有达到仁即无我的境界。达到了无我的境界，如我们前面提到的程颐的观点所表明的，我们就不会以己之好恶处人，而会以人之好恶处人。这就表明，道德金律体现了人之自我修养的较低阶段，而道德铜律体现了其较高的阶段。因此，在其各自的《大学解》中，程颢程颐兄弟在说明我们上面所引的《大学》版的道德金律时，都特别强调《大学》在紧接着所说的话："《诗》云，乐则君子，民之父母。民之所好好之，民之所恶恶之。此之为民之父母"。⑳这就表明，在二程看来，大学中的道德金律的核心还是对于我们行为对象的关心。

3. 道德铜律的长处

笔者认为，较之道德金律，包括其肯定的表述和否定的表述，道德铜律有几个明显长处。首先，由于强调行为对象的愿望作为行动之正当性的准则，道德铜律就可以避免道德金律的家长主义倾向。㉑由于这样一种倾向，正如倪德卫（David Shepherd Nivison，1923 – 2014）所指出的，一个人如何对待别人的标准可以明确地是这个人希望别人如何对待自己，或者也可以明确地是这个人的关心，或者也许就是这个人自己想如何对待自己。㉒我们已经看到，这就是我们前面提到的道德金律的第一个问题。因此根据这样的道德金律，不仅基督教的原教旨主义者可以有理由将自己的宗教信仰强加于人（只要他自己，如果不是基督徒的话，也愿意别人将基督教信仰强加于他自己身上），甚至纳粹也可以有理由去杀害犹太人（只要他自己，如果被发现是犹太人，也愿意被杀掉）。但很显然，如果我们遵循道德铜律，这样的情况就不会发生。这里，为了确定我是否应该将自己的基督教信仰强加于人，或者我是否应当杀害犹太人，我自己如果是非基督徒是否愿意别人将基督教信仰强加于我与否，或者我自己如果是犹太人是否愿意让别人杀掉与否，是根本不相干的。真正重要的是，那些非基督徒们是否愿意我将基督教信仰强加给他们，或者犹太人是否愿意被我杀掉。换言之，我涉及他人的行动之道德与否，不能根据我自己的喜好，而是我们行为对象的喜好。

因此，道德金律只适用于行动主体和行为对象在有关方面具有相同愿望的情形，而在他们具有不同愿望的时候，就只能运用道德铜律。但这并不是说，道德金律和铜律各自都有其有限的适用范围：金律适用于行动主体和行为对象具有相同愿望的时候，而铜律适用于他们具有不同愿望的时候；这也并不是说，仅当我们持一种否认普遍人性的形而上学时，我们才可以把道德铜律看作是恰当的道德原则，而当我们持一种肯定这种普遍人性的形而上学时，只有金律才是恰当的道德原则。如果这样，铜律与金律就平起平坐了。这里我们必须看到，首先，确实，仅当我们持一种肯定普遍人性的形而上学的时候，或者至少仅当行动主体和行为对象具有相同愿望的时候，道德金律才可以成为一种恰当的道德原则。但道德铜律却可以不假定任何形而上学，而且无论是在行动主体和行为对象具有相同的愿望还是具有不同的愿望时，我们都可以运用道德铜律。当行动主体和行为对象具有相同愿望时，遵循道德铜律会具有与遵循道德金律同样的效果。在这种意义上，我们可以说，道德铜律已经包含了道德金律；其次，我们说，仅当行动主体和行为对象具有相同的愿望时，我们才可以运用道德金律。但是我们怎么知道行动主体和行为对象具有相同愿望呢？这需要我们首先运用道德铜律，去理解我们的行为对象具有什么样的愿望，然后才知道其愿望是否与我们的愿望相同。在这种意义上，道德金律离开了道德铜律就不能发挥作用，而如果我们已经运用了道德铜律，那么我们也就没有必要再运用道德金律了。在这种意义上，有了道德铜律以后，道德金律就变得多余了。

其次，有点反讽意义的是，道德铜律反而比道德金律更能体现人的自主性。笔者说这具有反讽意义，是因为在表面上，道德铜律没有像道德金律那样强调人的自主性，因为它主张行动主体必须考虑行为对象的特殊性。如果我们遵循道德金律，那么我们涉及他人行动之正当性的标准在我们自身，因为无论是"己所不欲，勿施于人"，还是"己所欲，施于人"，都突出以"己"为标准。相反，如果我们遵循道德铜律，那么我们涉及他人的行动之正当性的标准就在他人，因为无论是"人所不欲，勿施于人"，还是"人所欲，施于人"，都突出他"人"为标准。因此，在把孔子的恕解释成设身处地地考虑他人时，陈倩仪（Sin-Yee Chan）接受了芬格莱特（Herbert Fingarette，1921-）的立场：[41]

> 我们不是从他人的立场出发，而是根据自己的立场来批判他人的立场。这样我们就把自己的立场看作是权威性的立场。

虽然她紧接着补充说，这里我们自己的立场可能也因为我们想象中的角色转化而改变，她还是坚持认为，当我们的立场与我们的行为对象的立场发生冲突时,我们必须坚持自己的立场。其理由是,这样一种看法更真实地体现了道德金律的类比思维的精神,因为它把自己看作是衡量他人的标准,[13]而这样一种精神又体现了自主性这个道德观念。[13]但这种看法的问题是,正如陈倩仪自己也承认的,它可能具有家长主义的问题,[13]而其结果是缺乏对我们行为对象的自主性的尊重。更重要的是,在这里并不存在在行动主体的自主性与行为对象的自主性之间的两难,因为如果我们遵循道德金律,确实我们在注意到了行动主体的自主性时忽略了行为对象的自主性,但如果我们遵循道德铜律,我们在强调行为对象的自主性的同时,并没有忽略我们自己作为行动主体的自主性。

我们可以从两个方面来看道德铜律与行动主体的自主性的关系。一方面,如果我们所说的"自主性"指的是像康德所说的那样,遵循我们自己确定的道德原则,那么我们在遵循道德铜律时的行动就是自主的行动,因为道德铜律也是我们自己确定的道德原则,而不是上帝命令的或者我们的欲望所要求我们的(康德所谓他律的两种意义)。这里我们必须将我们遵循的铜律这个根本的道德原则与我们作为行动主体也具有的特定的宗教的、哲学的和审美的理想区分开来。这些理想可能与我们行为对象的理想不一样,甚至有冲突,而这个时候,我们所遵循的道德铜律要求我们不要把我们自己的理想强加于人。但很显然,道德意义上的自主性显然不是要别人也接受我们的理想;另一方面,假如我是一个无神论者,而我的行为对象希望我帮助他参加崇拜活动,我帮助他的行动是否就表明我丧失了自主性了呢? 笔者的回答也是否定的。在这个问题上,笔者觉得前面提到的哈尔为我们提供了一个很有说服力的解释。在他看来,一个行动主体应当把别人的理想看作是我们自己的理想加以尊重,但这并不意味着他同意这样的理想,也并不意味着他对自己的理想缺乏信心。例如，假如一个人反对在无线节目中禁止流行音乐，但这并不意味着他对自己对古典音乐的爱好发生了动摇。在说自由主义者尊重别人的理想时，我们指的是，这个自由主义者认为，就因为别人追求的理想与他自己的理想不同而去妨碍他们追求这样的理想，是错误的，而且他也认为，仅因为别人追求的利益为自己的理想所不容许而妨碍他们实现自己的利益，也是错误的，只要他们自己的理想容许他们追求这样的利益。一个自由主义者赞成任何人去追求他们各自的理想和利益，只要他们这样的追求不妨碍别人对别的理想和意义的追求。⑮

再次，与道德金律不同，道德铜律可以包含极端的爱的概念。我们已经指出，在前面一节中考察的对金律的所有当代哲学解释的一个共同问题是，他们都过于强调道德行为的交互性（reciprocity），因而拒绝或者至少不能接受利他主义（altruism）。由于这个道理，我们看到，在认为金律（狭义上的，即金律之肯定的表述）高于所有其他金属律以后，布尔（Norman J. Bull）认为金律还是低于两条爱的法则：⑯

> 第一是所有人类的爱……这种爱体现于母亲对小孩的无私的爱，体现于"好父亲"对其子女的爱……体现于朋友之间那种将自我利益消解于相互认同之间的爱，体现于人类对其邻居的同情的爱……第二种爱则是对敌人的爱，对外人的爱，对陌生人的爱。这种爱对人类提出了最高的要求，因为这样的爱没有爱的感情来促使和支援一个人去爱……我们看到，它体现于佛陀的普遍的同情，体现于耶稣的爱的伦理，体现于耶稣关于积极的无限的爱的教诲。⑰

在布尔看来,金律和这两种爱的法则之间的主要区别是,金律就好像他所提及的所有其他较低的道德规则一样,是建立在交互性的基础上的,而爱的伦理并不以此为基础,即使没有人反过来爱我,即使我要做出重大牺牲,我还是要去爱人家。而在笔者看来,为人们所没有注意到的道德铜律的一个重要特征也正是在于它不以交互性为基础。它要求我们在从事涉及他人的行动时必须考虑到他人的愿望,但并不以别人也如此对待我们自己为前提。这就意味着,在遵循道德铜律时,有时我们必须做出重大的自我牺牲,以照顾到我们行为对象的特殊需要。在这种意义上,虽然笔者在下一节中也要讨论一个人对自己的道德责任,铜律就其能包含利他主义的考虑而言,也确实优于道德金律。

最后,道德铜律能比金律更好地处理希尔(James F. Hill)所谓的边缘行动主体(如儿童和心理缺陷者)、甚至不能成为行动主体而只能成为行为对象的动物。对金律的种种现代解释虽然能够克服其传统表述所存在的一些问题,但是,正如穆赫兰(Leslie A. Mulholland)所指出的,这些解释都忽视了一个问题,即在讲到道德金律中的"施于人"和"勿施于人"时,他们都忽视了这个"人"指的是谁,或者谁是我的邻居。[⑤]道德金律,包括其种种当代表述,都强调在行动主体与行为对象之间的平等或者交互原则:可以成为我的道德行为对象的只是那些在能够使我对其尽我的义务的同时,也能让我使其对我尽其义务者。[⑥]由于我们无法指望动物、儿童或者精神缺陷的人尽他们对我们的义务,即不能指望他们也以我们对待他们的方式来对待我们,我们在涉及他们的行动时也就不必遵循道德金律。[⑦]但是,正如笔者已经指出的,不仅把我们的道德责任的对象限于理性存在物有违我们的道德直觉,而且我们确实没有明显的理由可以说明,为什么我们行动的对象必须在同时是预期的行动主体(格维斯)。很显然,一个人要成为行动主体,就是说，我们可以要这个人为其行动负责，这个人必须满足格维斯所说的行动主体之两个条件：即自由和有目的。但我们的行为对象为什么必须要满足这两个条件呢？毕竟我们的行为对象，就其是行为对象，只是我们行动的被动接受者，而他们为了接受我们的行动，没有必要同时成为行动者。我们看到，格维斯做出如此规定的唯一理由就是，只有这样，我们作为行动主体才可以期望我们的行为对象能够以同样的方式来对待我们。但如果这样，关于道德金律是利己主义原则的批评就变得有几分道理了。⑪但是，如果我们在行动时遵循"人所欲，施于人；人所不欲，勿施于人"的道德铜律，那么我们道德行动的接受者的范围马上就可以扩大：不仅是对别的理性存在物，而且对小孩，对精神有缺陷者，甚至对动物，都要以其希望我们对待之的方式对待他们。

　　虽然道德铜律，较之道德金律，有上述的优越性，也有人怀疑，具有这些长处的道德命令是否现实。例如，霍赫（Hans-Ulrich Hoche）就说：⑫

　　在某个特定情况下，我们不一定总是可以去问或者发现别人在这个时候希望我们如何对待他们。事实上，在有些情形下（甚至是某些具有非常重要的道德意义的情形下），我们甚至不能有意义地说，别人有什么愿望。例如，假如有人由于事故或者心脏病或者麻醉而处于长时间的休克状态，而且以后的一生一直会处于这样的情况。现在这个人的亲戚是医生，要决定如何处理这个病人。我们不仅不可能问处于这种状况中的人在这个时候具有什么样的需要和愿望，而且关于这个人在"这个时候"的愿望本身就是毫无意义的。

他更补充说,在涉及不同时代的人之间的公正问题时,这种预防性的探究是根本不可能的:"我们不能问还没出生的下一代人,就如何处置放射性垃圾,就人类环境的保护问题,就合理使用有限资源的问题,他们有什么样的愿望"。同样,在堕胎问题上,他说:"未出生的胚胎,在任何意义上,都不具有任何愿望"。⑫

在对霍赫的问题做出回应之前,我们首先必须承认,在我们说道德铜律优于道德金律时,我们绝不意味着,遵循道德铜律比遵循道德金律更容易。毫无疑问,坐在靠背椅上,闭上眼睛,想象自己的行为对象会具有什么样的愿望,较之研究我们的行为对象,与我们的行为对象谈话甚至一起生活,以了解他们的真实愿望,要容易得多。我们前面已经提到,宋儒程氏兄弟明确地指出了知人之困难。因此,如果有人能够表明,金律比铜律更能反映我们行为对象的真实愿望,那当然就没有任何必要去遵循铜律。但即使霍赫自己也承认,了解别人之更可靠和直截了当的办法,不是在一个思想实验中问自己在这样一种假设的情形中希望别人如何对待自己,而是去直接面对我们所涉及的人,问他们希望我们如何对待他们。⑬更重要的是,虽然在某种情况下,要想知道我们行为对象的真实愿望很难,这也不一定是完全不可能的。程子就指出:"赤子未有知,未能言,其志意嗜欲未可知,而其母知之。何也?爱之至谨,出于诚也。视民如父母之于赤子,何失之有"。⑭另外,正如笔者将在下一节中要讨论的,一个人的真实愿望也不一定是这个人在我们行动时的当下愿望。例如在霍赫所使用的昏迷中的人的例子,确实我们不能直接问他当下的愿望是什么,而且确实他可能在当下并没有什么愿望(失去了具有愿望的能力)。但如果我们对这个人有相当的理解,我们还是在一定程度上可以肯定其在这样的情况下有什么样的愿望,而且这样的愿望很可能与我们自己在处于这样的情况下的愿望不同。⑬在霍赫提到的其他一些情况下，由于缺乏更可靠的手段，想象中的角色转换也确实可以用来确定我们行为对象可能有的愿望。⑭但我们必须始终记住两点。第一，我们在这里将想象中的角色转换看作是了解我们行为对象可能有的真实愿望，而不是确定我们自己在处于行为对象的位置上时可能有的愿望，也不是要弄清一个无偏见的旁观者认为所有人在处于我们的行为对象的位置上时应该有的愿望，因此，第二，对于我们通过这种途径而了解到的我们行为对象的愿望，我们必须非常小心，因为由于我们与行为对象的差别，我们认为我们的行为对象在这种情况下可能有的愿望，有可能并不是我们行为对象的真实愿望。当然，即使在正常的情况下，我们也必须记住，对我们行为对象的真实愿望的了解是一个开放的过程。这不仅是因为他们的真实愿望，即使是在类似的情况下，也可能有所改变。因此即使在某种情况下，我们的行动符合了我们行为对象的真实愿望，这并不意味着，在以后遇到类似情况时，我们就一定可以从事同样的行动；这也因为我们在任何时候都不能说完全了解了我们的行为对象。这样的了解，如果我们不断努力，是一个不断增进的过程。同时我们也必须注意到，这样一个开放的过程，不仅对于我们增进对我们的行为对象的了解，从而对于保证我们涉及行为对象的行动之恰当性，必不可少，而且这个过程本身就是一种道德的行动，因为它体现了我们对行为对象的尊重：要尊重我们的行为对象，光是不将我们自己的想法强加于他们还不够，它还要求我们认真对待我们行为对象之独特的、很可能与我们不同的理想、愿望、爱好、习惯和生活方式等。

第三节　对批评的回应

我们在第一节中曾经提到，笔者在这里提出的道德铜律，辛格称之

为道德金律的反置。在他看来,这种反置荒谬之极,根本不能用来作为
道德原则:^⑱

> 它会要求我们从事什么样的行动呢? 如果你希望我把我所有的财
> 产交给你,那么这个法则就意味着我应当这样做,因为它要求我,
> 人所欲,施于人,而在这样的情况下,你的愿望就是要我将所有的
> 财产给你。如果你的要求更高,想让我成为你的奴隶,服从你的所
> 有命令,这个法则就要求我这样去做。这样的要求是荒唐的,而导
> 致这些荒唐要求的这个法则也同样荒唐。采取了这样的法则,没
> 有一个妇女的德性可以幸免纠缠不休的男人之欲望。事实上,强
> 奸也就成了不可能的事,因为没有人有权拒绝别人……它等于是
> 说"永远去做任何人要你做的事情",而这又等于倡导一种完全的
> 或者绝对的利他主义,其荒谬程度是如此明显,我们不必在此
> 详述。^⑲

由于道德铜律强调的是人所欲,施于人;人所不欲,勿施于人。对道德
铜律的批评基本上集中在他人的欲望:如果我们的道德直觉告诉我
们,他人的欲望是明显成问题的,我也应当满足其欲望吗? 笔者在本节
中将对这样的批评做出回应。为方便起见,笔者将他人之看起来有问题
的欲望分为三类:他人要我对别人从事(或者不从事)某种行动的欲望,
他人要我对自己从事(或者不从事)某种行动的欲望,和他人要我对他自
己从事(或不从事)某种行动的欲望。笔者的分析将表明,道德铜律本身
可以很好地处理他人之在我们的道德直觉看来是有问题的欲望。

1. 第三者作为行为对象

首先让我们考虑一下,当我们的行动,除了从事这种行动的我们自

己和希望我们从事这种行动的他人以外，还涉及第三者的情况：甲希望我帮助他杀乙（例如一个纳粹分子要求我帮助他去杀犹他人）。在这种情况下，我们到底要不要帮助甲去杀乙呢。初看起来，如果我们要遵循道德铜律，我们就应该帮助甲杀乙，帮助纳粹杀犹他人，因为它要求我们"人所欲，施于人"，而甲确实有要我们帮助他去杀乙的愿望。如果真是这样，那么道德铜律确实是荒谬之极了。但这显然不是道德铜律的逻辑结果。对这样的一种误解，有两种说明。第一种比较简单，道德铜律，作为道德原则，正如辛格所指出的，必须适用于所有人，因为它要求每一个人都按照人家所愿望的方式对待人家。[⑩]根据这样一种理解，我们首先要甲（纳粹）遵循道德铜律，去看乙（犹太人）到底是不是愿意被他杀掉，然后我们再决定是否要帮助甲去杀乙。[⑪]从这种角度看，很显然，道德铜律并不是像人们想象的那么荒唐。

　　这里我们说的是道德铜律对甲的要求（看乙是否希望甲去杀他），但更困难的问题是，如果甲希望我帮助他去杀乙，道德铜律对我会有什么样的指令呢？我要不要帮助去杀乙呢？甲当然希望我帮助他去杀乙，但乙不希望我帮助甲去杀他。这里我们面临两个有冲突的欲望，同时希望我们去满足。我应该满足谁的愿望呢？我认为道德铜律不容许我帮助去杀害乙。为什么呢？首先应当明确的是，道德铜律这里为我们提供的行动指南，与哈尔的金律所提供的指南不同，它不是出于一种功利主义的解释。在哈尔看来，当我们的行动涉及具有相互冲突的利益的不同对象时，我们要考虑哪一种利益更重要，而不管具有这种利益的行为对象究竟是谁。这样一种功利主义的立场存在着明显的问题，因为我们不难想象这样一种情形：一群人想杀害某一个人的愿望加起来要比被杀的这个人想继续生存下来的愿望更强烈。因此，当我们在上面说，道德铜律不容许我们帮助甲去杀害乙（假定乙不愿意被杀害)时,我们并不是说,这是因为乙不想被杀害的愿望比甲想杀害他的愿望更强烈。

相反,道德铜律不容许我们帮助甲杀害乙,主要是出于这样两个考虑。第一,当两个人要求我们同时加以满足的欲望发生冲突,使得满足了一个人的欲望必然导致另一个人的欲望不能得到满足,道德铜律要求我们确定,这两种欲望中,那一种欲望符合道德铜律的要求,而哪一种欲望不符合铜律的要求。这样,很明显,当乙不想被杀害的时候,甲想杀害他的愿望违背了道德铜律;与此相反,乙想继续生存下去的愿望并不违背道德铜律。因此,道德铜律不容许我们帮助甲去杀害乙。第二,道德铜律说的是:"人所欲,施于人;人所不欲,勿施于人"。这里的他人是我们行动的接受对象。当我们帮助甲去杀害乙时,接受我们的杀害行动的不是甲,而是乙,因此根据道德铜律,我们这时所要考虑的就不是甲想我们帮助他杀害乙的愿望,而是乙希望我们不要帮助甲杀害他(乙)的欲望。当然在有些情况下,到底谁是我们行动的接受者不是很清楚,在这种情况下,我们就必须非常小心,以避免有人认为道德铜律必然会面临的问题。⑫例如在格维斯谈到的违法者贿赂警官以避免惩罚⑬和王庆节所说的学生贿赂老师以得到不应该有的高分的情形。⑭表面上看来,这两个行动似乎都很简单,前者只涉及违法者和员警,而后者只涉及学生和老师;因此在前一种情形中,警官似乎只要考虑违法者的愿望,而在后一种情况中,老师只要考虑这个学生的愿望;而根据我们的道德铜律,警官和老师都要分别满足这样的欲望。但实际情况并非如此。为什么我们的道德直觉告诉我们,警官不应该包庇违法者,老师不应该给学生不应有的高分呢? 如果他们的行动只涉及这两个人而不涉及任何别人,或者设想在整个世界上只存在这个违法者和警官,或者只存在这个学生与老师,我们还有什么理由认为员警不惩罚违法者，老师给学生以不应有的高分，有任何不道德性质呢？笔者想很难。这就表明他们的行动涉及的不只是这个违法者和学生，事实上，这个违法者和学生根本就不是警官和老师的有关行动的接受者。用学生贿赂老师以得高分为例，当这个老师给学生以不应有的高分时，老师实际上从事的这个行动就并不是简单的打分，而是欺骗。这也是为什么我们认为这个行动是不道德的行动。而作为欺骗，这个行动的接受者就不是这个学生，因为他没有被欺骗，他知道这个分数不反应他的实际成绩。这个行动的真正接受者乃是这个学生的未来雇主、研究生院招生委员会的人以及任何需要这个成绩来评判这个学生的人。因此如果根据道德铜律，这个老师在决定要不要给这个学生以不应有的高分时，他真正需要考虑的就不是这个学生要他用假成绩来欺骗别人的欲望，而是那些别人是不是需要他用假成绩来欺骗他们的愿望。关于警官与违法者之间的问题很显然也具有类似的情况，因而没有必要加以详细分析。

到这里，我们就可以看到，道德铜律可以同时避免道德金律的两个问题。道德金律的第一个问题是其不能考虑行为对象之可能有的、与我们作为行动主体不同的愿望。关于这一点，我们在上一节通过对道德铜律的说明已经很清楚了。由于道德铜律所注重的正是我们的行为对象可能有与我们不同的愿望这个事实，所以它才突出"人所欲，施于人"，和"人所不欲，勿施于人"。但我们在上一节的讨论还没有表明，道德铜律如何避免道德金律的第二个问题，即当行为对象和行动主体都具有卑劣的欲望时怎么办的问题。因为道德铜律似乎只是要求我们按照我们行为对象的愿望行事，那么即使这样的愿望是卑劣的，我们也必须加以满足。但我们上面的讨论表明，我们之所以认为这样的欲望是卑劣的，是因为它还涉及别的人。因此当我们从事满足这样的卑劣欲望的行动时,我们行动的真正接受者就不是这些具有卑劣欲望的人,而是为我们的行动伤害的人。事实上,如果我们满足这些欲望的行动不会伤害别的人,我们也就不会称之为卑劣的行动。这就表明,正是根据道德铜律,我们才能区分什么是好的欲望和什么是卑劣的欲望。这也就表明,道德铜律可以作为根本的道德原则。它不是说,我们只能满足我们行为对象之好的欲望,而不要满足其卑劣的欲望。因为如果这样,我们首先就需要别的原则来确定什么是好的和什么是不好的欲望。我们看到,这是想对道德金律作重新解释以避免金律所具有的问题的有些人所采取的步骤。我们在前面已经顺便指出了这种步骤的问题,但我们看到,道德铜律可以避免这样的问题。在这里只有道德铜律本身能告诉我们,什么样的欲望是道德的,什么样的欲望是不道德的。

2. 行动主体作为行为对象

上面的讨论把我们引向了在辛格看来是道德铜律的另一个问题:绝对的利他主义。我们在上面考虑的是这样的问题:甲要求我对乙做某件事情。笔者说道德铜律在这个情况下要求我考虑的,是乙是否希望我对他做这件事情,而不是甲是否要我对乙做这件事情。这一点笔者想现在应该比较明确了。但现在我们面临的问题是,假如这个乙不是别人,就是我自己。换言之,甲要求我对我自己做某件事情,或要求我帮助他(甲)对我做某件事情。在这种情况下,根据道德铜律,我们是不是就应该做任何别人要我们做的事情呢?我们在前面提到道德铜律较之道德金律的长处时,确实提到道德铜律隐含着利他主义的成分,因而能够将布尔所谓的高于金律的爱的伦理包含起来。但如果这样,在遵循道德铜律时,我们是不是就会出现辛格所谓的别人要我所有的财产给他我就必须把所有的财产给他;一个妇女在被强奸时就应该不要抵抗以满足强奸者的欲望呢?如果这样,当然道德铜律就变得十分荒谬了。

一个最简单直接的回答可能还是这样，由于道德铜律是一种普遍的道德原则，因此不仅我们自己而且所有人都应该予以遵循。换言之，别人在要我把我的所有财产给他时，他应该首先考虑到我是不是愿意这样做。但像辛格这样的反对道德铜律的人肯定对这样的解决方式不会满意，因为他们想知道，当别人向我提出无理要求时，道德铜律对"我"有什么要求。这里笔者认为同样重要的是，根据道德铜律，我作为行动主体（即作为别人希望其从事某种行动的人），应当考虑我的行动的接受对象。很清楚，当甲要求我对我自己从事某种事情或者帮助甲对我从事某种事情的时候，我自己的行动的接受者是我自己，而不是甲。换言之，在这种情况下，我的行动是涉及自身的（self-regarding）行动。既然"人所欲，施于人；人所不欲，勿施于人"之"人"在这种情况下就是我自己，那么当我决定是否要施"人"以甲要求我做的事情时，我首先要考虑我作为我自己的行为对象的愿望。要真正理解这个问题，我们就有必要讨论我们对自身是否有道德责任的问题。我们的道德铜律表明，我们不仅对别人具有道德责任，而且对自己也有道德责任。我们在前面谈到道家和儒家时，都突出了他们的"无我"概念，但他们所谓的无我所强调的乃是不要以我自己的标准来衡量别人，而不是说可以对自己不负责的人。庄子在《德充符》的第六章谈"无情"，实也与自我义务有关："吾所谓无情者，言人之不以好恶内伤其身"。[19]程颐也说："君子不以天下为重而身为轻，亦不以身为重而天下为轻。凡尽其所当为者……此孔子之道也"。[20]但对"自己的义务"是否有意义呢？如果道德义务永远是对于他人的义务，那么道德铜律也就不能要求我们，在从事涉及我们自身的行动时，需要考虑我们自己的愿望。

康德明确地认为，我们对自己也有义务，并将这样的义务区分为否定的和肯定的义务：一个人对自己的"否定的义务不容许他从事与其本性相反的事情，因而与其道德的自我保存有关；他对自己的肯定的义务则命令他选择自己的目的，因而涉及其自身的完善"。[⑪]

　　但辛格认为，对自我的义务是一个荒谬的概念：[⑫]

　　事实上不可能有严格意义上的对自己的义务，因为严格地说，对自我的义务这个概念是一种矛盾。所谓"对自我的义务"，要么根本就不是什么真正道德的义务，要么（如果真的是道德的义务的话），就不是真正对自我的义务。[⑬]

　　辛格所谓的对自我的非真正道德的义务包括非道德的义务和不道德的义务。一个人有义务给自己一个休假可能就属于非道德的义务，而认为自己有义务去为自己偷东西就是不道德的义务。辛格认为，如果"对自我的义务"是道德的义务，那么这个义务实际上就不是对自我的义务。他这里显然是指康德的这样一句话："我们对他人的义务的一个前期条件就是我们对自己的义务；我们只有在履行了后一种义务以后才能履行前一种义务"。[⑭]很显然，如果我们不履行保存自我生命的义务，那么我们就不能履行任何对别人的义务。在这种意义上，辛格认为，我们对自己有义务就不是因为我们自己的生命本身有什么价值，而是因为它可以用来为我们履行对他人的义务服务。在这种意义上，我们对自身的义务确实是一种道德的义务，但严格地说，这不是对我们自己的义务。笔者认为辛格的这些说法都没有什么错。他的错在于其认为，除了上述这两种意义，自我义务就是一个自相矛盾的概念：[⑮]

　　（1）如果甲对乙有义务，那么乙就有权要求甲履行这个义务；

（2）如果乙有权要求甲履行这个义务，那么他可以放弃这个权利，从而免去甲的这个义务；

（3）但没有人可以免去对自己的义务。[⑭]

因此关键的问题是，一个人到底有没有道德铜律所表明的严格意义上的对自我的道德义务。值得注意的是，虽然康德确实说我们对自身的义务是我们对他人的义务的先决条件，但他并没有说我们之所以有对自身的义务只是因为我们有对他人的义务。事实上，他指出，如果有人从事自杀，他就是在利用其自己的力量和自由来反对自己。一个人有随意处理自己的状况的自由，但却没有随意处理其生命的自由，他自己是一个目的而不是手段。确实一个人可以作为别人的手段（例如，通过为他人工作），但在这样做的时候，他必须继续具有人格和目的。如果有谁在行动时已经不再是一个目的，那么他就在把自己看作是手段，把自己的人格看作是件物品。[⑮]从这种意义上看，就不仅存在着真正对自我的义务，而且这种对自我的义务也确实是一种道德的义务。那么这样的对自我的义务是否导致辛格所谓的自相矛盾呢？在辛格看来，根据上面提到的三个命题，如果一个人有对自己的义务，那么这个人就有权要求自己履行这个这个义务（这显然说不通），而且他自己，如果愿意的话，也可以使自己免去对自己的义务，这显然是自相矛盾的。[⑯]有不少人试图对辛格的说法做出回应。有的认为，如果甲对乙有义务，这并不意味着，乙，如果愿意，一定能够让甲免去这样的义务，[⑰]有的人认为，虽然我们可以免去一个人的法律义务，但我们无法免去一个人的道德义务，无论这是对自己的义务还是对他人的义务。[⑱]但值得注意的是，康德本人也注意到了这种表面上的矛盾。他说，如果赋别人以义务的我与被赋予义务的我是同一的，那么自我义务的概念就是一个矛盾的概念。^⑩但在康德看来，这只是一个表面上的矛盾。只要我们看到上述两种意义上的我不是同一意义上的我，我们就很容易消除这样的矛盾：^⑩

> 在一个人意识到对自己的义务时，他就在两个不同的方面将自己看作是义务的主体：首先是一个感性的存在物，是一个人（是某个动物种族的一个成员），其次是一个纯粹理性的存在物。

由于笔者在这里并不想提出一种完全是康德主义的立场（事实上笔者并不同意他的许多观点），笔者在这里无意对康德这里的区别作详细的讨论。^⑩重要的是要看到，在涉及自我的行动中，存在着两种不同意义的"我"：作为行动主体的我和作为行动接受者的我。由于道德铜律要求我们作为行动主体在从事某种行动时，要考虑到我们行动的接受者的愿望，那么当有人要求我们从事或者帮助他们从事某种行动、而我们自己是这种行动的接受者时，作为行动主体的我就应当考虑到作为行动接受者的我的愿望。经过这样的理解，在辛格看来为道德铜律所具有的绝对的利他主义的荒谬性就消失了：道德铜律并不要求我们从事别人要我们从事的涉及我们自身的任何行动，因为我们也有对自己的义务。

也许有人会指出，隐含于道德铜律的这种对自我义务的概念，与我们在前面十分强调的道德铜律之利他主义成分并不一致：如果道德铜律真是利他主义的，那么它就不能承认自我义务；反之，如果它承认自我义务，它就不可能是利他主义的。其实这两者并不矛盾。道德铜律的利他主义性质要求我们有时需要做出重大的自我牺牲，以施人之所欲，和不施人之所不欲。而道德铜律的自我义务概念则要求我们在为别人做出这样的牺牲时仍然把自己看作是目的本身而不是手段。例如，假如盖茨（Bill Gates，1955－）要求我向他捐献一百元钱，道德铜律就不一定要求我这样去作，但假如东南亚海啸的灾民要求我捐献出一千元钱，道德铜律就要求我去从事这样的行动。

3. 非理性的他人作为我们的行为对象

现在笔者来考察对道德铜律的第三种反对意见。在上面我们考察的两种情形所涉及的是这样一种情况：甲要求我们对乙从事某种行动，不管作为这个行动者的乙是甲与作为行动主体的我之外的第三者，还是就是我自己。在这样的情况下，由于我们强调，道德铜律要求我们在行动时要考虑到我们的行动的接受者而不是任何别人的愿望，我们可以很好地避免人们对道德铜律的误解。我们在这一小节中要讨论的是一个不同的问题：根据道德铜律，当我们行动的接受者，我们的行为对象，就是要求我们从事某种行动的人时，我们是不是就应该从事他们要求我们从事的任何事情，即使这种事情在我们看来对他们有害？例如，假如一个人要想死，道德铜律是否就要求我们帮助他去死？假如一个人喜欢喝酒、抽烟、用毒品、赌博等，道德铜律是否就要求我们尽量去满足他们这样的欲望？在道德铜律的批评者看来，由于在所有这些情况中，我们的行动的接受者显然就是具有这些欲望的人，那么道德铜律就必然要求我们去从事这样的行动。这恐怕在有些人看来就是道德铜律之荒谬性的又一个例证。

当然，根据我们在前一小节中提到的道德铜律所隐含的自我义务概念，这些行动如果有违这样的自我义务，他们就不应该有这样的愿望，就不应该希望我们去帮助他们实现这样的愿望。但很显然我们这里面临的问题不那么简单。我们需要处理的不是道德铜律对具有上述欲望的人有什么要求，而是对被要求帮助这些人实现其欲望的我们有什么样的要求。如果道德铜律只是简单地要求我们去作任何别人要求我们对他们做的事情，那么霍赫对道德铜律的批评就是完全恰当的："对每一个人，我们就都必须根据其当下的愿望甚至狂想来行动了"。[⑫]这里的问题是，我们的行为对象可能有相互冲突的欲望。这样，作为行动主体，在我们遵循道德铜律时，就遇到了一个问题：到底是满足其何种欲望。在笔者看来，如果我们的行为对象是理性存在物，我们就需要区分理性的和非理性的欲望。[⑬]

法兰克福（Harry Frankfurt，1929 -）在其著名的论文《意志自由和人格概念》中，对第一层次的欲望与第二层次的欲望作了区分：[⑭]

> 许多动物在笔者看来具有我所谓的"第一层次的欲望"的能力，这就是想做或不做某件事情的能力。但在所有动物中只有人才具有反思的自我评价能力，这种能力就体现于其能形成第二层次的欲望。[⑮]

笔者认为法兰克福的根本思路是对的，但由于对他在第一层次和第二层次的欲望之间的明确区分存在着他没有，而且在笔者看来他也无法加以恰当回应的许多批评，[⑯]笔者在这里想使用不那么严格的在理性的欲望和非理性的、一时的欲望之间的区分。人们往往具有很多不同的欲望，这些不同的欲望并非都相互融洽或者可以同时得到满足。有时一种欲望的满足意味着另一种欲望的排除。笔者认为一个欲望是理性的欲望，如果具有这种欲望的人：① 意识到他也可以有别的欲望替而代之；② 具有对其所欲望的不同东西，或者对其不同欲望，做出理性的比较和评判的能力；③ 根据上述的了解和能力才选择他当时具有的那种欲望。举例来说，酒鬼、赌徒、毒瘾子具有喝酒、赌博和吸毒的欲望。这种欲望是不是理性的欲望取决于他们是不是知道还有不同的生活方式，取决于其将他们所欲望的生活方式与那些其他生活方式加以比较的理性能力。阿灵顿（Robert L. Arrington，1938－2015）用了一个很好的例子说明了什么是非理性的欲望：㉟

> 有盗窃僻的人具有偷盗的欲望，但他在很多情形下拒绝这样的欲望，并试图寻求医生的帮助使之摆脱这样的欲望。如果我突然间冒出想参加一个 REO 音乐会的欲望，我会马上加以拒绝，将其看作是一时具有的疯狂念头。

因此，当道德铜律要求我们施人以其所欲而不施人以其所不欲时，它要求我们根据的是我们行为对象的理性的欲望，而不是其一时所有的任何欲望。假如有一个喜欢喝酒而且经常喝醉了的人，在从酒醉中醒过来时，往往对其喝醉的行动表示遗憾，因为他知道这样的行动对自己的身体不好，也妨碍了他去做别的事情，而且他也知道自己的身体和别的事情比起喝酒所给他带来的一时快乐要重要得多，虽然下次他还是会控制不住去喝酒并喝醉。如果我们知道这些，我们也就可以断定喝醉就不是他的理性的欲望。这样，当他要我们帮助其满足喝醉欲望时，道德铜律就不但不容许我们帮助他满足这样的欲望，而且还要求我们阻止他继续喝酒。在我们这样做时，这个人可能会抗议，说我们干涉了他的自由，我们的行动违背了他的愿望，因此我们的行动似乎也违背了我们声称要遵守的道德铜律，因为我们的铜律要求我们施人以其所欲而不施人以其所不欲。但由于我们知道这不是这个人的理性欲望，而是这个人在头脑清醒的时候自己也会拒绝的欲望，我们不让他这种一时的欲望得以满足的行动正好帮助他实现了其理性的欲望，因而我们的行动符合道德铜律的要求。⑭

　　这种对与一个人的一时欲望相反的理性欲望的强调也与我们前面讲到的对我们行为对象的自主性的尊重一致，而对理性对象的自主性的尊重乃是道德铜律较之道德金律的一个长处。正如伯林所指出的，这里的自主有两种意义，一种是不为他人奴役的自主（也即所谓的否定的自由），一种是不为自己的非理性欲望奴役的自主（也即所谓的肯定的自由）。道德铜律主张，在尊重我们行为对象的自主性时，也包括后一种意义上的自主性，而这也就意味着，他要求行动主体可以违背其行为对象可能有的与其理性欲望相反的非理性欲望。当然这后一种意义上的自主性不像前一种意义上的自主性那么没有争议。伯林自己就认为，如果我们接受这样一种自主性的概念，我们就有可能以某种目标的名义（例如以正义或者公共卫生的名义）强制人们行动，并说这是他们如果聪明一点的话自己也会愿意去做的事情；这使我可以很容易地想象，在迫使别人行动时，自己是在为这些人着想，是为他们好，而不是为我自己好。我实际上是在说，我比他们自己更清楚他们的真实需要。这几乎就是说，如果他们有理性，并且足够聪明，以至能够像我一样地理解他们自己的利益，那么他们就不会抵制我的强迫行动。⑮

　　伯林在这里所担心的与第二种意义上的自主有关的强迫行动确实是可能的，而且也确实是我们应当努力防止的。但这并不是说，因此我们就应该抛弃这种意义上的自主，因为在我们尊重我们行为对象的第二种意义上的自主时，我们不一定会强迫他们行动。而在笔者看来，如果我们遵守道德铜律，我们就可以既尊重我们行为对象的这种意义上的自主，又可以避免强迫行动。让我们再回到上面的喝酒的例子。如果我们知道，这个喜欢喝酒的人，即使是在清醒的时候，从来没有对自己经常喝醉后悔过，而且他也知道喝酒的害处（如对自己的身体的伤害和对正常工作的妨碍)，知道还存在其他不同的生活方式。他知道，他可以过一种长寿但因没酒喝而非常乏味的生活，也可以过一种短寿但因有酒喝而快乐的生活。但在这两者之间作了权衡以后，还是决定喝酒。在这种情形下，他想喝酒的欲望就不是一时的欲望，而是其理性的欲望，道德铜律也就不容许我们妨碍他满足这样的欲望，相反我们要尊重其欲望，即使在我们看来，这不是他的最好的生活方式。当然，如果我们确实觉得他理性地选择的生活方式并不是其最好的生活方式，虽然道德铜律不容许我们妨碍其从事这样的生活方式，但出于对我们的行为对象的尊重，我们还是可以用各种方式向他说明这种生活方式的弊端，和其他在我们看来对他是更好的生活方式的长处。因为我们在上面提到，确定一个人的选择或者欲望是否是理性的选择和欲望的标准之一，就是看其决定是不是在对所有可能的生活方式做了仔细分析和比较以后做出的。在这种意义上，我们想说服他接受别的生活方式的企图本身就是要帮助这个人了解和更好地理解这些不同的生活方式，从而帮助他确定到底什么是其真正理性的欲望。不过如果在这之后，这个人还是没有被说服，还是坚持他原有的生活方式，那么道德铜律就要求我们还是应当尊重这个人的选择，尽管在我们看来这是其错误的选择。这就表明，与道德铜律有关的理性概念并不是一种普遍主义的概念。在一个人那里是理性的欲望在另一个人那里可能就是非理性的欲望。这样一种理性概念与道德铜律对差异性的强调完全一致。因此虽然道德铜律要求我们尊重我们行为对象之肯定意义上的自由和自主，而另一方面又不会因此而导致伯林所担心的家长主义。

　　在上面，我们就对道德铜律的一些主要批评做了回应。总的来说，由于道德铜律所强调的是我们行为对象的欲望，这些批评所关注的也就是我们作为行动主体如何对待"他人"之在我们的道德直觉看来是

"不当"的欲望。我们看到,这些不当欲望,就其涉及的对象而言,可以分为三类,一类是这样的欲望涉及第三者,例如纳粹希望我们帮助他们去杀犹太人;一类是这样的欲望涉及作为行动主体的我们自己,例如有人希望我们伤害我们自己;最后一类是这样的欲望涉及具有欲望的人本身,如一个人想让我们帮助他吸毒。我们可以看到,这也与我们在前一节中提到的王庆节对老子的解释有关。在强调老子的"辅万物之自然"时,王庆节自己也认识到了这个问题。要辅助万物之自然,就要知道何谓万物之自然。但王庆节看到,这里我们似乎陷入了一个循环论证:[19]

> 一方面,当我们问什么是"自然"时,我们用"无为"来解释"自然";但另一方面,当我们试图问什么是"无为"时,我们又不得不用"自然"来解释"无为"。

虽然王庆节正确地批评了冯友兰用"必要"和"自然而然"来规定"自然"和"辅自然",认为这会导致无穷倒退(即为此我们要知道什么是"必要"和"自然而然"),但他自己的解决办法(即将老子的自然无为概念的问题从"是什么"转化为"如何做"),[20]本身却还是不能令人满意,而其不能令人满意处恰恰是他不能告诉我们"如何做",特别是当我们的"他者"具有上述三种欲望时。在笔者看来,如果从我们道德铜律的角度来理解老子的自然概念,就可以更好地理解这个问题,上述三种欲望都是不自然的欲望,因为它们都不让"他者""自己而然",不管这样的"他者"是我和这个"他者"之外的第三者,还是"我",还是这个"他者"自己。在这样的情况下,我们就不能辅助"万物",因为老子不是要我们光是辅助万物,而是要辅助万物之自然。就是说,只是在万物不能自然时，我们才能辅助其自然。在什么情况下，一个"他者"不能"自己而然"
呢？我们前面讲到，有两种情况，一种是当另一个"他者"阻碍这个"他
者"去"自己而然"的时候。例如当犹太人在纳粹的迫害下不能"自己而
然"时。这个时候，我们就要帮助犹太人去自己而然，而我们帮助他们
自己而然的方式很可能就是阻止纳粹去迫害他们。还有一种情况是当
这个"他者"被其一时的非理性的欲望支配时。这个时候我们就要辅助
其自然，其办法就是让其摆脱这样的非理性欲望。除此之外，当然还有
一种情况，即一个人因外在的原因，如年幼、生病或年老等，而不能自己
而然。在这样的情况下，我们辅助其自然的办法，就是帮助他们脱离外
在的局限。

因此，在笔者看来，在这个日益多元、不断全球化的世界，道德铜律
（即"人所欲，施于人"，和"人所不欲，勿施于人"）应当替代道德金律，成
为我们道德生活的基本准则。这有几个方面的理由。第一，我们看到，
不管对它做出什么样的重新表述、说明和解释，道德金律存在其固有的
两个问题。道德铜律虽然与道德金律一样简单明了（这是任何复杂的
伦理学原则所不及的），但可以避免这些问题。对于道德金律的第一个
问题，即把我们自己的欲望看作也是我们的行为对象的欲望，我们的道
德铜律要求我们在考虑涉及他人的行动之正当与否时，要直接关心我
们行为对象的欲望，而不是想象如果我们自己处在行为对象的位置上
可能会有什么样的欲望。对于道德金律的第二个问题，即为行动主体
和行为对象都有的卑劣的欲望的问题，道德铜律要求我们确定：我们
的行为对象（即真正接受我们行动的）究竟是谁？并把我们行动的实际
接受者与只是希望我们从事这种行动的人区分开来。一个人可能要我
去杀另一个人或者杀我或者（由于一时的狂念）杀他自己，这个时候，我
们看到，道德铜律并不一定要求我们满足这个人的欲望，因为我们在满

足这个人的欲望时,真正接受我们行动的不是他,而是他要杀的另一个人、我或者作为理性存在者的他自己。第二,道德铜律不仅可以克服道德金律的问题,还有一些为道德金律所没有的长处。其中之一是它能够更好地把儿童、智障者,甚至动物看作是我们的行为对象,虽然他们不能成为严格意义上的行动主体。另外一点是它能够吸纳利他主义的成分。因为道德金律强调行动主体和行为对象之间的平等性和交互性,而道德铜律要求行动主体有时需要做出某种自我牺牲,以帮助行为对象实现其欲望。第三,表面看起来,道德铜律似乎也有其明显的问题,甚至在有些人看来有些荒谬。但我们在上面看到,人们之所有觉得其有这样的问题,完全是出于对道德铜律的误解。通过对道德铜律本身字面的解释,这些问题就都不存在了。最后,虽然笔者自己不是一个伦理学上的直觉主义者,但在我们看来,一个伦理原则是否恰当的试金石之一应该是看其与我们非常确定的某些道德直觉是否一致。如果不一致,它也应当有足够的理由说明为什么我们的道德直觉不对。在这方面,我们看到,较之道德金律,道德铜律更符合我们这样一些道德直觉:做出重大的自我牺牲去帮助别人的行动是值得称道的行动;儿童、智障者甚至动物也应当成为我们道德行动的对象。[14]

注释

① 道德金律的这样一种表述在许多社会中都可以追溯到很早,但其被称为金律显然是比较后来的事情,虽然关于其确切的出处,尚无定论。莱纳(Hans Reiner,1896 - 1991)曾经说过阿诺德(Gottfried Arnold,1666 - 1714)在 1699 年首次使用了这个说法,但他后来承认这个说法不确切。他认为:"我们可以确切地说,大概在 18 世纪末有人最早使用金律这个表述,而且开始是在英语文献中"。参见 Hans. Reiner, *Duty and Inclination* (The Hague: Martinus Nijhoff Publishers,1983), p.271.关于这个说法的起源,另参见 John Topel, S. J., "The Tarnished

Golden Rule（Luke 6：31）：The Inescapable Radicalness of Christian Ethics，" *Theological Studies* 59，3（1998），p.476 n.1.

② 关于"银律"的用法，参见 J. O. Hertzler，"On Golden Rule，"*International Journal of Ethics* 44（1934），pp. 421 - 422；和 John Topel, S. J.，"The Tarnished Golden Rule（Luke 6：31），" pp.479 - 482.由于这个用法隐含了其所指的道德原则较之由"金律"表示的道德原则低下，在近来大多数的文献中，人们一般认为这里用正反两种方式所表明的基本上是同一种道德原则，因此都被称为道德金律，只是这种道德金律具有这正反两方面不同的表述。笔者在本章中使用"金律"时，同时指这两种表述。

③ 就笔者所知，罗斯特（H. T. D. Rost）的《金律》一书对道德金律在各个不同宗教中的表述作了最全面的研究。该书对金律在印度教、耆那教、佛教、道教、儒家、琐罗亚斯德教、犹太教、基督教、伊斯兰教、锡克教和巴哈伊教的表述都有专章分别讨论。参见 H. T. D. Rost, *The Golden Rule: A Universal Ethic*（Oxford：George Ronald，1986）。瓦特斯（Jeffrey Wattles）的同名专著，除了有一章专门讨论儒家的道德金律，主要是对西方哲学和宗教传统中关于金律的各种表述，作比较全面的哲学考察。参见 Jeffrey Wattles，*The Golden Rule*（Oxford：Oxford University Press，1996）。

④ Marcus G. Singer，"Golden Rule，" in Edward Craig（ed.），*Routledge Encyclopedia of Philosophy*（New York：Routledge，1998），p.405.

⑤ 例如辛格就认为："一般地说，'某人希望某事发生'与'某人不希望某事不发生'是等价的，而'某人不希望某事发生'与'某人希望某事不发生'也是等价的……由此我们可以说，在金律的肯定表述与否定表述之间没有什么逻辑的或伦理的区别，所有的只是心理学的或者修辞学的区别"。参见 Marcus G. Singer，"Golden Rule，" in Paul Edwards（ed.），*Encyclopedia of Philosophy*（New York：Macmillan Publishing，1967），p.366.艾文贺（Philip J. Ivanhoe，1954 -）也持类似的看法："在这个原则的'肯定'表述与'否定'表述之间没有什么逻辑的区别……我要求人们去做的任何事情，用不同的方式来表述，都可以是我要求人们避免作某种事情。例如'要信守诺言'这个命令就完全可以用'不要毁约'这个命令来表示"。参见 Philip J. Ivanhoe，"Reweaving the 'One Thread' of the *Analects*，" *Philosophy East and West* 40，1（1990），p.18.

⑥ 参见 John Topel, S. J.，"The Tarnished Golden Rule（Luke 6：31）."

⑦ 参见 Robert E. Allinson，"The Confucian Golden Rule：A Negative Formulation，"*Journal of Chinese Philosophy* 12，3（1985），pp. 305 - 315；"The Golden Rule as the Core Value in Confucianism and Christianity：Ethical Similarities and Differences，"*Asian Philosophy* 2，2（1992），pp.173 - 185.

⑧ 笔者之所以用"铜律"一词，主要是考虑到还没有人用"铜"这种金属来指称一种道德原则，而其他常用的金属名称，如笔者在后面将指出的，都已经被用来表示

某种特定的道德原则。在本章写成以后,读到北京大学赵敦华教授寄来其《中国古代价值律的重构及其现代意义》一文,非常精彩。他在文中也提出了一种道德铜律,不过无论是其内涵来说,还是其与其他道德律相对的地位而言,他的道德铜律与笔者在本章中要提出的道德铜律,非常不同。因为他说的铜律指的是"人施于己,反施于人",很显然,这与笔者的"人所欲,施于人;人所不欲,勿施于人"没有任何联系。参见赵敦华:《中国古代价值律的重构及其现代意义》,《哲学研究》,2002 年第 1、2 期(2002 年),第 17 - 23、48 - 53 页。另外,虽然赵敦华强调这样的道德铜律在我们这个社会中的重要性,他承认,他的铜律的道德地位没有金律和银律高。与此相反,如笔者在后面将指出的,笔者这里要提出的道德铜律比道德金律和银律具有更高的道德价值。

⑨ 奥古斯丁提到,道德金律有可能被那些希望有坏事发生在自己身上的人利用:"假如有人希望人家挑他无节制地喝酒,一直到自己醉倒,为此他先找一个这样的人,并挑这个人无节制地喝酒,一直让他醉倒:如果是这样,而且如果我们说这个人遵循了道德金律,那将是十分可笑的"。参见 Augustine, *The Lord's Sermon on the Mount*, in *Ancient Christian Writers*, vol. 5 (Westminster: Newman Press, 1948), p.161.

⑩ 康德说,道德金律"不能成为一个普遍法则,因为它同时缺乏对自己的义务和对别人仁慈的义务之根据(不少人可能马上会同意,别人不需要为他们做什么事情,只要他们自己不被要求为别人做什么事情)以及对别人的严格意义上的义务。因为根据这个原则,罪犯可以要求法官给他从轻判决"。参见 Immanuel Kant, *The Doctrine of Virtue* (Philadelphia: University of Pennsylvania Press, 1964), p.97.

⑪ Alan Gewirth, "The Golden Rule Rationalized," *Midwest Studies in Philosophy* 3 (1980), p.133.

⑫ 同上书,第 133 - 134 页。在这里,格维斯也许主要涉及的是以肯定句子表述的道德金律,但他认为以否定句子表述的道德金律同样存在问题:"收缴不按时偿还的欠债,给低劣的工作付较少的工资,给差生打低分,以及诸如此类的惩罚,似乎都可能会受到道德金律的禁止,只要有人可以表明,在所有这些情形中的行为主体自己在处于类似情况时也不愿受到类似的处置"。参见同上书,第 134 页。

⑬ Paul Weiss, "The Golden Rule," *The Journal of Philosophy* 38 (1941), p.421.

⑭ 辛格在这里所针对的主要是由罗素(Leonard J. Russell, 1932 - 1985)对道德金律所作出的批评:"对于那些喜欢受到别人挑衅的好斗的人,它(道德金律)容许他们去挑衅别人;对于那些憎恨友谊和同情的人,它容许他们去冷酷无情地对待别人;对于那些喜欢参与密谋和苛刻交易网的人,它容许他们习惯地以这种方式去对待人家"。参见 Leonard J. Russell, "Ideals and Practices (I)," *Philosophy: The Journal of the Royal Institute of Philosophy* 17 (1942), p.110.

⑮ Marcus G. Singer, "The Golden Rule," *Philosophy: The Journal of the Royal*

Institute of Philosophy 38，146（1963），p.299.

⑯ 同上书，第 299 页。

⑰ 同上书，第 300 页。

⑱ 同上书，第 297 页。格维斯则认为，尽管辛格自己不承认，他对道德金律的一般解释确实会导致对金律的这样一种倒置。但由于格维斯同意辛格的看法，即这样一种倒置（实际上也就是笔者的道德铜律）是有问题的，是我们不可接受的，他便得出结论，辛格对道德金律的这种一般解释也有问题，也不可接受。参见 Alan Gewirth，"The Golden Rule Rationalized，" pp.134 - 135.

⑲ Marcus G. Singer，"The Golden Rule，" p.301.

⑳ 在这种意义上，说句公道话，笔者认为格维斯对辛格的下述批评并不恰当，因为这种批评在笔者看来更适合于辛格本人也反对的对道德金律的特殊解释。格维斯的批评是这样的：辛格的解释"容许行为主体对其行动的接受者为所欲为，只要其行动所根据的一般标准或原则也是他希望或者愿意运用于自身的标准或原则"。参见 Alan Gewirth，"The Golden Rule Rationalized，" p.135.

㉑ Marcus G. Singer，*Generalization in Ethics: An Essay in the Logic of Ethics，With the Rudiments of a System of Moral Philosophy*（New York：Russell and Russell，1971），p.14.

㉒ Marcus G. Singer，"The Golden Rule，" p.302.

㉓ 辛格自己也承认，除了在一个很次要的方面，他的一般化论证可以等同于康德的绝对命令。因此"如果绝对命令是有效的道德原则，那么这种一般化论证也是有效的道德原则"（虽然辛格承认，这里的话不能反过来说）。参见 Marcus G. Singer，*Generalization in Ethics*，p.295.因此在其讨论这个一般化原则的专著中，辛格用了两章专门为康德的绝对命令辩护。参见同上书，第 199 - 217 页。关于道德金律与康德的绝对命令之间的关系，亦参见 E. W. Hirst，"The Categorical Imperative and the Golden Rule，" *Philosophy: The Journal of the Royal Institute of Philosophy* 9（1934），pp.328 - 335.

㉔ 因此，古尔德（James A. Gould）就辛格的观点说："对道德金律作一般化的解释，也就是要我们相信一条与我们的日常道德决定十分遥远的规则，因而与金律的主要倡导者（即各种宗教）对金律的解释很不相同"。参见 James A. Gould，"The Golden Rule，" *American Journal of Theology and Philosophy* 4，2（1983），p.74. 霍赫（Hans-Ulrich Hoche）也认为：辛格对金律的一般解释"没有考虑具体的、实际的状况，因此，在这种高度一般化的程度上，人们就不得不要问，为什么道德金律没有在一开始就得到这样一种一般的解释"。参见 Hans-Ulrich Hoche，"The Golden Rule：New Aspects of an Old Moral Principle，" in Darrell E. Christiansen，et. al（eds.），*Contemporary German Philosophy*，vol. 1（University Park：Penn State University Press，1982），p.73. 但布莱克斯通（W. T. Blackstone，1844 - 1930）则支持辛格的立场，认为道德金律实际上确实是"元

道德规则，是确定规则的规则”，因此我们不能期望用它来解决任何实际的道德问题。参见 W. T. Blackstone，"The Golden Rule：A Defense," *Southern Journal of Philosophy* 3，4（1965），p.172.

㉕ Marcus G. Singer，"The Golden Rule," *Philosophy: The Journal of the Royal Institute of Philosophy* 38，146（1963），p.303. 辛格辩解说，对自己提出高要求的人"并没有将一种标准用在自己身上，而将另一个准则用到别人身上。他所使用的是同一个标准，只是在用于所有人（包括他自己）的行动的共同标准之外，他又将一更高更严格的标准运用于自身。这并不违反公正的要求，也不违反道德金律的要求"。参见同上书，第303页。但如果这样，为什么一个人就不能在用于所有人（包括别人）的行动的共同标准以外，再将一更高更严格的标准专用于别人的行动呢？当然我们的道德直觉告诉我们，辛格讲的那种双重标准是道德的，而我们在这里讲的这种双重标准则是不道德的。但这不是辛格对金律的一般解释所能告诉我们的：如果这种一般解释只是要求我们，对自己作为行为主体和他人作为行为对象（或者他人作为行为主体和我们自己作为行为对象）至少使用一个共同的标准（即在这个共同标准之外还可以使用只适用于主体或者只适用于对象的不同的标准），那么上述两种双重标准的情况都没有违背这种经过辛格的一般解释了的金律；而如果他的这种经过一般解释了的金律要求我们，所有的标准都必须不加分别地同时使用于行为主体和行为对象，那么上述的两种双重标准的情况都违背了经过这种解释的金律。

㉖ Marcus G. Singer，"The Golden Rule," p.303.

㉗ Alan Gewirth，"The Golden Rule Rationalized," p.135. 有趣的是，我们不知道辛格为什么在这里对行为主体如此关照，认为他们是傻瓜才会对自己提出更高的要求，因为正如我们将在第四节中要指出的，在一个不同的场合但大致在同一个时期，辛格认为不存在对于自己的义务；所有的义务都是对他人的义务。

㉘ 同上书，第138页。

㉙ Augustine，*The Lord's Sermon on the Mount*，p. 161. 因此，斯普纳（W. A. Spooner）指出："我们已经注意到，在一些早期拉丁文表达的金律中，在'凡是'后面加上了'好的事情'一词。这就清楚地表明，这些认为应该加上这个限定词的人认为：道德金律并不要求我们对别人做我们在谈话、思想，甚至幻想中希望人家对我们做的任何事情"。参见 W. A. Spooner，"Golden Rule," in James Hastings（ed.），*Encyclopedia of Religion and Ethics*（New York：Scribners，1928），p.312. 斯普纳还提到了奥古斯丁在其圣经评注中所采取的一个类似但并不完全相同的处理方式。在那里，奥古斯丁"在'欲望'与'愿望'之间作出了区别，并认为：虽然一个人可以有随便什么样的欲望，却不能真正地想（will）或者愿望不好的东西"。参见同上书，第312页。

㉚ James A. Gould，"The Not-So-Golden Rule," *Southern Journal of Philosophy* 1，3（1963），pp.11－12.

㉛ Alan Gewirth，"The Golden Rule Rationalized，"p.139. 艾文贺也对这种处理方式作出了类似的批评："如果是这样，一个人在使用道德金律时所从事的想象实践就没有什么明确的意义。人们只要简单地遵循'像理想的道德行为主体那样行动'这个命令就行了"。参见 Philip J. Ivanhoe，"Reweaving the 'One Thread' of the *Analects*，"p.19；而这样，"道德金律为我们提供的东西就很少……它的功能似乎就是将本来是明确的道德规则隐藏起来。遵循道德金律的人不过是在遵循一系列行动准则"。参见同上书，第 23 - 24 页。

㉜ 对于古尔德所采取的具有相对主义味道的立场，格维斯还有一个额外的批评："如果合理性的标准因人相异，那么与金律有关的、人们具有不同趣味的问题就无法解决"。参见 Alan Gewirth，"The Golden Rule Rationalized，"p.138.

㉝ 同上书，第 139 页。

㉞ 同上书，第 139 页。

㉟ 同上书，第 139 页。

㊱ Alan Gewirth，*Reason and Morality*（Chicago：The University of Chicago Press，1978），p.27.

㊲ Alan Gewirth，"The Golden Rule Rationalized，"*Midwest Studies in Philosophy* 3（1980），p.63.

㊳ Alan Gewirth，*Reason and Morality*，p.133.

㊴ 同上书，第 135 页。

㊵ Alan Gewirth，"The Golden Rule Rationalized，"p.139.

㊶ 也许格维斯本来就不认为道德金律是这样的第一准则，因为在他看来，只有其一般一致性原则才是最高的道德原则。这样，道德金律就成了这个一般一致性原则的一个具体实例了。

㊷ 参见 Alan Gewirth，*Reason and Morality*，p.120. 格维斯当然也认为，由于孩子是潜在的行为主体，他们也有一些权利，而且我在行动时应当考虑他们的这些权利。但是他说，当在这些潜在的（potential）行为主体的权利与预期（prospective）的行为主体的权利发生冲突的时候，后者应当具有优先性。正是根据这一点，他赞成妇女的堕胎权，因为在这种情况中，未生婴儿的权利与怀孕妇女的权利发生了冲突，但未生婴儿只是潜在的行为主体，而怀孕妇女则是预期的行为主体。参见 Alan Gewirth，*Reason and Morality*，pp.142 - 144.在这一点上，希尔甚至走得更远，认为像儿童这样的"边缘的行为主体并不具有一般的权利"。参见 James F. Hill，"Are Marginal Agents Our Recipients?，" in Edward Regis，Jr.（ed.），*Gewirth's Ethical Rationalism: Critical Essays with a Reply by Alan Gewirth*（Chicago：The University of Chicago Press，1984），p.181.这样的论证在笔者看来是十分荒唐的：这是否意味着，在一个七岁的儿童和七十岁的老人都面临生命危险而我们只能抢救其中之一是，道德的选择一定是抢救那七十岁的老人？

㊸ Alan Gewirth，*Reason and Morality*，p.140.

㊹ 同上书,第 140 页。

㊺ 也许正是在这种意义上,凯林(Jesse Kalin)不无道理地认为,尽管其主观意图也许不是这样,"格维斯无法拒斥利己主义。他的论证最后剩下的就是一些利己主义的根据"。参见 Jesse Kalin, "Public Pursuit and Private Escape: The Persistence of Egoism," in Edward Regis, Jr. (ed.), *Gewirth's Ethical Rationalism: Critical Essays with a Reply by Alan Gewirth* (Chicago: The University of Chicago Press, 1984), p.128.

㊻ 古尔德也提到了这一点:格维斯"认为,每一个人都要'福利'和'自由';每一个人作为人都有两个'一般'权利;具有理性也就是认识到每一个人都有这样的一般权利。不幸的是,格维斯,完全没有告诉我们,这里的福利是什么,自由是什么意思"。参见 James A. Gould, "The Golden Rule," p.75.

㊼ R. M. Hare, *Freedom and Reason* (Oxford: Oxford University Press, 1963), p.94.

㊽ C. C. W. Taylor, "Review of *Freedom and Reason*," *Mind* 74, (1965), p.288.

㊾ 同上书,第 288 页。这种批评的基础类似于庄子在《逍遥游》中所说的"小知不及大知,小年不及大年"。

㊿ Harry S. Silverstein, "A Note on Hare on Imagining Oneself in the Place of Others," *Mind* 81, 323 (1972), p.448.

51 同上书,第 448 页。

52 R. M. Hare, *Freedom and Reason*, pp.88 – 89.

53 参见 R. M. Hare, *Moral Thinking: Its Levels, Method, and Point* (Oxford: Oxford University Press, 1981), p.111.

54 哈尔确实承认,他的理论与伦理学中"理想观察者理论"具有相通处。参见 R. M. Hare, *Freedom and Reason*, p.94. 他之所以持此看法,也许是因为他认为:"人们关于生活中大多数重要问题的偏好趋于相同(例如,很少有人愿意挨饿或者让汽车压死)"。参见同上书,第 97 页。

55 罗宾斯(Michael H. Robbins)就注意到了这一点。在他就西尔弗斯坦的批评为哈尔作辩护时,他说:"想象的角色转换的本来用意,用某种方式来说,就是要测试我们所信奉的道德观,以确定其是原则呢,还是以我们的自然倾向为基础的"。参见 Michael H. Robbins, "Hare's Golden Rule Argument: A Reply to Silverstein," *Mind* 83, 332 (1974), p.579.

56 R. M. Hare, *Freedom and Reason*, p.158.

57 同上书,第 160 页。

58 同上书,第 111 页。根斯勒(Gensler)向我们报告了这样的一个实例:"有个纳粹在发现自己具有犹太人血统以后,自己作了安排,将自己及其全家送到集中营并被杀掉"。参见 Jeffrey Wattles, *The Golden Rule*, p.137.

59 R. M. Hare, *Freedom and Reason*, p.160.

○60 同上书，第 175 页。

○61 斯普纳也说，道德金律实际上隐含了："就像亚当·斯密所说的，采取无偏见的旁观者的立场"。参见 W. A. Spooner, "Golden Rule," p.312. 在这里，笔者完全同意王庆节的看法："很显然，在所有上述的重新说明和重新解释中，我们可以很清楚地听到康德之作为普遍法律的绝对命令……但是，如果传统表述的道德金律不过是康德之理性的、普遍的法则之不成熟或者不精确的表述，那么道德金律还有什么金色的地位吗？" 参见 James Qingjie Wang, "The Golden Rule and Interpersonal Care: From a Confucian Perspective," *Philosophy East and West* 49, 4 (1999), p.417.

○62 参见 Michael Walzer, "Liberalism and the Art of Separation," *Political Theory* 12, 3 (1984), p.11.

○63 笔者在这里用"铜律"一词来表示笔者倡导的道德原则并没有什么特别的用意。它绝对并不表明，在笔者看来，"铜律"没有道德金律和银律有价值。事实上，笔者所要论证的恰恰相反。在笔者看来，道德铜律要比金律和银律更有价值。笔者之所以使用"铜律"一词是因为，既然已经有道德金律和银律，那么不妨也用某种金属来表示，而其他常用的金属都被用来表示别的原则，唯独"铜"还没有被用掉。例如，布尔(Norman J. Bull)就提到了金律和银律以外的其他几种金属律，并将这些金属律根据其交互性程度做了这样的分级："交互性程度最低的是报复性的硬金属铁律：'以眼还眼，以牙还牙'……交互性程度稍高的是这样一种金属箔(tinsel)律：'按其应得的方式对待人家'……交互性属于第三等的就是所谓的银律：'己所不欲，勿施于人'……交互性程度最高的是普遍的金律：'己所欲，施于人'"。参见 Norman J. Bull, *Moral Education* (London: Routledge and Kegan Paul, 1969), pp.155 - 156.除了这几种以交互性为根据的道德律以外，布尔还提到了爱，特别是体现于耶稣的那种爱："它超越了上述所有的道德律，因为它在给予时并没有想到要得到回报"。参见同上书，第 155 - 156 页。我们将看到，笔者在这里倡导的我称之为铜律的道德律，甚至也包含了这种在布尔看来是高于所有那些金属律的爱。

○64 陈鼓应(注译)：《庄子今注今译》，修订本(台北：台湾商务印书馆，1983 年)，第88 页。

○65 例如，在引了上述这段话以后，冯友兰就指出，庄子认为我们不可以认识绝对真理，因此是一个相对主义者。参见冯友兰：《中国哲学史新编》(北京：人民出版社，1989 年)，卷 2，第 115 页。同样，汉森(Chad Hansen)也认为："如果我们把庄子看作是一个相对主义者或者怀疑论者，其内篇，特别是齐物论，作为整体，就更可以得到融贯的理解"。参见 Chad Hansen, "A Tao of Tao in Chuang-Tzu," in Victor Maier (ed.), *Experimental Essays on Chuang-Tzu* (Honolulu: University of Hawaii, 1983), pp.50 - 51.艾林森(Robert E. Allinson)更对庄子的五种相对主义解释作了分类。参见 Robert E. Allinson, *Chuang-Tzu: An*

Analysis of the Inner Chapters (Albany: State University of New York Press, 1989), chs.8 - 9.

㉟ 陈鼓应(注译):《庄子今注今译》,第 247 页。

㉠ 同上书,第 475 页。

㉡ 同上书,第 257 页。

㉢ 同上书,第 257 页。

⑩ 同上书,第 56 页。

⑪ 同上书,第 17 页。

⑫ 同上书,第 38 页。

⑬ 同上书,第 126 页。

⑭ 同上书,第 39 页。

⑮ 同上书,第 419 页。

⑯ 同上书,第 551 页。

⑰ 同上书,第 551 页。

⑱ 关于《庄子》作为这种道德铜律的重要资源,另参见 Yong Huang, "The Possibility of a Virtue Ethics in the Zhuangzi," *Journal of Asian Studies* 69, 4 (2010), pp.1049 - 1070; "The Ethics of Difference in the *Zhuangzi*," *Journal of American Academy of Religion*, 78, 1 (2010), pp.65 - 99.

⑲ 王庆节:《老子的自然观念:自我的自己而然与他者的自己而然》,《求是学刊》,第 6 期(2004 年),第 47 页。

⑳ 黄勇:〈儒家仁爱观与全球伦理:兼伦基督教对儒家的批评〉,收于黄俊杰(编)《传统中华文化与现代价值的激荡与调融(一)》(台北:喜马拉雅研究发展基金会,2002 年)。

㉑ 杨伯峻(译注):《孟子》,7a45。

㉒ 杨伯峻(译注):《论语》,14.34。

㉓ 同上书,4.3。

㉔ Wing-Tsit Chen, *Source Book in Chinese Philosophy* (Princeton: Princeton University Press, 1963), p.25.

㉕ 杨伯峻(译注):《论语》,12.1。

㉖ 〔宋〕程颢、程颐:《二程集》(北京:中华书局,1989 年),第 125 页。

㉗ 同上书,第 460 页。

㉘ 同上书,第 126 页。

㉙ 杨伯峻(译注):《孟子》,3a4。

⑨⁰ 同上书,4a9。

⑨¹ 参见〔宋〕程颢、程颐:《二程集》,第 1157 页。

⑨² 同上书,第 319 页。

⑨³ 同上书,第 381 页。

㉟ 同上书，第 390 页。

㉟ 杨伯峻（译注）：《论语》，1.16。

㉟ 〔宋〕程颢、程颐：《二程集》，第 72 页。

㉟ 同上书，第 379 页。

㉟ 杨伯峻（译注）：《论语》，15.24。

㉟ 同上书，6.30。

⑩ 王文锦（译注）：《中庸》，《大学中庸译注》（北京：中华书局，2008 年），第十三章。

⑩ 王文锦（译注）：《大学》，《大学中庸译注》（北京：中华书局，2008 年），第十章。

⑩ 参见 David S. Nivison, *The Ways of Confucianism: Investigations in Chinese Philosophy*, edited with an Introduction by Bryan W. van Norden (Chicago: Open Court, 1996); Philip J. Ivanhoe, "Reweaving the 'One Thread' of the *Analects*;" H. H. Rowley, "The Chinese Sages and the Golden Rule," *Submission in Suffering and Other Essays on Eastern Thought* (Cardiff: University of Wales Press, 1951); James Qingjie Wang, "The Golden Rule and Interpersonal Care;" Sin-Yee Chan, "Can *Shu* be the One Word that Serves as the Guiding Principle of Caring Actions?," *Philosophy East and West* 50 (2000), pp.507 – 524; Robert E. Allinson, *Chuang-Tzu: An Analysis of the Inner Chapters* (Albany: State University of New York Press, 1989); "The Golden Rule as the Core Value in Confucianism and Christianity: Ethical Similarities and Differences," *Asian Philosophy* 2, 2 (1992), pp. 173 – 185; "Hillel and Confucius: The Proscriptive Formulation of the Golden Rule in the Jewish and Chinese Ethical Traditions," *Dao: A Journal of Comparative Philosophy* 3, 1 (2003), pp.29 – 42.

⑩ 〔宋〕程颢、程颐：《二程集》，第 306 页。

⑩ 同上书，第 395 页。

⑩ 同上书，第 168 页。

⑩ 同上书，第 395 页。

⑩ 同上书，第 275 页。

⑩ 同上书，第 1128、1132 页。

⑩ 参见 James W. McGray, "The Golden Rule and Paternalism," *Journal of Interdisciplinary Studies* 1 (1989), pp.145 – 161.

⑩ David S. Nivision, *The Ways of Confucianism: Investigations in Chinese Philosophy*, edited with an Introduction by Bryan W. Van Norden (Chicago: Open Court, 1996), p.60.

⑪ Sin-Yee Chan, "Can *Shu* be the One Word that Serves as the Guiding Principle of Caring Actions?", p.511.

⑪ 同上书，第 511 页。

⑬ 参见同上书,第 511 页。由于这个道理,莱纳认为道德金律是"自主性的规则",为它表明了"自我立法"。参见 Reiner, *Duty and Inclination*, p.279.

⑭ 参见 Sin-Yee Chan, "Can *Shu* be the One Word that Serves as the Guiding Principle of Caring Actions?", p.520.

⑮ R. M. Hare, *Freedom and Reason*, p.78.

⑯ Norman J. Bull, *Moral Education*, pp.157 – 158.

⑰ 老子也倡导这样一种爱的伦理:"善者吾善之,不善者吾亦善之,得善。信者吾信之,不信者吾亦信之,得信"。参见朱谦之:《老子校释》(北京:中华书局,1984年),第 49 章。又说"大小多少,以德报怨"。参见同上书,第六十三章。

⑱ Leslie A. Mulholland, "Autonomy, Extended Sympathy and the Golden Rule," in Sander H. Le (ed.), *Inquiries into Values: The Inaugural Session of the International Society for Value Inquiry* (Lewiston: The Edwin Mellen Press, 1988), p.89.

⑲ 同上书,第 93 页。

⑳ 其实,虽然穆赫兰注意到了确定我们的行为对象的范围之重要性,她自己为此所提供的两个标准也具有同样的问题:"第一个原则是,任何存在物,只要我可以想象自己处于其位置上,无论是由于机遇还是因为正常的自然过程,都可以成为道德行动的主体,应当看作具有同等交互性。第二个原则是,可以用道德法则来规定其行动的任何人在所有的相互关系上都是一个平等的人,就是说,具有同等的自主性,因此我们不能用其不能同意的法则来规定其行动"。参见 Leslie A. Mulholland, "Autonomy, Extended Sympathy and the Golden Rule," p.96.

㉑ 例如,布尔特曼(Rudolf Bultmann)在谈到道德金律时指出:"无论是其正面的表述还是反面的表述,道德金律,就其本身而言,表达了一种非常天真的利己主义的道德"。参见 Hans Reiner, *Duty and Inclination*, p.276. 卡麦克尔(Peter A. Carmichael)也指出:道德金律与康德的绝对命令之间的区别就是在利己主义与高尚情操之间的区别。参见 Peter A. Carmichael, "Kant and Jesus," *Philosophy and Phenomenological Research: A Quarterly Journal* 33, 3 (1973), p.412. 甚至想在道德金律与耶稣的绝对爱之间作出某种调和的利科也认为,这两者之间还是具有明显的差别:"彻底的爱是单方面的,而道德金律是双方面的。前者并不指望任何回报,而后者则将这样的回报看作是合法的"。参见 Paul Ricoeur, "The Golden Rule," *New Testament Studies* 36, 3 (1990), p.396.

㉒ Hans-Ulrich Hoche, "The Golden Rule," p.78.

㉓ 同上书,第 79 页。

㉔ 同上书,第 79 页。

㉕〔宋〕程颢、程颐:《二程集》,第 1217 页。

㉖ 直接的对话是我们了解行为对象的一个重要途径,但并不是说离开了它我们就

根本无法了解我们的行为对象。不然对于无法表达自己者，包括动物，我们就一点也不能了解其真实愿望了，我们就可以对他们为所欲为了。

⑫ 哈尔曾经将这种方法运用到堕胎的例子上。在他看来："己所欲，施于人"的一个逻辑扩展就是"我们对别人做的事情应该是我们很乐于让别人对我们做的事情"。因此，"如果我们因为没有人终止了导致我们出生的怀孕过程而高兴，那么我们至少也不应该终止会导致像我们一样具有生命的人之出生的怀孕过程"。参见 R. M. Hare，"Abortion and the Golden Rule，" *Philosophy and Public Affairs* 4，3（1975），p.208.

⑫ Marcus G. Singer，"The Golden Rule，" p.296.

⑫ 格维斯虽然在别的方面批评辛格，但也同意辛格对道德铜律或他们所谓的金律之反置的批评。参见 Alan Gewirth，"The Golden Rule Rationalized，" p.134. 他还补充说："我们不能将金律的这种反置作为一般原则来接受。它对行为对象太放任，而对行为主体太宽容"。参见同上书，第 135 页。这是因为在格维斯看来，它要求行为主体做任何行为对象要求其做的事情。同样，马歇尔（Robert M. Macier）认为，道德金律当然不会要求我们按照别人的意愿去对待人家；不然，它就变得十分荒谬了，因为罪犯就希望我们将其释放。参见 Robert M. Macier，p.45. 霍赫在这个问题也作了类似的批评。参见 Hans-Ulrich Hoche，"The Golden Rule，" p.78.

⑬ Marcus G. Singer，"The Golden Rule，" p.296. 维斯在为道德金律辩护时也说："由于道德金律不只适用于我们自己，我们必须认为，他要求我们在从事涉及别人的行动时，假定人家也是金律的使用者。它要求我们把别人看作是独特的个人，他们对我们与他们的关系的理解，与我们对他们与我们的关系的理解，完全一致"。参见 Paul Weiss，"The Golden Rule，" p.427.

⑬ 这与哈尔的想象中的角色转换看上去有点类似，因为这样的角色转换要求甲也遵循道德金律，看看他自己如果处在乙的位置上，是不是也希望别人来杀他。但笔者想应该很清楚，遵循笔者的道德铜律不仅比较直截了当，而且也要可靠得多。

⑬ 参见王庆节：《恕道与普世伦理的可能性：儒家伦理本性的一个现代解释》（未刊稿），第 3 页。

⑬ Alan Gewirth，*Reason and Morality*，p.134.

⑬ James Qingjie Wang，"The Golden Rule and Interpersonal Care，" p.416.

⑬ 陈鼓应（注译）：《庄子今注今译》，第 175 页。

⑬ 〔宋〕程颢、程颐：《二程集》，第 317 页。

⑬ Immanuel Kant，*The Doctrine of Virtue*，p.82.

⑬ Marcus G. Singer，"Duties and Duties to Oneself，" *Ethics* 73，2（1963），p.133.

⑬ 丹尼斯（Lara Denis）讨论了对"自我义务"概念的种种批评。除了辛格的批评以外，她还讨论了拜尔（Kurt Baier，1917-2010）认为道德本质上具有社会性因而

不可能有自我的道德义务的看法,讨论了穆勒(John Stuart Mill,1806－1873)认为自我义务概念具有家长主义性质的看法,讨论了威廉斯(Bernard Williams,1929－2003)认为自我义务概念具有欺骗性的看法。参见 Lara Denis,*Moral Self-Regard: Duties to Oneself in Kant's Moral Theory* (New York: Garland Publishing,2001),pp.2－6.

⑭ Immanuel Kant,*Lectures on Ethics* (Indianapolis: Hackett,1963),p.118;*The Doctrine of Virtue*,p.417. 古尔德也认为,康德的这个说法是不成立的:"一个人可以有对别人的义务,即使他自己没有认识到这一点;但这样对他人的义务并不隐含着对自我的义务"。参见 James A. Gould,"Kant's Critique of the Golden Rule," *New Scholasticism* 57 (1983),p.116.

⑭ Marcus G. Singer,"On Duties to Oneself," *Ethics* 69,3 (1959),p.203.

⑭ 在其讨论道德金律的那篇文章中,辛格表明,他对金律的一般解释也无意解决这个问题:"让我们假定,一个人用以规定自己行动的标准高于其用以规定他人行动的标准,就是说,他不是严以待人,宽以律己,而是宽以待人,严以律己。这是否就不公正呢?道德金律是否要将其排斥呢?很显然,这不是道德金律想要排斥的情况"。参见 Marcus G. Singer,"The Golden Rule," pp.302－303.

⑭ Immanuel Kant,*Lectures on Ethics*,p.120.

⑭ Marcus G. Singer,"Duties and Duties to Oneself," p.133.

⑭ 例如,卡丁(Daniel Kading)就指出:"完全可能有这样的情况:我对某人有义务,但没有人有权免去我的这个义务"。参见 Daniel Kading,"Are There Really 'No Duties to Oneself'?",*Ethics* 70,2 (1960),p.155.

⑭ 例如,维科指出:"道德义务是无法免去的义务。如人们有时说的,这样的义务是无条件的义务"。参见(Wick 1960,p.162)。换言之,如果甲对乙有一种道德义务,那么即使乙认为甲不必履行这个义务,甲对乙的义务并不因此而消失。构特在道德义务和法律义务之间作出了类似的区分。他说,假如一个人具有服兵役的义务,那么国家就有法律的权利征其入役,因而也有权免去其义务。但是假如一个人认为其对生活在遥远的一个国家的穷人有道德的义务,这些穷人没有权利要求这个人履行这样的义务,因而也无法免去其这样的义务。参见 James A. Gould,"The Not-So-Golden Rule," p.117. 这实际上也是康德的一个观点。在康德看来:"我对自己的义务不能看作是法律的义务;法律只涉及我与他人的关系;我对自己没有任何法律的义务;我对自己作的任何事情都是我的行为对象(即我自己)愿意接受的事情;我无法对自己作任何不公正的事情。我们真正需要讨论的是,我们要用自己的自由来尊重自己"。参见 Immanuel Kant,*Lectures on Ethics* (Indianapolis: Hackett,1963),p.116.

⑭ Immanuel Kant,*The Doctrine of Virtue*,p.79.

⑭ 同上书,第80－81页。

⑭ 雷斯(Andrew Reath)也认为,康德这里的区别实际上就是在现象和物自体之间

的区别，但他认为：这个区别"是错误的，因为作为物自体的行为主体在这里既是义务的主体又是义务的源泉"。参见 Andrew Reath，"Self-Legislation and Duties to Oneself，" *Southern Journal of Philosophy* 36，supplement (1997)，pp.118 - 119.但他也认为："对自我的义务是说得通的，与本质上具有社会性的道德概念也一致……我们认为：康德的看法是：我们必须与其他人一起、并在其他人中间使用我们作为个体拥有的立法能力，其目标是取得为一个目的共同体的所有成员都赞成的一般原则。这种社会性的道德概念认为，道德原则产生与行为主体在立法过程中的相互交流"。参见同上书，第 121 页。

㉑ Hans-Ulrich Hoche，"The Golden Rule，" p.79.

㉑ 有趣的是，霍赫在解释其对道德金律的表述时，也强调了在"我"（行为主体）的愿望（wishes）与欲望（desires）之间的区别。参见同上书，第 75 - 77 页。由于笔者在这里讨论的是道德铜律，考虑的是他人而不是我自己，我们也应当对他人的愿望与欲望之间的区别，虽然到目前为止，笔者在本章中一直将这两个词混用。

㉒ Harry Frankfurt，*The Importance of What We Care About: Philosophical Essays* (Cambridge：Cambridge University Press，1988)，p.12.

㉓ 培斯塔那（Mark Stephen Pestana）认为，法兰克福的思想源于阿奎那在这样两种欲望之间的区分：对实在的东西的欲望和对欲望的欲望。参见 Mark Stephen Pestana，"Second Order Desires and Strength of Will，" *The Modern Schoolman* 73 (1996)，pp.173 - 182.

㉔ 这样的批评基本上可以归为两大类。第一，如果我们需要第二层次的欲望来决定我们是否需要第一层次的欲望，那么我们似乎就需要第三层次的欲望来决定我们是否需要第二层次的欲望。如此下去，我们就需要第四、第五、第六等等层次的欲望，永远没有止境。第二，事实上也许根本就不存在什么第二层次的欲望。所谓的第二层次的欲望不过就是最强烈的第一层次欲望的回音。关于这两类批评，参见 Gilbert Harman，"Desired Desires，" in R. G. Frey and Christopher W. Morris（eds.），*Value，Welfare，and Morality*（New York：Cambridge University Press，1993）；Jan Bransen，"Identification and the Idea of an Alternative of Oneself，" *European Journal of Philosophy* 4，1 (1996)，pp.1 - 16；Dennis Loughrey，"Second-order Desire Accounts of Autonomy，" *International Journal of Philosophical Studies* 6，2 (1998)，pp.211 - 229.

㉕ Robert L. Arrington，"Advertising and Behavior Control，" in Thomas I. White（ed.），*Business Ethics: A Philosophical Reader*（Upper Saddle River：Prentice Hall，1993），pp.578 - 579.

㉖ 霍赫在其对道德金律的解释中也得出了类似的结论。他用了一个酒吧掌柜的例子。这个酒吧老板想确定，他是不是应该用计程车将一个喝醉了的人送回家，即使这个喝醉了的人自己不愿意。这个酒吧老板这样想："如果我在什么时候喝醉了，但是虽然没有充分的理由，还是想自己开车回家，那么别人应该阻止我"。参

见 Hans-Ulrich Hoche，"The Golden Rule，" p.77. 这里唯一的不同是，由于霍赫
还在使用道德金律，因此他这里考虑的还是如何用我自己的理性的欲望来避免
我一时的欲望。同样，由于道德金律强调行为主体与行为对象之间的平等性和
交互性，他的酒吧老板也就不能作出利他主义的决定：不是让喝醉的人自掏腰包
乘计程车回家，然后在醒过来以后再回来将自己的车开回去，而是自己付钱让计
程车将喝醉的人送回去，同时自己或者请人将喝醉的人的车也开回去，或者将喝
醉的人躺在他自己的床上，小心侍候他，一直到他酒醒过来。霍赫认为：酒店老
板不应该这么做，因为根据道德金律，这个酒店老板把自己放在喝醉的人的位置
上，也不会向其酒店老板提出这么过分的要求，因此他自己也就不应该对喝醉的
人做这样的事情。参见同上书，第 80 - 81 页。

⑮⑦ Isaiah Berlin，*Four Essays on Liberty*（Oxford：Oxford University Press，1969），
p.133.

⑮⑧ 王庆节：《老子的自然观念》，第 48 页。

⑮⑨ 参见同上书，第 49 页。

⑯⓪ 许多朋友阅读过本章的初稿，并提出了很好的批评和建议，笔者从中获益良多。
为此我要感谢 Allan Back、Kelly James Clark、Hyun Hochsmann、李晨阳、John
Lizza、倪培民、Richard Rorty、王庆节、吴光明和袁劲梅。笔者要特别提到倪培
民，他自始至终（很遗憾）是笔者的道德铜律的最激烈的反对者，但笔者从他那里
的受益也是最多。我们之间就这个问题展开讨论的电子邮件，加起来恐怕比本
章还长。可以说，没有他这么坚决的批评，本章是不可能写出来的。

第二章

**解释学的两种类型：
为己之学与为人之学**

第一节　解释学的两种类型：
为己之学与为人之学

解释学在今天已经成为一种显学，但我们都知道实际上有各种不同的解释学理论。根据不同标准，我们可以对这些解释学理论做出不同的分类。例如，有人根据对所谓启蒙运动的原教旨主义的态度，将当代解释学划分为软性的解释学，如尼采（Friedrich Nietzsche，1844－1900）、罗蒂（Richard Rorty，1931－2007）和其他后现代主义者，硬性的解释学，如伽达默尔（Hans-Goerg Gadamer，1900－2002）、泰勒（Charles Taylor，1931－）和利科（Paul Ricoeur，1913－2005），和深度的解释学，如哈贝马斯（Jürgen Habermas，1929－）。[①]也有人根据其性质而将解释学分为解释理论、实践哲学、思辨本体论和神学。[②]笔者在这里想根据从事解释活动的目的而将解释学划分为两种类型。一种是为己之学，一种是为人之学。

笔者这里所谓的为己之学，与儒家传统上所推崇的为己之学不尽相同。它主要是指,在我们试图理解一个文本,一个传统,或一种文明时,我们所主要关心的乃是我们从这个文本、传统和文明中可以学到一些什么东西。换言之,我们从事解释活动的目的主要是想丰富我们自身,使我们自己变得更加完满,我们的生活变得更加丰富。很显然,解释学在今天之所以能够成为一种显学,主要是由于伽达默尔的工作,而笔者想指出的是,伽达默尔的解释学主要是一种为己之学。这一点从他对修养(Bildung)概念的说明就可以看得很清楚。这个概念本来是指正当地开发自己的自然天赋和能力。③但伽达默尔则从黑格尔(G.W. F. Hegel,1770 – 1831)那里得到了启示,认为这个概念指的是在他者那里找到自己,从而从他者那里回到自己。因此他的解释学的主要任务不是理解他者,而是理解自我。更确切地说,是从他者那里来理解自我。正因为这样,他便指出,对于解释者来说,一个文本的真实意义并不依赖于其作者和原初读者的具体情形,因为它总是由解释者的历史状况因而也由整个历史的客观过程共同决定。④关于这一点美国哲学家罗蒂就说得更明确。罗蒂认为,伽达默尔解释学的特征是,它主要不是对外部世界存在什么东西或历史上发生了什么东西感兴趣,而是对我们能从自然和历史中得到什么东西为我们所用感兴趣,因此,它不是把认识而是把修养、教育(自我形成)作为思考的目的。⑤通过理解,通过对话,解释者主要不是认识了自己原来不认识的他者,而是摆脱了自己原有的有限视野的束缚而形成了一个新的视野,从而进入了一个新的天地。因此,罗蒂认为,伽达默尔解释学也假定了,人是可以自我超越的。解释学在把我们自己的文化和某种外来的文化或历史时期结合起来时,在把看来是用不相通的语汇追求不相通的目标的我们自己的体系与别的体系结合起来时,在用我们不熟悉的语汇来重新解释我们自己和我们的环境时,就以一种外在的力量使我们超出原来的自我,并帮助我们变成新的存在物。⑥因此，当我们继续去读书、继续去对话、继续去写作时，我们就变成了不同的人，就改造了我们自己。⑦

　　而笔者所谓的为人之学更与儒家传统所反对的为人之学不同。它主要是指，在理解一个文本、一个传统或一种文明时，我们所主要关心的乃是理解这个文本的作者、这个传统的传人、这个文明的群体，从而使我们在跟这样的个人或团体打交道时，知道应该如何行为处事。换言之，我们从事解释活动的目的，并非只是通过他者来理解自我、丰富自我、重新创造自我，而是要寻找与我们不同的他者相处的道德方式，而其前提就是对这些他者的理解。所以，我们在这里从事解释活动的对象，不是某个文本或者任何其他象征符号，而是创造和使用这个文本或象征符号的人；而且不是创造和使用文本的任何人，而只是那些活着的、我们将与之打交道的人。而要理解那些创造和使用这个文本或象征符号的人，光去研究其所使用的文本和象征是不够的，因为我们在这样去研究时，我们对文本和象征符号的理解很可能与他们对这些文本和象征的理解很不相同。这里，即使我们的理解比他们的理解更好、更准确，也无助于我们对他们作为这些文本之创造者和使用者的理解。

　　在这方面，原哈佛大学比较宗教学家史密斯（Wilfred Cantwell Smith，1916－2000），虽然并不是一个解释学专家，对我们这里所关心的问题作了很有启发性的研究。他举例说，如果要理解印度教徒，我们就绝不能去看他们的宗教，而是要看他们的宇宙，而且要尽可能从他们的视野出发来看这个宇宙。真正重要的是一个印度教徒作为印度教徒所看到的东西。除非我们也看到了他所看到的东西，我们就不能说理解了他的宗教生活。⑧这就是说，在我们试图理解一个文本或者象征时，我们确实如利科所指出的，要发现这些文本所呈现的一个世界。但同利科不同，我们的解释活动的目的不是在这个世界面前理解我们自己,而是在这个世界面前理解他者。而要在这个世界面前理解他者,我们就不能根据我们自己的视野来理解文本和象征所呈现的世界,而是要尽可能从他者的视野来理解这个世界。在史密斯看来,每个人,或者每种文明传统,都戴着其特有的有色眼镜去看待周围的事物。因此要想真正理解他们,光去看他们所看的事物是不够的。重要的是要能够戴着他们所戴的有色眼镜去看这些事物。在这种意义上,他反对所谓偶像崇拜的概念。他认为:⑤

> 在整个人类历史上,没有人崇拜过偶像。人们只是以偶像的方式来崇拜上帝或者别的什么东西……19 世纪的一首圣歌唱道,"异教徒盲目地崇拜木块和石头。"但真正盲目的不是这些异教徒,而是那些旁观者。即使是在最局限的意义上说,"偶像崇拜者"所崇拜的也不是我所看见的石头,而是他所看见的石头。

因此如果我们只看到他们在向木块或石头卑躬屈膝,我们就不能声称理解了他们。仅当我们在他们崇拜的石头或木头中看到他们所看到的东西时,我们才可以说我们理解了他们的崇拜对象。把史密斯所讲的话运用到我们这里的解释学问题上,我们要通过其创造或使用的一个文本或其他象征来理解别的人,我们就必须根据他们的视野来理解这样的文本和象征。

这样一种作为为人之学的解释学显然与伽达默尔所代表的、笔者称之为为己之学的解释学很不相同。但这样一种解释学与当代解释学所想超越的近代解释学同样很不相同。近代解释学及其当代的倡导者,反对体现于伽达默尔解释学中解释者的主观主义倾向,他们主张解释的任务或者是要理解文本的客观意义,或者是要理解作者的本意。

这样的解释学实际上也是一种为己之学。所不同的只是，根据他们的观点，只有在理解了作者的原意和文本的本意以后，解释者才可以真正学到新的东西。在这种意义上，这样的解释学同作为为人之学的解释学也很不相同。首先，作为为人之学的解释学对文本的客观意义不感兴趣，它所感兴趣的乃是解释者必须与之打交道的那些人对这些文本的理解，即使这些理解在解释者看来是错误的理解。因为在这里，解释者所真正需要理解的事实上不是这些文本，而是那些他必须与之打交道的人。其次，虽然从表面上看，这样一种作为为人之学的解释学可能与那种以理解作者的本意的解释为目标的解释学比较接近，但这只是在这样的作者正是我们所要与之打交道的道德行动的对象时才是如此。对于许多古代的经典，由于其作者已经不存在，因而也不可能成为我们今天的道德行动之对象，作为为人之学的解释学对于这样的作者的原意也就会毫无兴趣。即使是其作者健在的当代文本，作为为人之学的解释学对作者的本意感兴趣，也只是在解释者将把这个作者视为自己的行为对象的时候。如果解释者当下的行为对象是这部当代著作的某些特定读者，那么解释者所感兴趣的是这些读者对这个文本的理解，即使这样的理解与作者的本意相冲突。

在笔者把解释学区分为己之学和为人之学时，首先，笔者无意在此两者之间做出轻重主次优劣之分。解释学作为为己之学和为人之学，同样重要。为己之学并不是自私的学问，因为它所关心的是解释者自己的道德修养，而且这里的解释者并不一定就是一个个人。在不同的文明进行对话时，这个解释者也可能是整个文明传统。其次，作为为己之学的解释学与作为为人之学的解释学确实具有很大差异，但它们也并非始终相互冲突。例如，通过为人之学的解释学，使我们可以对我们的道德客体之与我们相异之处，具有较好的理解，从而使我们对他们从事行动时更具有道德的恰当性,这本身也是一种自我修养,而自我修养正是作为为己之学的解释学的目的;另一方面,通过为己之学的解释学我们可以提高自我修养,而自我修养的提高应当包括我们对他者之与我们不同之处的敏感性和尊重,而培养这种敏感性和尊重感又正是作为为人之学的解释学的目的。[①]

　　但是在本章将着重讨论作为为人之学的解释学。这主要有两个考虑。首先,虽然笔者在这里对不同的解释学进行分类,好像作为为己之学的解释学和作为为人之学的解释学事实上都已经存在,但情况其实并非如此。以伽达默尔解释学为代表的当代解释学基本上是作为为己之学的解释学,而且,如我们上面指出的,为当代解释学所反对的、追求作者原意和文本本义的近代解释学,在严格意义上也不是为人之学的解释学。换言之,作为为人之学的解释学事实上还并不存在,还有待创造。当然,如我们在后面看到的,这种创造并不是白手起家。我们可以在中西文化传统中,发现创造这样一种解释学的丰富资源;其次,笔者在上面指出,作为为己之学的解释学与作为为人之学的解释学并非水火不容。但笔者想在这里指出,在这两种类型的解释学之间存在着一种不对称性。虽然作为为己之学的解释学有时候也会产生作为为人之学的解释学所要达到的结果,即认识到了解与我们不同的他者之独特性对于我们的道德行为的重要性,但一方面,认识到理解他者之独特性的重要性并不等于理解了他者的独特性。要真正理解他者还是离不开作为为人之学的解释学。另一方面,通过作为为己之学的解释学而达到的自我完满固然有可能培养一个人对他者之独特性的敏感性,但这不是其必然的结果。换言之,也有可能出现这样的情况:一个解释者通过对各种不同文本的理解而将自己改造成了一个罗蒂所谓的非常有趣、非常有创造性的人,但这样的人也可能对他者毫无兴趣因而一无所知。相比较而言，作为为人之学的解释学则必然也会达到作为为己之学的解释学的目的，即达到自我理解、自我改造和自我修养的目的。这有两个原因。一方面，别人对一个文本或其他象征符号之与我们不同的理解很可能给我们以启发，因此，实践作为为人之学的解释学，力图放下我们自己的视野，哪怕是暂时地放下自己的视野，而从我们将与之打交道的他者的视野来理解我们所要理解的文本，有时会使我们以某种前所未有的方式来重新塑造我们自己。但另一方面，也是更重要的方面，实践作为为人之学的解释学，从而对他人之与我们不同之处表示尊重，这本身就是一个人的道德修养之提升的重要表现。

第二节　作为为人之学的
解释学之必要性

如果我们的解释对象是历史的文本或者古代的文明，那么我们解释这样的文本和文明的目的就只能是我们自己的自我完满，因为这些文本和文明的创造者和承担者已经不可能成为我们今天道德行为的对象了。这里，作为为人之学的解释学就没有用武之地。但是在今天，当我们生活在一个越来越紧密的地球村中时，也就是说，当以前在我们看来是非常遥远的来自其他文明传统的人成了我们真实实在和虚拟实在中的邻居时，我们面临的一个重要道德任务就是发现与这些跟我们很不相同的人正确地行为处事的方式。

什么是与这样的人行为处事的正确方式呢？一个非常现成的答案就是几乎可以在所有伟大的世界文明中找到其某种表述的所谓道德金律，及其否定的表达，也即所谓的道德银律。如果用儒家对这两条道德准则的表述，那么道德金律就是"己欲立而立人，己欲达而达人"；而道德银律则是更简明的"己所勿欲,勿施于人"。这两条道德准则有两个共同的假定。第一,所有的人,作为道德客体,其好恶具有同一性;第二,一个道德主体对自己作为道德客体的认识可以作为对所有道德客体之认识的标准。因此,当行动主体和行为客体,至少是在这个行动所涉及的方面,是相同或类似的时候,运用这两条道德准则就不大会有什么问题,特别是如果我们把它们用作确定我们的行为道德与否的标准,而不是把它们作为我们明显的不道德行为的借口。在这样的情况下,即使人们常常用作这两条道德准则之反证的施虐狂受虐狂的反证,事实上也可以作为它们的肯定证明:如果行动的主体和客体都是施虐受虐狂,那么行动主体完全可以按照这样的准则行事,而不会有什么严重的道德问题。但当行动主体和行为客体的好恶不同时,使用这样的道德原则就会有问题。例如一个法官可能不对罪犯做出应有的严厉惩罚,因为他如果自己处在罪犯的位子上也不想受到严厉的惩罚。[11]还有一些人分析了关于道德金律的一些反证。例如,假如一个酒鬼自己喜欢喝醉,根据道德金律,似乎他也应该让人家喝醉;[12]假如一个淫鬼想与邻居的妻子发生不正当关系,根据这样一个道德准则,似乎他也应该假定这个邻居的妻子也有这个愿望,从而决定爬到她的床上去。[13]

因此,如第一章所述,作为道德金律和银律的替代,笔者在这里要提出道德铜律。[14]

笔者想首先指出的是,笔者在这里所提出的道德铜律绝不是笔者的发明创造。它在中国的道家特别是庄子哲学和儒家特别是孟子哲学的传统中具有深刻的根源,具体论述可参见本书第一章相关论述。

虽然庄子在寓言故事里喜欢用人和其他动物的不同,说明我们不能用我们人类愿意被对待的方式来对待与我们不同的物种。但在笔者看来，不容置疑的是，他用这些寓言故事想真正要表达的是，在人与人之间也有这样的不同，因此在我们处理人与人之间的关系时，也必须考虑到我们行为对象的特殊性，而不能以我们自己所好简单地看作也是他人所好，把我们自己所恶也简单地看作是他人所恶。在这一点上，笔者认为儒家特别是孟子的哲学说得更明确。虽然儒家传统乃是道德金律和银律的一个重要源泉。但笔者认为，这样的道德金律和银律，在儒家传统中，是在笔者在这里所强调的道德铜律的背景下提出的，是道德铜律的一个方面（当行动主体与行为客体在行动所涉及的方面相同或基本类似的时候，道德金律和银律可以达到与道德铜律一样的效果）。

在谈到道德铜律在儒家中的渊源时，笔者在这里所要强调的是儒家的爱有差等说，或者更确切地说是儒家对墨家强调一视同仁之爱无差等说的批判。具体论述详见第一章，此处不再赘述。

如前所述，儒家的爱则至少是部分地根据被爱者。如果我们的爱完全取决于我们自身，而不考虑我们所爱的对象之特殊性，那么其逻辑结果当然就是一视同仁之爱。而如果我们的爱要取决于我们所爱者的特定情况，那么当然我们就必须根据不同对象的不同情况以不同的方式来体现我们普遍的爱。在这一点上，宋儒程氏兄弟就对儒家的这一精锐看得非常清楚。如程颐就指出：“以物待物，不以己待物，则无我也”。⑮这就是说，真正的无我无私之爱乃是考虑到被爱者之特殊性的爱，而不是不管三七二十一去爱就了事。其兄程颢说得更明确：“圣人之喜，以物之当喜；圣人之怒，以物之当怒。是圣人之心，不系于心而系于物也”。⑯

从上面的讨论，我们可以看出，儒家仁爱观的爱有差等概念实际上是建立在物有差等这个基础上的。用孟子的话说：“夫物之不齐，物之情也……子比而同之,是乱天下也"。^⑰这就是说,世上的事物本不相同,如果我们强用同一方式待之,就会天下大乱。这里,表面上看,孟子是在反对庄子的齐物论,但实际上他所表达的是与庄子一样的意思,因为庄子的"齐物"并不是将不同事物"比而同之",而是认为不同的事物具有同等的价值,因此切不可"比而同之",但要等而视之。正因为人与人不同、物与物不同,人与物不同,我们对待他们的方式也应该根据他们不同的情况而有所不同。因此,孟子在说明要得天下需要先得其民、要得其民需要得其心时,明确地指出,得民心之道就是笔者这里所谓的道德铜律:"所欲与之聚之,所恶勿施"。^⑱就是说,天下老百姓所需要的,便替他们收聚起来,而他们所不喜欢的,则不要强加于他们。这里,孟子说得很清楚,我们在对待别人时要根据别人的好恶,而不是根据我们自己的好恶。

第三节 作为为人之学的
解释学之可能性

笔者在上面试图论证,在与来自不同文明传统的人打交道时,甚至在与同一个文明传统中的他者打交道时,恰当的道德原则并不是所谓的道德金律或者道德银律,而是笔者在这里称作道德铜律的东西(即人所欲,施于人;人所勿欲,勿施于人)。而要遵循这样的道德原则,很重要的一条就是要对我们的道德行为的对象有深入的理解。而在这里,作为为己之学的解释学显然对我们没有太大的帮助。我们这里需要的是以理解他者而不是自我理解为目标的、作为为人之学的解释学。

但在当代流行的主要受伽达默尔影响的解释学看来,笔者这里所提倡的那种作为为人之学的解释学，如果真的必要，也是不可能实现的非常天真和幼稚的想法。在伽达默尔看来，理解乃是理解者的视野和被理解者的视野的融合。而在他指出这一点时，他特别强调，他在这里并不是在要求我们去这样理解，而是在客观地描述我们的理解过程。⑲因为在他看来理解者总是有一种海德格尔所谓的前理解结构。在理解一个文本时，理解者不可避免地要将这种前理解投射到文本上。换言之，这种前理解结构不是我们在理解时可以决定是否需要的、可有可无的东西，而是我们理解活动的一个必要条件。我们总是带着某种前理解结构去从事理解。因此，离开了理解的前结构，我们就不能理解任何东西。

在这里我们必须承认，伽达默尔关于理解的前结构的看法有一定道理。以为我们可以离开了前结构来理解一个文本或其他象征符号，也许确实像拉着自己的头发以离开地球一样天真。但这是否也就意味着我们永远不能理解别人对文本或其他象征符号的理解呢？是否意味着要想理解一个基督徒，除了自己成为一个基督徒以外，就没有别的途径了呢？显然不是的。我们在开始理解其他文明传统的文本时，当然不能不带上我们自己的前理解，而我们在一开始所获得的理解确实在很大程度上是伽达默尔所谓的视野融合。但是，由于我们是在同活生生的其他文明传统的成员对话，这些其他文明传统的成员总是可以告诉我们，我们对他们、对他们的文本的理解是否正确，就是说是否与他们对自己和对他们的文本的理解一致。虽然伽达默尔在谈到如何避免理解的任意性时，也强调要让文本来修正自己的前理解，但由于其解释活动的目的是解释者本人的更好的自我理解，其所追求的是通过前理解结构与对文本的理解之间的解释学循环而实现之不断的视野融合过程。正因为这样，不同的人带着不同的前理解结构去理解同一个文本很自然地会产生不同的理解,而在伽达默尔看来,这些不同的理解并无对错之分。

但从作为为人之学的解释学的角度来看,我们的理解过程不仅是对我们不可避免的前理解结构的修正,而且逐渐使之与我们的理解对象的视野同化(而不是与之融合),是对我们前理解结构中与理解对象不符的东西之克服,简言之,是对我们理解对象之独特视野的把握。在这种意义上,不同的人对某个特定传统所使用的某个特定文本的理解,如果是正确的理解,一定是同一的理解。因为我们这里的目的事实上不是要理解这个文本,而是通过这个文本来理解我们所要与之打交道的人,或者说是要理解这些人对这个文本的理解,或者更确切地说,是要通过我们要与之打交道的人对这个文本的理解来理解这个人本身。在这里确实存在着一个正确理解的标准。正如史密斯所指出的,就好像在经验科学中,正确的观察需要得到别的观察者的证实,我们这里对人的正确理解需要得到作为我们的理解对象之他人的证实。[①]例如,如果我们想通过对《古兰经》(Quran)的理解来理解我们将与之打交道的穆斯林,那么我们就必须像这些穆斯林那样去理解《古兰经》,因此我们对《古兰经》的理解(更确切地说,我们对这些穆斯林对《古兰经》的理解之理解)是否正确也需要得到穆斯林的证实。不然,不管我们的理解多么自圆其说,对我们自己具有多少启发意义,我们仍不能说是理解了穆斯林的《古兰经》,因为这样的理解对于我们如何同穆斯林相处,不能提供正当的指导。在这里,真正重要的一点是,我们在这里所要理解的不是《古兰经》,而是我们将要与之打交道的特定穆斯林对《古兰经》的理解。我们不一定同意这样的理解,但我们不能曲解我们所要与之打交道的特定穆斯林对《古兰经》的理解。笔者在这里要特别强调"特定"这个词,因为不同的穆斯林对《古兰经》也会有不同的理解,因此在我们与别的穆斯林打交道时，我们又要理解他们对《古兰经》或者相同或者不同的理解。

在这种意义上，作为为人之学的解释学并不承认，在严格意义上，一个解释者可以比被解释者获得更好的理解。[①]我们知道，近代解释学之父施莱尔马赫（Friedrich Schleiermacher，1768－1834）曾认为，解释者可以比作者本人更好地理解作者。在他看来，这是因为，作为解释者，我们可以知道许多为作者自己所不知道的事情。[②]关于这一点，后来的许多解释学者都津津乐道。当代解释学大师伽达默尔也赞成这个说法。在他看来这主要是因为解释者有可能对作者所讨论的问题有更多的认识。[③]但作为为人之学的解释学的目标是理解我们将与之打交道的人，而不是对某个特定主题的理解。因此，如果我们讲的是对《古兰经》的理解，那么一个非穆斯林的解释者确实有可能比一个穆斯林对《古兰经》有更好的理解，但如果我们讲的是这个穆斯林对《古兰经》的理解，那么一个解释者就不可能比这个穆斯林自己有更好的理解，毕竟这个穆斯林比任何外人更清楚自己是如何理解《古兰经》的。当然解释者可以向被解释者指出，他们（被解释者）对《古兰经》的理解有错误，或者有混淆，或者有前后矛盾之处。被解释者也许会接受这样的批评，修改他们的理解。但是如果他们坚持自己的理解，解释者必须接受这样一个事实（但不一定是接受这样一种理解）：被解释者确实是这样（即以与解释者不同的方式）来理解《古兰经》的。

很清楚，要真正做到完全理解他人，不管这里的他者是个人还是整个文明，乃是十分艰巨的任务，甚至笔者也愿意承认是不可能彻底完成的任务（笔者在下章对这个问题还要加以讨论）。但这却不能成为我们不努力去理解作为我们的道德行为对象之他人的借口。首先，正如我们在第二节中看到的，如果对我们的道德行为对象缺乏理解，我们就无法保证我们对他们的行动在道德上的恰当性。在这种意义上,如实理解他人是一种道德的绝对命令。这里我们所面临的主要不是能不能的问题,而是该不该的问题。因此,虽然由于我们也许永远无法彻底理解他人,因而我们涉及他人的行动不可能是绝对道德的行动。但是,如果我们因此而不去努力理解我们的行为对象,那么我们的行动就绝对不是道德的行动,因为这就意味着,我们对自己的行动是否会伤害他人毫不关心。因此即使我们的行动实际上没有对别人造成伤害,甚至对别人碰巧有所帮助,我们仍不能说我们的行动是道德的行动。其次,我们当然不能将该不该的问题与能不能的问题截然区分开来。正如康德所指出的,"应该"隐含了"能够"。㉒这就是说,道德上要求人们应该做的事情不能是人们实际上不可能做的事情。在这里,我们必须看到,虽然我们无法对他人获得完全的理解,很显然,只要我们不断努力,我们可以不断完善我们的理解,从而使我们对他们的道德行动更好地避免盲目性。因此实际上,我们总是在还没有对他人获得完全理解之后就必须行动,而这样的行动同时也成为我们理解他人的一种途径。如果我们发现我们的行为对他人造成了出乎我们意料的伤害,我们就可以纠正我们对他人的理解,使我们以后的行为处事更加合理。而且,由于我们这里的理解对象是人,而人乃是历史的存在物,其思想、理念、利益、兴趣和爱好也不是一成不变的,因此我们即使哪一天真的达到了对他人的完全的理解,为他人所确证了的理解,我们也不能就此终止我们的理解活动。最后,但也更重要的是,为人之学的解释学的核心是我们对他人的道德行为。在这里,我们必须看到,努力去理解我们的行为对象之独特的思想理念和风俗习惯等,其重要性不只是在于这种了解的结果,而且还在这种了解和理解的过程本身。因为对他人的恰当理解确实能够帮助我们确定与他们有关的行动之道德恰当性,但是我们对他人之独特思想和行为的关心和尊重本身也体现了我们对他们的尊重。尊重别人当然不能把自己的爱好强加于人，但也不是对人家的特殊爱好熟视无睹。⑤因此不仅作为为人之学的解释学的结果，即由对他人之恰当理解而导致的恰当行动，而且这种理解活动本身，都是道德行动。

注释

① Nicholas H. Smith, *Strong Hermeneutics: Contingency and Moral Identity* (New York: Routledge, 1997).

② David E. Klemm, *Hermeneutical Inquiry. Volume I: The Interpretation of Texts* (Atlanta, Georgia: Scholars Press, 1986), pp.34－47.

③ Hans-Georg Gadamer, *Truth and Method* (New York: Continuum, 1993), p.10.

④ 同上书，第 296 页。

⑤ Richard Rorty, *Philosophy and the Mirror of Nature* (Princeton: Princeton University Press, 1979), p.357.

⑥ 同上书，第 360 页。

⑦ 同上书，第 359 页。在这一方面，当代解释学的其他一些大家也基本上同意。如利科虽然认为伽达默尔的解释学显得过于直接。在他看来，解释者首先应该揭示文本所呈现的世界，但他也认为："理解乃是在文本面前理解自我"。参见 Paul Ricoeur, *From Text to Action: Essays in Hermeneutics II* (Evanston: Northwestern University Press, 1991), p.88. 与此有所不同，哈贝马斯确实主张要理解他者。他说："解释学理解的结构本身就是要保证，第一，个人和团体在文化传统内实现指导行动的自我理解；第二，在不同文化和个人之间的相互理解"。参 见 Jürgen Habermas, *Knowledge and Human Interests* (London: Heinemann, 1972), p.176. 但是他马上指出："这就使我们有可能达到交往行动所依赖的那种没有限制的共识和开放的相互主体性"。参见同上书，第 176 页。这就表明，哈贝马斯之所以要理解他人是为了与他们达成共识，而不是要理解他者本身，包括其与我们的不同之处。在这一点上，他与我们在本章中要讲的作为为人之学的解释学也有显著的差别。

⑧ Wilfred Cantwell Smith, *The Meaning and End of Religion* (Minneapolis: Fortress Press, 1991), p.138.

⑨ 同上书,第 141 页。

⑩ 笔者要感谢黄俊杰教授提醒笔者注意到这一点。黄俊杰教授特别指出,在东亚儒学中,为己之学与为人之学是统一的。如笔者在本章第二节的讨论所表明的,笔者基本上同意这个看法。

⑪ 这是康德对道德金律和银律的批评。尽管有人认为其绝对命令与这两条道德原则有类似之处,康德本人在这两者之间作了严格的区分。参见 Immanuel Kant, *Groundwork of the Metaphysic of Morals* (New York: Harper and Row, 1964), p.97.

⑫ Augustine, *The Lord's Sermon on the Mount*, in *Ancient Christian Writers*, vol.5 (Westminster: Newman Press, 1948), p.161.

⑬ Alan Gewirth, "The Golden Rule Rationalized," *Midwest Studies in Philosophy* 3 (1980), p.133.

⑭ Yong Huang, "Moral Copper Rule: A Daoist-Confucian Alternative to the Golden Rule," *Philosophy East and West* 55 (2005), pp.394 – 425.

⑮ 〔宋〕程颢、程颐:《二程集》(北京:中华书局,1989 年),第 125 页。

⑯ 同上书,第 460 页。

⑰ 杨伯峻(译注):《孟子》,3a4。

⑱ 同上书,4a9。

⑲ Hans-Georg Gadamer, *Truth and Method*, p.266.

⑳ Wilfred Cantwell Smith, *Toward a World Theology* (Philadelphia: The Westminster Press, 1981), p.60.

㉑ 笔者要感谢李明辉的一个提问,使笔者考虑到这里提出的为人之学的解释学与这个问题的关系。关于在什么意义上解释者可以达到比作者自己更好的理解,参见 Otto Friedrich Böllnow, "What Does It Mean to Understand a Writer Better than He Understood Himself," *Philosophy Today* 23, 1 (1979), pp.16 – 28.笔者本人对这个问题也有一些讨论,参见 Yong Huang, "The Father of Modern Hermeneutics in a Postmodern Age: A Reinterpretation of Schleiermacher's Hermeneutics," *Philosophy Today* 40, 2 (1996), pp.251 – 262.

㉒ Friedrich Schleiermacher, *Hermeneutics: The Handwritten Manuscripts*, edited by Heinz Kimmerle (Atlanta: Scholars Press, 1986), p.112.

㉓ Hans-Georg Gadamer, *Truth and Method*, pp.192 – 197.

㉔ Immanuel Kant, *Critique of Pure Reason* (Boston and New York: Bedford/St. Martins, 1965), A548＝B576;另参见 William Alston, *Epistemic Justification: Essays in the Theory of Knowledge* (Ithaca: Cornell University Press, 1989); Paul Saka, "'Ought' Does Not Imply 'Can'," *American Philosophical Quarterly* 37, 2 (2000), pp.93 – 105.

㉕ 当然在从事以理解他人为目的的、作为为人之学的解释学时,我们必须注意到,

我们不是要削尖脑袋去知道人家不愿意让我们了解的东西，也不是硬要与某些喜欢过孤独生活而不愿与我们来往的人交往。但要做到这一点，我们还是要实行作为为人之学的解释学，不然我们怎么知道这些人喜欢过孤独、不与外界交往的生活呢。这里，笔者要感谢笔者的老师考夫曼（Gordon D. Kaufman）在我们一次私下讨论中提出这个问题。

第三章

理解他者——戴维森的
"第一人称的权威"

我们在前一章中讨论了理解他者的重要性、必要性和可能性。笔者在本章将对这个问题作更深入一步的探讨，并将它与当代宗教研究中的一个方法论问题（即宗教理解的问题）相联系。在当代西方的宗教研究中，存在着还原论和反还原论之间的争论。这个争论既涉及宗教的本质，又涉及宗教研究的方法。其争论的焦点是，宗教是否有其为其他现象所没有的独特的东西，因而能不能还原成别的非宗教的东西。笔者在本章的第一节中将简要地讨论还原论和反还原论在这个问题上的不同回答。关于这个问题的不同回答，导致了宗教理解问题上的不同立场。如果一个人的宗教信仰有其独特的不可还原的东西，那么对这个人的宗教信仰的正确理解就应该以这个人对其宗教信仰的自我理解为权威。因此，笔者在第二节中用当代分析哲学家戴维森（Donald Davidson，1917－2003）的"第一人称的权威"（the first person authority）这个概念说明，按照一个宗教信仰者的自我理解来理解其宗教信仰的重要性，而在第三节中则讨论这种理解的可能性。最后，笔者将对本章做一简单的小结。

第一节　宗教研究中的还原论
与反还原论之争

对宗教理解的不同看法,在很大程度上,取决于对宗教信仰和宗教经验之性质的不同理解。而在对宗教性质的理解问题上,存在着还原论与反还原论之间的争论,在研究或者理解宗教时,我们是否应该或者能够把宗教还原成非宗教的东西。一方面,宗教是不是一种独特的现象。如果是一种独特的现象,那么我们就不应该将其还原成非宗教的东西,因为一经这样的还原,宗教就不成其为宗教了。另一方面,不管宗教是不是一种独特的现象,如果非宗教的人,除了将其还原成非宗教的东西以外,没有别的办法去研究或者理解别人的宗教,那么至少对于这些人来说,为了理解别人的宗教,也只能将其还原成非宗教的东西。①

应该说在 19 世纪末和 20 世纪初,在宗教研究中还是还原论者占上风。这其中包括弗洛伊德的心理学还原论,费尔巴哈(Ludwig Feuerbach, 1804 - 1872)的哲学还原论,马克思的历史唯物主义的还原论,涂尔干的社会学的还原论,和弗雷泽(James George Frazer, 1854 - 1941)的人类学还原论等。这些人都否认宗教的独特性,而将其还原成某种别的、非宗教的现象。而在 20 世纪后来的一段时间,反还原论则在某种程度上成了主流。这应当主要归因于像奥托(Rudolf Otto, 1869 - 1937),伊利亚德(Mircea Eliade, 1907 - 1986)和史密斯这样的当代宗教研究大家的工作。例如,伊利亚德在其《比较宗教的模式》(*Patterns in Comparative Religion*)一书的序言中就指出,如果想在宗教自身的层面上来把握宗教,就是说如果想把宗教看作是宗教加以研究,我们就只能把宗教现象看作是宗教现象。想用生理学、心理学、社会学、经济学、语言学、艺术或者任何别的东西来把握宗教现象的本质,都是错误的。这些方法都忽略了宗教现象之独特的不可还原的一个成分(即神圣的成分)。^②当然,伊利亚德紧接着也承认,宗教现象是一种人类现象,因此也夹杂有生理学、心理学、社会学、经济学、语言学等成分在里面,但这些不是宗教现象之为宗教现象所独有的。

伊利亚德的这种看法与奥托在《论神圣》一书中的观点十分类似。运用康德对人类官能的三分法,奥托并不否认宗教具有认知的和道德的成分,但他认为这些并不是使宗教成为宗教的成为。真正使宗教之成为宗教的乃是他所谓的受造物感。在他看来,具有宗教情感的人深深地感到的是,在超越所有受造物的绝对存在物面前,自己一文不值。^③奥托特别强调,这种宗教情感是独一无二的(sui generis),不能还原成任何别的东西。^④在他看来,使别人理解这样一种宗教情感的唯一方法就是,我们必须让其通过自己的心路历程来思考和讨论这种情感,一直到这种情感在内心跳动,开始出现,开始进入其意识。^⑤说到底,要理解这样一种宗教情感,一个人就必须自己具有这样的情感。因此在讨论宗教情感的第三章的一开始,他就对其读者警告说,如果你自己从来没有这样的宗教体验,那么你就没有必要接下来去看他关于这样一种体验的讨论。^⑥

史密斯虽然将宗教区分为外在的传统和内在的信仰两个方面,但他强调宗教之所以是宗教乃在于内在的信仰。学者可以像研究任何其他文化现象一样去研究宗教的传统,但宗教的信仰却不是用简单的观察方法可以把握的。例如,他说,关于伊斯兰,今天西方的研究生完全有可能,而且很容易比一个穆斯林农夫知道(或者想知道)得要多。但他是否理解了这个农夫的信仰却是另外的问题。^⑦而在史密斯看来,宗教研究中真正重要的不是去理解抽象的宗教,而是去理解具有宗教信仰的人。而要理解具有宗教信仰的人,当然就要理解这些人所理解的宇宙。但这里我们的任务不是要去理解这个宇宙本身,而是要理解他们对这个宇宙的理解:⑧

> 如果我们要理解印度教徒,我们就要用这个印度教徒的眼光去看待他所看待的宇宙。这里,真正重要的是这个印度教徒,作为印度教徒,所能看到的东西。如果我们还没有看到他所看到的东西,我们就还没有把握其生活的宗教品质……同我们一样,这个印度教徒也理解其妻子的死亡,其孩子大大小小的期望,其高利贷主的残忍,星光满天的夜晚的宁静,和他自己生命的限度。但他是戴着一副有色眼镜,即印度教的有色眼镜,来看待这一切的。

这里关键的是这副有色眼镜。在史密斯看来,这副有色眼镜不能还原成别的颜色的或者没有颜色的眼镜。因为一经这样的还原,你所看到的就不是印度教徒所看到的东西。而如果你看不到印度教徒所看到的东西,你怎么能说理解了一个印度教徒了呢?

与这些 20 世纪初期和中期宗教研究的主流相反,在 20 世纪的后期,又出现了还原论的复兴。虽然这样的宗教还原论形式种种,我们基本上可以将其划分成三种,即方法论的还原论、本体论或者形而上学的还原论,和认识论的还原论。方法论的还原论认为,宗教的还原论与科学的还原论类似。这种还原论所要否认的是对某一特定现象的非还原论的解释,而不是要否认所要解释的这种现象。例如,对于疼痛这种现象,如果化学解释可以说明生物学的解释所能说明的所有方面,那么,至少是在解释疼痛现象时,我们就可以将生物学还原为化学,从而使生物学的存在变得多余。但很显然,这样一种解释并不否认疼痛现象本身,而只是否定了对这种现象的某种特定解释。潘纳(Hans Penner)和约南(Edward Yonan)认为宗教领域中的还原论与此类似:"还原这种操作所涉及的是理论或者系统的陈述,而不是现象、原始材料或者现象的性质"。⑨换言之,宗教的还原论只是对宗教及其所相信的超越实在提出一种不同的、更根本的解释,从而说明非还原论解释的多余,但它本身并不消除宗教现象。因此即使接受了这样一种宗教还原论,人们还是可以继续其宗教信仰。这一点对于方法论的还原论者来说十分重要,因为在他们看来,像奥托和伊利亚德这样的反还原论者之所以要反对宗教还原论,是因为他们担心,接受了对宗教的还原论解释,宗教就不能继续存在了。而这些宗教还原论者则想向他们说明,这样的担心是多余的。他们并不是要消解宗教,而只是对宗教提出一种还原论的解释。

本体论的还原论者则认为,宗教的还原论与科学的还原论不同。科学的还原论固然不会危及其所要解释的自然现象的存在,但宗教的还原论则会危及宗教的存在。这里关键的问题是,如塞伽尔(Robert Segal)所指出的,宗教信仰所涉及的上帝并不是像疼痛一样的、需要加以解释的实在;相反,它像原子那样,本身就是一种解释。而它所需要解释的实在是宗教或者其对象。上帝是非还原论者(对这个实在)提出的一种解释,就像自然、社会和心灵是社会科学的还原论者对这个实在所提出的解释一样。这些社会科学的解释,由于是对上帝这种解释的敌人,确实会对上帝的实在性提出挑战。这样的解释不一定排斥上帝的存在,但一旦我们接受了这样的解释,上帝的存在就变得多余了,而在这种意义上,还原论确实威胁了上帝的实在性。⑩这样,就宗教是对上帝的信仰而言,一旦接受了对宗教的还原论解释,一个人就不可能是一个宗教信徒了。[11]

应该说，我们所熟悉的宗教还原论基本上都是本体论的还原论。例如，作为一个宗教还原论者，费尔巴哈就认为：[12]

> 宗教，至少是基督教，是人与自己的关系，或者更确切地说，是人与其自己本性（即其主体的本性）的关系，但这种关系被看作是与其自己相分离的某个本性的关系。上帝不过就是人自己，或者更确切地说，就是纯化了的人性，它摆脱了个人的限制，而又被看作是客体，即被人们作为别的、与自己不同的沉思和崇拜的对象。因此所有上帝的属性都是人类的属性。

这里，费尔巴哈把上帝还原成了人，从而否定了上帝作为与人不同的独立的存在物的实在性。很显然，如果接受了这种还原论，一个人就不可能继续其宗教信仰。关于这一点，费尔巴哈自己也说得很明白。在他看来，虽然宗教（即对上帝的意识）实际上是人的自我意识，但这并不是说，有宗教的人直接地意识到这一点；事实上真好相反，宗教的独特本性恰恰是不知道这一点。[13]换言之，一旦意识到了这一点，一个人就不可能继续是有宗教的人了。同样，一旦人们接受了马克思把宗教还原成大众的鸦片的解释，弗洛伊德把宗教还原成幻想的解释，他们也就不可能继续持有其宗教信仰了。

与本体论的还原论和方法论的还原论不同，维伯（Donald Wiebe，1943 -）提出了一种认识论的还原论。这种还原论以康德关于我们对外在世界的知识的看法为模式。康德的批判哲学主要出于两个担心。一是担心我们机械论的宇宙观不正确，一是担心这样一种宇宙观正确：如果这种宇宙观不正确，那么以因果解释为根据的科学就不可能了，而如果这种宇宙观正确,那么以意志自由为基础的道德就不可能了。而康德解决这个两难的办法是不对世界的本质(即其是否受因果律支配),做出形而上学的断定,而是对我们的人类理解本身加以考察:为了说明自然界,我们必须如何思考。其结论是,离开了因果律,我们就无法思考自然界。但因果律并不属于自然界本身,而是我们认识的先天框架,因此这样一种机械论的宇宙观并不会对道德造成威胁。维伯认为,在宗教理解问题上,我们面临着一种类似的两难:⑭

> 一方面我们担心宗教并不是可观察的现象,而另一方面我们又担心宗教是可观察的现象。如果宗教不是可观察的现象,那么宗教研究就成了不可能的事情,但如果宗教是可观察的现象,那么宗教,包括其体现的价值,就受到了威胁。

这里,维伯是在讨论我们上面提到的史密斯对于宗教的著名两分:可观察的宗教传统和不可观察的宗教信仰。⑮如果如形而上学还原论者所以为的那样,宗教只是可观察的传统,那么宗教对于宗教信仰者的价值就被否定了,但如果宗教只是不可观察的宗教信仰,那么我们就无法研究宗教。对于这样的两难,维伯建议,我们应该像康德把道德的自由与自然界的因果律综合起来一样,把宗教传统和宗教信仰统一起来:⑯

> 为了理解宗教,我们必须限于传统。这类似于康德认识论的机械论。如果宗教真的包含传统和信仰,那么除了通过传统以外,我们无法理解信仰。坦白地说,这是一种还原论的主张,但这不是形而上学的还原论……〔因为它〕并不排斥宗教作为信仰所可能有的实

在和价值。关于宗教的理论知识很可能是宗教经验的附庸,就好
像康德的理论理性是其实践理性的附庸。

换言之,这种康德式的认识论还原论认为,还原是我们理解宗教的唯一
方式,至于宗教本身是否还有不可还原的东西,则是我们无法知道的东
西。因此,如果方法论的还原论可以接受不可还原的对超越者的信仰,
而本体论的还原论否定这样的信仰,那么认识论的还原论则对此持不
可知的态度。

不管是哪一种宗教还原论,如笔者在上面指出的,它们都向我们提
出了有关宗教理解的两个问题。第一,宗教理解是否应该以宗教徒的
自我理解为依据;第二,宗教理解能不能以宗教徒的自我理解为依据。
笔者在下面的两节中将分别讨论这两个问题。

第二节　宗教理解与戴维森的
第一人称的权威

理解宗教就是要把握宗教现象的真实意义。还原论和反还原论者
的一个重要争论,用塞伽尔的说法,就是一个宗教信仰者所理解的他所
信仰的宗教对其所具有的意义,是否就是这个宗教对其所具有的真实
意义。这里塞伽尔特别强调,他所说的并不是抽象的某个宗教,如基督
教,所具有的真实意义。很显然,如果存在着抽象的基督教的意义的
话,并非每个基督徒所理解的基督教的意义都是基督教的真实意义,因
为受限于特定的时空背景,一个教徒对其宗教的真实意义可能会发生
误解。事实上,在几乎所有的宗教内部,某些成员指责别的成员误解了
其共同的宗教的真实意义、并相互指责对方是异端的情形司空见惯。

从这种意义上，我们甚至可以怀疑，到底是否存在着抽象的某个宗教的真实意义。但不管怎么说，塞伽尔强调，在谈论一个宗教的真实意义时，我们所关心的是这个宗教对于其信仰者的意义，而他的问题则是，宗教信徒所理解的、宗教对于他们的意义，是否就是这个宗教对于他们的真实意义。[17]

我们看到，对于这样一个问题，像奥托、伊利亚德和史密斯这样的反还原论者都持肯定的看法，认为宗教徒所理解的宗教对于他们的意义就是宗教对于他们的真实意义。也因此，他们认为，别人如果想理解这个宗教对于其信徒的真实意义，就必须理解这些信徒所理解的宗教对于他们的真实意义。笔者在本章中所要指出的是，反还原主义的这样一个立场，与当代分析哲学大家戴维森关于第一人称之权威的观念完全吻合。在原发表于 1984 年的、以此为标题的一篇论文的一开头，戴维森就在第一人称和第二或者第三人称之间作了这样的对比：[18]

> 当一个人说，他有某种信念、希望、欲望或者意向时，我们通常都假定，他（关于这一点）不会有错；而当他说别人有这样的心理状态时，我们就不会作这样的假定。

这两者（一个人对其自己内心状态的断定和对他人的内心状态的断定）之间的不对称性，戴维森称之为第一人称之权威。为了进一步说明这个概念，他举了这样一个例子：一个人说他看到一幢房子着火了。这涉及了至少三个方面：这幢房子是否着火，这个人是否相信这幢房子着火，以及房子之着火（或者没着火）这个事实怎么使这个人产生房子着火这个信念。戴维森指出，关于第一点，说话的人没有任何权威，关于第二点，这个人有其权威；而第三点则比较复杂，不那么清楚。[19]这就说明,第一人称之权威所涉及的是一个人是否具有某种内心状态(如相信),而不涉及这个内心状态(如其信念)之正确与否。至于他如何获得这种内心状态,则在某种意义上,他有其权威,而在别的意义上则没有其权威,因为别人很有可能比这个人更清楚,他为什么会有这样一种内心状态。[20]

假定了一个人对自己内心状态的自我断定与对他人的内心状态之断定之间的这种不对称性以后,[21]戴维森的任务是要说明为什么会有这样的不对称性。表面上,一个人对别人的内心状态的断定必须依靠证据,如这个人说了什么或者做了什么(因此当有人说别人有什么心理状态时,我们通常会问他怎么知道别人有这样的心理状态),而一个人对自己心理状态的断定则不需要有同样意义上的证据(因此当一个人说自己有什么心理状态时,我们通常不会问他怎么知道他自己有这样的内心状态)。但戴维森认为,很显然,我们不能说一个人对其自我断定之有权威是因为这样的断定不需要证据,因为我们不能说不需要证据的断定就一定比有证据的断定更权威。为了说明这样一种不对称性,艾耶尔(Alfred Jules Ayer, 1910 - 1989)说,第一人称的断定与第二、第三人称的断定之间的区别,类似于目击者与二手报道者之间的区别:目击者当然比二手报道者更有权威。但戴维森认为,艾耶尔的这个类比存在着两个问题:[22]

第一,它没有说明为什么一个人对其自己的内心状态和事件是目击者,而其他人对此却不是目击者(而只是二手报道者);第二,它没有对第一人称的权威做出精确的描述。

戴维森自己对这种第一人称之权威的解释是,内在于解释的本性之中的是这样一种假定：说话者通常知道他的意思；因而也就是这样一种假定：如果这个说话者知道，他认为某句话为真，那么他知道他所相信的东西。[23]换言之，在别人解释一个说话者关于其内心状态的某个断定时，他们就已经假定这个说话者知道其内心状态，不然人们就根本无法开始其解释活动。

这样看来，塞伽尔提出的问题，即一个宗教徒自己所理解的宗教对于他的意义是否就是这个宗教对他的真实意义，似乎是个不言而喻的问题：一个宗教信徒自己所理解的宗教对于他的意义当然就是这个宗教对于他的真实意义。这里，为了突出他的问题的重要性，塞格强调，他所说的是一个宗教信徒关于其宗教对于他的意义之有意识的理解，并由此针对伊利亚德指出：[24]

> 不说别的，现代心理学、社会学、人类学和其他学科的发现表明，伊利亚德没有理由说，一个人知道其任何信念和行动（包括其宗教信仰和行动）的所有可能的意义。

塞伽尔在这里没有明说的是，一个人的信念和行动并非全在这个人的意识范围内。其中有些重要的方面可能正是这个人所没有意识到的。由弗洛伊德创建的当代心理分析或者深度心理学（depth psychology）实际上正是建立在这个基础上的。去心理分析师那里就诊的人肯定相信，对于他自己的心理状态，这个心理分析师知道的比他自己更多、更精确。如果每个人都相信戴维森所说的第一人称的权威，那么心理分析师就没饭吃了。正是根据这一点，塞伽尔认为，宗教信徒所理解的宗教对他们的意义不一定是宗教对他们的真实意义，因为他们很可能没有意识到这种真实的意义。这里就需要从事宗教研究的学者，将其宗教信仰还原成非宗教的东西，进而为这些宗教信仰者发现他们自己所没有意识到的、宗教对于他们的真实意义。在这里，宗教学者对于宗教信徒的关系，就类似于心理分析师对于心理病人的关系。

那么，戴维森的第一人称之权威的概念真的与心理分析或者深度心理学中的无意识概念不能调和吗？事实上，戴维森在提出其第一人称的权威性时，已经考虑到了包括弗洛伊德的深度心理学理论在内的种种反对意见。他特别引了阿加西（Joseph Agassi，1927 -）的下述异议：第一人称的权威性命题已经为弗洛伊德（我比你更了解你的梦），迪昂（Pierre Maurice Marie Duhem）（我比你更了解你的科学发现方法），马林诺夫斯基（Bronisław Kasper Malinowski，1884 - 1942）（我比你更了解你的风俗习惯），和知觉理论家（我可以让你看见不存在的东西、并能比你自己更好地描述你的知觉）所驳倒。[②]对此，戴维森认为，除了弗洛伊德以外，阿加西所提到的其他人实际上对第一人称的权威性并没有构成什么威胁。但即使是弗洛伊德的理论，尽管表面看来与其第一人称的权威概念相矛盾，实际上与此也是一致的。这是因为，在戴维森看来，在心理分析实践中，我们说存在着为一个人自己非经推论而感受到的态度，但我们说有这样的态度的唯一牢固的证据通常就是这个人可以恢复对这种态度的权威。因此那些在弗洛伊德之前我们没有系统地知道其存在的无意识心理状态，实际上已经由心理分析间接地包含在了第一人称的权威的范围里面了。所以笔者并不认为，无意识态度的存在会威胁第一人称权威的重要性。[③]这里戴维森并不否认无意识的存在。但在他看来关键的是，虽然弗洛伊德认为，存在着为我们自己并未意识到的态度，但很显然，他并不认为，所有可能的态度都存在于我们的无意识中。那么一个心理分析学家怎么来断定，有些态度存在于某个人的无意识中，而有些态度并不存在于一个人的无意识中呢？这就要看这个人在后来，也许是在经过心理分析师的帮助或者治疗以后，是否意识到这种态度：即是否能够恢复对这种态度的权威。一个好的心理分析师与一个不称职的心理分析师之间的一个差别，就是其是否能正确地诊断出存在于一个人无意识中的态度，并将其引入这个人的意识之中。[27]在这种异议上，可以说心理分析或者深度心理学也假定了第一人称的权威。

与塞伽尔不同，伽德拉夫（Terry F. Godlove）并不完全反对第一人称的权威概念在宗教经研究中的作用，但他所关心的是这个概念在宗教理解中有被滥用的情形。[28]他认为第一人称的权威在宗教理解中具有限度：[29]

> 我们必须记住，对于不可见的、知识的力量（intellectual power）的信仰，无论是对于第一人称的权威的发挥（从说话者的观点来看）和辨认（从解释者的观点来看），都设置了内在的障碍。

伽德拉夫在这里反复强调普特南（Hilary Putnam，1926－2016）关于"意义并非就在一个人的脑子内"的看法，[30]认为宗教信徒之信仰的意义与外在的某个实在有关，而究竟与哪个实在有关，别的人需要从这个信徒的言说和行为中发现，而这个信徒无须这些外在的证据就知道，这就是第一人称的权威。由此伽德拉夫认为，原始的自然宗教的崇拜者，较之抽象的宗教的崇拜者，就其各自的信仰而言，更具有第一人称的权威。这是因为原始的自然宗教的崇拜对象往往与某个自然物有关，而如果崇拜的是抽象的上帝，由于崇拜者对于其信仰的抽象的实在到底是什么，自己也不清楚，因而也就不存在第一人称的权威。所以，他指出，在一神论那里，对第一人称的权威的假定，如果不是完全消失了的话,就不那么强烈。之所以这种假定不那么强烈,是因为作为第一人称之权威的根据的因果语境原则上并不存在,或者几乎并不存在。[31]

在笔者看来,伽德拉夫这里以普特南的"意义不在脑子里"来说明第一人称的权威在理解自然宗教与理解抽象宗教之间的差别是成问题的。因为根据他的逻辑,我们甚至也不能认为,自然宗教的崇拜者对于其信仰的意义,具有第一人称的权威性。虽然他们的崇拜与某个自然存在物有关,但很显然,他们所崇拜的不是这样的自然存在物本身。关于这一点,伊利亚德就指出,对许多自然宗教的崇拜者来说,神圣的东西可以体现于世俗的东西,如石头或者树木:[32]

> 体现了神圣意义的物件已经成了别的东西,但它还继续是其自身,因为它仍然是其周围的宇宙环境中的一部分。一块神圣的石头还是石头,表面上(或者,更确切地说,从世俗的观点来看),它与别的石头没有什么两样。但对于那些认为其体现了神圣意义的人来说,其当下的实在已经转化成了超自然的实在。换言之,对于那些具有宗教经验的人来说,所有自然物都能够体现宇宙的神圣性。

这里,伊利亚德实际上想说明的是,不存在伽德拉夫所说的在自然宗教与抽象宗教之间的差别,因为即使是在自然宗教中,人们实际上所崇拜的也不是具体的自然存在物,而是这些自然存在物所体现的抽象的神圣存在物。正是在这同一个意义上,史密斯反对偶像崇拜的概念,因为在他看来根本不存在所谓的偶像崇拜:[33]

> 事实上,在整个人类历史上,从来就没有人崇拜偶像。人们是以偶像的方式崇拜上帝(或者别的什么)。

但伽德拉夫这里强调的普特南关于"意义不只在脑子中"的看法本身确实是对戴维森的第一人称的权威的一个挑战。假如一个人的信念的意义真的不在脑子中，或者至少不全在脑子中，而与这个人的头脑之外的某个对象有关。这样，要理解这个人的信念的意义，就必须理解这个信念所涉及的某个外在对象，而别的人完全有可能对这个对象比持有这个信念的人知道得更多。这样第一人称的权威就消失了，因为要理解一个人的信念，真正重要的是要认识这个信念所涉及的外在对象，而要认识这个外在对象，我们就完全没有必要局限于这个人关于这个对象的信念。但在专门讨论普特南关于意义不只在脑子中的观点的一篇文章中，戴维森对普特南的观点做出了明确的回应。他并不否认一个人的信念的意义可能与头脑之外的对象有关系，但他指出，光从这个事实中，我们无法得出结论说，意义就不在脑子中。做出这样的结论，就同因为我的皮肤之被太阳灼伤假定了太阳的存在而做出结论说，我灼伤的皮肤不是我皮肤的一个状态（即我的灼伤的皮肤不在我的皮肤上）一样荒唐。㉚事实上，戴维森的这个观点，在我们上面提到的一个人相信某幢房子着火的例子中，已经得到了清楚的说明。因为那幢房子到底是不是着火，跟这个人到底有没有关于房子着火的信念没有直接关系。即使那幢房子没有着火，这个人还是可能真的相信房子着火。因此要真正理解这个人，就要看这个人是否真的相信房子着火，并弄清其关于房子着火的信念的意义。在这方面，即使我们有再多的关于那幢房子着火与否的了解，对于我们理解这个人的信念都无济于事。在这一点上，戴维森作为一个分析哲学家的看法与史密思作为一个宗教学者的看法也完全一致。史密斯认为，即使宗教徒的信仰真的如无神论者所以为的那样是错的，因此这些教徒真的如弗洛伊德所说的那样生活于幻觉中，那么对这些教徒的真正理解并不是要像这些教徒那样认为,他们的信仰是正确的,认为他们生活在真实的世界中,但也不是表明他们的这些信仰之不正确。相反,我们是要理解这种幻觉,从而知道生活在这样的幻觉中是什么味道。因此史密斯说:[⑤]

> 宗教的门外汉,如果是怀疑论者,可能不认为基督徒生活于超自然的语境中,因为他们认为不存在超自然的东西。如果是这样,对于他们来说,基督徒是受到了基督教这样的东西的引诱而生活于某种幻觉中。即使这样,我们必须强调,要理解这个基督徒,一个非常重要的方面不是某种被称作基督教的东西,而是在幻觉中生活到底是什么味道。

戴维森与普特南在意义是否就在脑子里这个问题上的分歧,也可以帮助我们说明另一个问题。在解释学中流行着这样一个口头禅:要比作者理解得更好。在表面上看来,这似乎与戴维森的第一人称的权威概念相冲突,因为如果我们可以比作者理解得更好,那么我们就没有必要诉诸作者自己的理解。但仔细考察一下这个解释学的口号,我们就会发现,它与第一人称的权威概念也不冲突。因为解释学中所说的"比作者理解得更好",不是指解释者比作者更理解作者。博尔诺夫(Otto Friedrich Böllnow,1903 - 1995)在讨论这个解释学口号的一篇专文中就分析了这个口号在不同的解释学家那里的不同用法。在他看来,其中最重要的是这样两种:一是完成作者所没有完成的、对有关问题的讨论,一是澄清作者所没有考虑到的背景材料。[⑥]无论是哪一种,这里解释者能够比作者理解得更好的都不是作者的心理状态,而是作者和解释者都感兴趣的特定主题。例如现代解释学之父施莱尔马赫就指出,即使是我们为了更好地理解某个作者的作品而从事的最好的历史的重构,也只是在其同时丰富了我们和其他人的生活的时候,而不是只在澄清了该作品时,才算有了真实的意义。⑩可见,解释学所说的我们能比作者或者说话者更好地理解他们所讨论的东西,与戴维森的第一人称权威所说的、我们不能比说话者更好地理解说话中的内心状态,并不矛盾,因为他们所要理解的对象不同。

第三节　宗教理解的可能性

我们在本章的一开始指出,宗教研究中还原主义与反还原主义的争论,涉及两个问题,一个是宗教信仰者对自己宗教信仰的理解是否就是这个宗教信仰对他的真实意义,因而别的人在理解这个人的宗教信仰时能不能将其还原成非宗教(或者别的宗教)的东西。我们在上一节中赞成反还原主义者的立场,认为一个信徒所理解的宗教对他的意义就是这个宗教对他的真实意义,因此别人不应该将其还原成与这个教徒的理解不同的东西。但是宗教研究中还原主义与反还原主义的这场争论还涉及另外一个问题,不管一个人对自己的宗教的理解是否把握了这个宗教对他的真实意义,别的人能否像教徒那样理解某个特定宗教对这个教徒的意义。

在这里,我们特别应该注意,戴维森强调第一人称的权威的观念只是想说明,我们在理解别人的信念时,要以持这个信念的人的自我理解为权威。将其运用到宗教理解问题上,当旁人试图理解一个人的宗教信仰时,我们的理解的正确与否要以持这个信仰的人的自我理解为依据。但是戴维森的第一人称的权威概念并不是说,只有一个人自己才能够理解其信念,而旁人无法理解他的信念。在这一点上,戴维森完全赞成维特根斯坦(Ludwig Wittgenstein,1889 - 1951)认为不存在私人语言的论证。除了要强调旁人对一个人的理解要以这个人的自我理解为依据外,他的第一人称的权威概念所想说明的只是,旁人对一个人的信念的理解与这个人对自己的信念的理解之方式的不同。一方面,关于我们用来确定别人的想法的证据的性质,完全没有什么秘密可言:我们观察他们的行为,阅读他们的信函,研究他们的表情,倾听他们的言谈,研究他们的以往,注意他们与社会的关系;另一方面,为了弄清我自己的信念,我很少需要或者依赖这样的证据或者观察。我通常在说话和行事之前就已经知道我自己在想什么。即使存在着有关的证据,我很少会去用它。㊳这里,在说明认识自己的信念和认识他人的信念之间的差别时,戴维森不仅肯定我们可以知道别人的信仰,而且还具体列举了认识别人信念的诸种方法。

在宗教研究领域中,史密斯的观点与戴维森十分类似。我们已经看到,史密斯也非常强调宗教的内在性,认为知道救赎理论,与实际上被得救不同,知道伊斯兰的意思是将自己的意志屈从于《古兰经》启示的上帝的意志,与实际上把自己的意志屈从于上帝的意志不同。㊴因此当有人说"只有基督徒才能理解基督教信仰,只有穆斯林才能理解伊斯兰等"㊵时,他甚至认为我们必须充分重视这种说法所包含的真理内涵。但他最终还是认为,我们必须而且能够超越这种说法,因为他认为理解他人的宗教是可能的。像戴维森关于认识他人的内心状态时所提到的,史密斯认为这需要我们"做出解释,加以想象,具有见识、富有敏感、产生同情、自持谦卑等一系列的人类品质……它需要我们对有关材料做很多小时甚至很多年耐心、仔细琢磨"。㊶但即使在做了这样的研究以后,我们怎么能肯定我们对他人的信仰的理解就一定正确、即一定就是这个人自己对其信仰的理解呢? 这里,史密斯认为,虽然对人的理解在某种意义上比对物的认识更难,但在另一种意义上却比对物的认识更能确定。他在自然科学（人对物的认识）和人文科学（人对人的认识；他称之为团体的、批判的自我意识）之间做了这样的对比：^⑫

> 在客观的知识中，一个观察者的理解，只有在得到了第二个、第三个观察者的经验证实了以后，才算是对观察对象有了恰当的把握。而在团体的批判的自我意识中，一个人对所研究的对象的理解，不仅要得到其他观察者的证实，而且还要得到被观察者的证实，才算恰当。

这就是说，如果我们不知道对物的理解是否正确，我们无法向物求证。但是如果我们不知道对一个人的理解是否正确，我们却可以向这个人求证。

宗教研究中的还原主义者对此不能同意，他们认为，一个无宗教的人，或者相信别的宗教的人，在理解一个人的宗教信仰时，即使他们知道这个人自己对其宗教的理解是关于这个宗教对他的真实意义的理解，而且即使他们愿意，他们也无法像那个教徒理解他的宗教信仰那样来理解这个教徒的宗教信仰。例如，作为一个形而上学或本体论的还原主义者，塞格就明确指出，还原是理解他人宗教的唯一办法，其原因是，无宗教的人无法把一个宗教信徒对其自己的宗教的解释看作是这个信徒自己的真实解释。这里的问题不是无宗教的人是否可以将一个宗教信徒对其自己宗教的解释看作是他自己（无宗教的人）的解释。顾名思义，没有宗教的人当然不能这样做。这里的问题是，没有宗教的人能否将一个宗教徒对其宗教的解释看作就是这个教徒自己的真实解释。^⑬塞伽尔承认，无宗教的人可以理解宗教对于其信徒的某些世俗功能，如其所提供的清静和安全感。他们也可以理解宗教的世俗起源。

但他强调，他们无法理解宗教对于教徒的实在性。因为除了他们自己也把上帝看作是实在的东西，他们怎么能理解宗教对于其教徒的实在性呢？而如果他们自己不接受上帝的实在性，他们怎么能理解其实在性呢？由于无宗教的人无法理解上帝对于其信徒的实在性，他们也就无法充分理解信徒的观点。[44]这里关键的问题是，信徒认为，上帝的最重要的意义是其实在性，而要无宗教的人充分理解这个信徒的观点，就是要理解上帝的实在性。但这个无宗教的人，恰恰因为无法理解上帝的实在性，才是无宗教的人。而一旦他能充分理解这个信徒的观点，他自己也就接受了上帝的实在性了，因而自己也已经变成了一个信徒。因此，塞伽尔在这里特别强调，他关于要让无宗教的人根据一个信徒的观点去理解其信仰之不可能的论证，是一个逻辑的论证，而不是一个经验的论证。[45]也就是说，这种不可能性是一种逻辑的不可能性，而不是一种经验的不可能性。

我们上面指出，维伯是一个认识论的还原主义者。他把宗教信仰者对自己的信仰的理解称作宗教的理解（religious understanding），而把一个无宗教的人对别人的宗教信仰的理解称作对宗教的理解（understanding religion；understanding of religion）。在他看来，这两者是截然不同的两种理解：[46]

> 为批判性的学者所追求的对宗教的理解所做的是说明（explanation），即用为这个学者在其他研究领域已经接受的并引入其宗教研究的规则和原则来说明宗教现象。这是一种来自外部的理解。而宗教的理解，作为对宗教经验的直接理解，则与这个宗教经验本身无法区分。这是一种得自内部的理解。

为了说明这两种理解的相互排斥性,他还借用维特根斯坦在其《哲学研究》(*Philosophische Untersuchungen*)中的鸭子和兔子的图案(见下图)。[47]

维伯想借此说明的是,第一,在这个图案中,鸭子和兔子完全不同,因而一个把上面的图案看作是鸭子的人无法将其看作兔子(反之亦然)。与此类似,宗教的理解和对宗教的理解也完全不同,因此一个具有外在的对宗教的理解的人不可能获得内在的宗教的理解(反之亦然);其次,在把上面这个图画看成鸭子与把它看作兔子这两者之间,不存在孰优孰劣的问题。同样,在外在的对宗教的理解与内在的宗教的理解之间,也不存在孰优孰劣的问题。因此他既反对塞伽尔认为对宗教的理解优于宗教的理解的看法,也反对戴维森的第一人称之权威的观念,认为这两者完全平等。他指出,虽然习惯上把宗教的理解看成是内在的,而把对宗教的理解看成是外在的,但事实上这两者是互为内外。[48]正是在这种意义上,虽然我们通常把宗教研究者对宗教的理解看成是还原论的理解,维波认为,宗教信徒的宗教的理解也可以看成是一种还原论,因为在这里"真正的宗教研究被还原成了宗教实践";[49]第三,虽然把上面的图画看作是鸭子的人不能同时将其看成是兔子,但这个人也可以设法将其看成是兔子,尽管这个时候,他无法同时将其看成是鸭子。同样,维伯并不否认,一个从外面获得对宗教的理解的学者可以获得内在的宗教理解,但他强调,一旦他获得这样的内在的宗教理解,他就不能重新恢复其外在的对宗教的理解。因此他指出,一旦对宗教的理解变成了宗教的理解,它本身也就成了一种宗教的和神学的立

场,这样它本身也就成了与其他宗教现象一样的宗教研究的对象。^⑩

这里,我们看到,别人能不能像一个信徒那样理解其宗教的问题,与一个信徒对其信仰的理解是不是这个信仰对他的真实意义问题,是相互独立的。正因为这样,虽然反还原主义者都对后一个问题持肯定的看法,其中有些人同还原主义者一样,对前一个问题持否定的看法。所不同的是,还原主义者认为,要理解一个人的宗教信仰,没有宗教的人或者相信别的宗教的人,只能靠还原的方法。而那些反还原主义者则认为,由于唯一准确的理解方法是按照一个宗教徒自己理解其信仰的方式来理解,而没有宗教的人或者相信别的宗教的人本质上无法这样去理解一个人的宗教信仰,宗教理解,除非是自我理解,是不可能的。我们在本章的第一节中看到,奥托是一个反还原主义者,认为宗教有其独特的东西,因此要理解宗教就要知道教徒对宗教的理解。但他同时又指出,如果自己没有宗教经验,一个人就无法理解宗教。

虽然麦金泰尔(Alasdair MacIntyre,1929 -)不是一个严格意义上的反还原主义者,或者至少不是始终如一的反还原主义者,但他在最初于 1964 年发表的"理解宗教与信仰是否相容?"这篇经典的论文中,持一种反还原论的立场,却否定宗教理解的可能性。在这篇文章的一开头,他就提出了他所谓的宗教理解的两难。他说,在任何日常的讨论中,如果有两个人就某个问题发生争论,具有不同的意见,这两个人就一定具有某些共同的理解。在两个完全没有共识的人之间是不可能发生任何争论的。但是,他指出,怀疑论者和宗教信徒在对某些宗教问题的判断上具有整体上的意见分歧,至少表面上看起来是如此。这样他们怎么可能拥有任何共同的概念呢。如果我完全不同意你关于上帝、原罪或者拯救的看法,我对上帝、原罪和拯救的看法怎么可能与你的相同呢? 而如果我们对这些概念的理解不同,我们怎么能相互理解呢。^⑪

麦金泰尔这里说的是,一个怀疑论者要想否定有神论的上帝信仰,就必须理解这个信仰。这里的两难是,一方面怀疑论者要不同意有神论者,他们必须对他们所不同意的东西(即上帝),与有神论者有一个共同的理解,因为不然,他们否定其存在的东西就可能不是有神论者肯定其存在的东西,虽然他们用的是同一个词,上帝。而在麦金泰尔看来,这种与有神论者关于上帝的共同的理解,恰恰因为他们是怀疑论者,又是不可能的,而如果这种共同的理解不可能,那么有神论与怀疑论者之间就不可能有真正的争论,因为有神论者断定其存在的东西与无神论者否定其存在的东西可能不是同一个东西。

我们必须注意到,在这些认为别人(没有宗教的人或者相信别的宗教的人)无法像一个教徒那样理解其宗教信仰的人(不管他们是还原论者还是反还原论者)看来,即使史密斯所说的向信徒求证的方法也不能解决问题。塞伽尔就明确地指出了这一点。他说在理解一个信徒的宗教信仰时,我们当然可以去问这个教徒。但先前的问题马上又出现了:一个没有信仰的人怎么能赏识信徒的观点呢?一个信徒怎么能够直接或者间接地向没有信仰的人传达为这些没有信仰的人所不能接受的某个实在的意义呢?没有信仰的人,作为没有信仰的人,不可能接受有信仰的人所说的上帝的意义。在这种情况下,有信仰的人怎么能向没信仰的人解释上帝的意义?没有信仰的人不会怀疑有信仰的人之诚实;他们不会怀疑有信仰的人对于上帝的实在性很确定。他们只是怀疑上帝是否真存在,因此他们只能用别的方式来理解上帝和有信仰的人对上帝的信仰。他们不仅不能而且也不愿意赏识上帝对于信仰者的实在性。②

笔者觉得这种认为真正的宗教理解不可能的看法,无论是还原论者的还是反还原论者的,都犯了一个错误,即认为理解一个信念与接受一个信念是同一回事。但很显然这两者并不等同。当我的女儿相信有圣诞老人时,我可以理解她相信的是什么,而且可以想象根据这样一种信仰生活的样子,尽管我自己并不相信这一点。事实上,我们在上面讨论第一人称的权威性时,戴维森所强调的也只是一个人对其所持的信念的理解(他是否有某个特定的信念和这个信念的内容),而不是对其信念之是否正确,具有权威性。因此,说我们要根据一个人自己所理解的样子来理解这个人的信仰,就是要像这个人所理解的那样来确定其是否有某个特定的信仰和这个信仰的内容,而不是要像这个人一样,接受这个信仰。我们上面看到史密斯所设想的极端的情景:即使怀疑论者或者无神论者是对的,相信宗教的人生活在幻觉中,要理解宗教信徒的信仰,就是要理解生活在这种幻想中是什么样子。

在这一点上,帕尔斯(Daniel Pals)也指出,根据一个信徒自己的理解去理解这个信徒的信仰并不等于接受这个信仰为真。他举例说,几乎所有穆斯林都相信: ① 安拉存在;② 伊斯兰不是害怕和无知的产物。按照其本来面貌来理解伊斯兰也就包括像接受②而拒绝①这个简单的事实。[33]这里,一个人之所以能够拒绝①,一定是因为其能够理解①。如果一个人不能理解①,那么他所拒绝的就不一定是穆斯林所相信的东西。关于这一点,他在后面谈到基督教、犹太教徒和伊斯兰教的下述共同信仰时作了进一步说明:[34]

(1)上帝全善;(2)上帝全能;(3)上帝存在;(4)耶稣在公元 1 世纪死于十字架上。无宗教的人能否赏识(appreciate)这些信仰?似乎应该不止于能够赏识。他可以把其中的大多数看作是真的。他可以完全像信徒那样认为:(1)和(2)事实上必定为真。因为全善和全能为传统意义上的上帝这个词的定义所规定。事实上,对于那些信奉自然无神论的和无宗教的人来说,他们在证明上帝不存在时，必须接受（1）和（2）之真。他们此外还可以接受（4）之为真，尽管这不是一个必然真理。即使就（3）而言，就其能够理解其意义而言，他也能加以赏识。事实上，如果他想否认其为真，就必须至少在这种意义上加以赏识。⑤

当然我们也要看到，史密斯说的宗教研究中应该向其所研究的对象求证，只是在我们面对这个人的时候才可能。如果我们要研究古代的宗教，我们就无法向其成员求证我们对他们的信仰的理解。事实上，戴维森本人在讨论第一人称的权威时甚至强调，这样的权威只具有现在时的功能。⑥就是说，只是就一个人当下的想法而言，这个人对其想法的认识，较之我们对其想法的认识更具有权威。如果我们所关心的是这个人几年前的想法，这个人自己的认识就不一定具有权威性。就此而言，我们也许会觉得，第一人称的权威概念在宗教研究中的运用范围非常有限，因为只是在我们理解我们面前的人时，我们才可能确证我们对这个人的宗教信仰的理解。这里，要充分理解第一人称的权威概念在宗教理解中的作用，如笔者在前章中所指出的，我们必须区分理解他人（包括理解宗教信徒）的两个不同目的。一方面，在我们试图理解一个他者时，我们所关心的乃是我们从这个他者那里学到一些什么东西。换言之，我们从事理解活动的目的主要是想丰富我们自身，使我们自己变得更加完满，我们的生活变得更加丰富。而另一方面，在理解一个他者时，我们所主要关心的乃是理解这个他者本身，从而使我们在跟这个他者打交道时，知道应该如何行为处事。换言之，我们从事理解活动的目的，并非只是通过他者来理解自我、丰富自我、重新创造自我，而是要寻找与我们不同的他者相处的道德方式。⑦

很显然，如果我们的目的是想从他人的宗教信仰中获得有益于我们自己的东西,那么我们也确实不一定要按照一个人自己理解其信仰的方式去理解其信仰,而在这种意义上,我们当然可以去理解古代的宗教。但是,如果我们理解他人的宗教的目的是后者,那么以第一人称的权威概念为基础的理解,就是唯一正确的理解。这里我们看到,理解一个人的宗教信仰,就不只是或者主要不是一个形而上学或者认识论上的问题,而且也是或者说主要是伦理学的问题。正是在这种意义上,我们看到,史密思反复强调,还原主义所强调的对宗教信仰之中性的、客观的和科学的理解"是不道德的";而且我们这个社会中的大学和研究机构,由于赞助这样的理论活动,本身也已经成了不道德的机构。®在史密斯看来,这是因为还原论的理解有意地弯曲他人的信仰,不按照信仰者本人自己的理解来理解其信仰。当然,要根据一个人的自我理解来理解这个人,虽然我们不能同意当代解释学认为其不可能的看法,®我们也要明白这不是一件容易的事情。事实上,也许如史密斯所指出的,虽然人与人之间不可能一点也不能相互理解,但要达到百分之百的相互理解也是不可能的。®但笔者想强调的是,只要我们不断努力,我们可以不断完善我们对他人的理解,从而使我们涉及他们的行动更具有道德上的正当性。但更重要的是,努力去理解我们的行为对象之独特的信念,其重要性不只是在于这种理解的结果,而且还在这种理解的过程本身。因为我们对他人之独特的信仰的关心和尊重本身也体现了我们对他们的尊重。换言之,不仅以第一人称的权威概念所指导的理解结果,而且这种理解活动本身,都是道德的行动。

在本章中,笔者将戴维森的第一人称之权威概念引入宗教研究中还原论与反还原论之间的争论。笔者认为:第一人称的权威概念支持反还原主义的这样一个立场,即宗教信仰者关于宗教信仰对他们的真实意义的理解,较之别人对这一点的理解,具有权威性。换言之,当一个宗教信仰者关于宗教信仰对于他的意义的理解与别人关于这一点的理解发生不一致时,我们应当以前者为依据。根据戴维森的观点,在解释一个宗教徒的信仰的意义时,我们必须首先假定这个教徒自己对其信仰的理解不会错,不然我们就根本无法着手去从事这样的解释。当然说一个人对自己的信仰的理解不会错,并不是说这个信仰本身一定正确。因此即使一个宗教学者是自然主义者,认为宗教信仰不过是幻觉,如果想理解宗教徒的信仰,他还是应该以这个信仰者对自己的信仰的理解为权威,不然他就无法理解这样的"幻觉"是什么。同时,虽然戴维森强调第一人称的权威,他并不认为别人无法理解一个人的内心状态。他只是认为别人对一个人的内心状态的理解与一个人自己对其内心状态的理解的方式不同。在这一点上,戴维森不仅与宗教研究中的所有还原主义者不同,也与许多反还原主义者有分歧,因为他们都认为,除了我们自己变成我们所要理解的宗教的成员,我们就无法像这个宗教的成员那样来理解他们的宗教。在这一点上,只有史密斯的观点与他比较接近。他们都认为我们可以像一个信仰者对其信仰的自我理解一样来理解其信仰。当然这只是在我们所要理解的人就在我们眼前的时候。虽然这对我们这里的宗教理解设定了限度,但在笔者看来重要的是,如果我们的宗教理解的目的主要是为了理解他人,从而使我们能更好地尊重他人、使我们涉及他人的行动更恰当,那么戴维森-史密斯的宗教理解模式就非常重要,因为这种理解主要不是认识论或者形而上学或者方法论意义上的,而是道德意义上的。

注释

① 虽然还原论主要涉及的是无宗教的人在理解一个人的宗教时是否应该将其还原

成非宗教的东西,但正如帕尔斯(Daniel Pals)所指出的,如果还原论有其道理,那么不仅有把宗教还原成非宗教的还原论,而且还有把别的宗教还原成自己宗教的还原论:"相信犹他教就是不相信印度教。相信佛教就是不相信基督教。相信一个现存的世界宗教就是不相信古代的或者原始的宗教。因此,如果无宗教的人不能赏识宗教信仰,那么,不从事某种宗教的还原,没有一个宗教的人可以赏识任何别的宗教的信仰。一个犹太教徒要想理解印度教,就必须设法将其还原成犹太教"。参见 Daniel Pals, "Reductionism and Belief: An Appraisal of Recent Attach on the Doctrine of Irreducible Religion," in Russell T. McCutcheon (ed.), *The Insider/Outside Problem in the Study of Religion* (London: Cassell, 1999), p.192.

② Mircea Eliade, *Patterns in Comparative Religion* (Cleveland: Meridian Books, 1963), p.xiii.

③ Rudolf Otto, *The Idea of the Holy* (Oxford: Oxford University Press, 1972), p.10.

④ 同上书,第 7 页。

⑤ 同上书,第 7 页。

⑥ 同上书,第 8 页。

⑦ Wilfred Cantwell Smith, *The Meaning and End of Religion* (Minneapolis: Fortress Press, 1991), p.137.

⑧ 同上书,第 138 页。

⑨ Hans H. Penner and Edward A Yonan, "Is a Science of Religion Possible?," *Journal of Religion* 52 (1972), p.130.

⑩ Robert Segal, "In Defense of Reductionism," in Russell T. McCutcheon (ed.), *The Insider/Outside Problem in the Study of Religion* (London: Cassell, 1999), p.158.

⑪ 帕尔斯指出,一般的宗教信仰者主要反对的是本体论的还原论,因为,很明显,这"与信仰者自己对其信仰的看法直接矛盾。在他们看来,宗教信仰是其自己自由的、个人的选择,是在他们看来是正确的信仰。它们不是(至少不只是)是其精神恐惧或者社会环境的产物"。参见 Daniel Pals, "Reductionism and Belief," p.182. 而反还原论的宗教学者,如果他们本身也是宗教信仰者,他们当然也会反对本体论的还原论,"但作为学者,他们也会想象生物学家反对物理-化学的还原论那样反对宗教的还原论。他们可能会认为,还原论的解释无法恰当地描述所研究的对象;认为它忽略了我们通常经验的宗教的某些重要特征"。参见同上书,第 182 页。换言之,他们还反对方法论的还原论。

⑫ Ludwig Feuerbach, *The Essence of Christianity* (New York: Harper, 1957), p.14.

⑬ 同上书,第 13 页。

⑭ Donald Wiebe, "Does Understanding Religion Require Religious Understanding?," in Russell T. McCutcheon（ed.）, *The Insider/Outside Problem in the Study of Religion*（London: Cassell, 1999）, p.268.

⑮ 参见 Wilfred Cantwell Smith, *The Meaning and End of Religion*, chs.5 - 7.

⑯ Donald Wiebe, "Does Understanding Religion Require Religious Understanding?," pp.259 - 270.

⑰ 参见 Robert Segal, "In Defense of Reductionism," p.143.

⑱ Donald Davidson, "First Person Authority," in Ernie Lepore and Kirk Ludwig（eds.）, *The Essential Davidson*（Oxford: Clarendon Press, 2006）, p.241.

⑲ 同上书, 第 242 - 243 页。

⑳ 戴维森承认, 虽然一个人对其内心状态有其权威, 但这并不表示他对自己的内心状态的断定就一定不会错, 或者不可纠正。参见同上书, 第 243 页。但很显然, 由于第一人称之权威, 只有这个人自己才能发现自己之错误, 并加以校正。当然戴维森也承认, 有时候别人可能有足够的证据来推翻一个人的自我断定, 但如我们下面讨论其关于弗洛伊德心理分析理论时所看到的, 归根到底, 别人之推翻一个人的自我断定是否正当, 还是要看这个人是否后来能够认识到这一点。

㉑ 因此他反对赖尔（Gilbert Ryle）认为这两者之间不存在不对称性的看法。参见同上书, 第 244 页。

㉒ 同上书, 第 244 页。

㉓ 同上书, 第 250 页。

㉔ Robert Segal, "In Defense of Reductionism," p.145.

㉕ 参见 Donald Davidson, "First Person Authority," p.245.

㉖ 同上书, 第 245 页。

㉗ 事实上, 弗洛伊德自己在谈到无意识时就指出:"我们确切地知道, 无意识与有意识的心理过程有许多交接点。一旦经过某种方法的操作, 它们就可以转化为意识, 或者为意识所替代, 因此我们用于有意识的心理活动的所有概念, 如观念、目的、决心等, 也就可以运用到它们上面"。参见 Sigmund Freud, *The Unconscious*, in *Major Works of Sigmund Freud*, Great Books of the Western World 54（London: Encyclopedia Britannica, Inc, 1952）, p.429.

㉘ 因此, 一方面, 他认为, 在解释一个人（例如一位牧师）的讲话时, "我们解释者必须尽量按照牧师希望自己被理解的那样去理解他"。参见 Terry F. Godlove, "Religious Discourse and First Person Authority," in Russell T. McCutcheon（ed.）, *The Insider/Outside Problem in the Study of Religion*（London: Cassell, 1999）, p.172;但另一方面, 他又指出:"我们也必须准备接受最好的证据要求我们接受的东西。如果我们依赖其本身完全可以得到维护的解释原则, 没有人可以责怪我们"。参见同上书, 第 172 页。

㉙ 同上书, 第 173 页。

㉚ 参见 Hilary Putnam, "The Meaning of Meaning," in Andrew Pessin and Sanford Goldberg (eds.), *The Twenty Years of Reflection on Hilary Putnam's "The Meaning of 'Meaning'"* (New York and London: M.E. Sharp, 1996).

㉛ Terry F. Godlove, "Religious Discourse and First Person Authority," p.174.

㉜ Mircea Eliade, *The Sacred and the Profane: The Nature of Religion* (San Diego: Harcourt Brace Jovanovich, 1959), p.12.

㉝ Wilfred Cantwell Smith, *The Meaning and End of Religion*, p.141.

㉞ Donald Davidson, "On Knowing One's Own Mind," in Andrew Pessin and Sanford Goldberg (eds.), *The Twenty Years of Reflection on Hilary Putnam's "The Meaning of 'Meaning'"* (New York: M.E. Sharp, 1996), p.335.

㉟ Wilfred Cantwell Smith, *The Meaning and End of Religion*, p.135.

㊱ 参见 Otto Friedrich Böllnow, "What Does It Mean to Understand a Writer Better than He Understood Himself," *Philosophy Today* 23, 1 (1979), pp.26 - 28.

㊲ Friedrich Schleiermacher, *Hermeneutics: The Handwritten Manuscripts*, edited by Heinz Kimmerle (Atlanta: Scholars Press, 1986), p.207.

㊳ Donald Davidson, "On Knowing One's Own Mind," p.323.

㊴ Wilfred Cantwell Smith, *The Meaning and End of Religion*, pp.134 - 135.

㊵ 同上书,第 134 页。

㊶ Wilfred Cantwell Smith, *Toward a World Theology* (Philadelphia: The Westminster Press, 1981), p.68.

㊷ 同上书,第 60 页。

㊸ Robert Segal, "In Defense of Reductionism," p.151.

㊹ 同上书,第 151 - 152 页。

㊺ 同上书,第 151 - 152 页。

㊻ Donald Wiebe, "Does Understanding Religion Require Religious Understanding?", p.262.

㊼ 参见 Ludwig Wittgenstein, *Philosophical Investigation* (New York: Macmillan, 1958), p.194.

㊽ 因此他指出:"研究宗教的人和宗教信徒(怀疑论者和崇拜者)都既是内行(insider)又是外行(outsider)。研究宗教的人是宗教信仰的外行,但是另一种信念的内行:语言、讨论和论证能够为所有的实在提供一种理解。而在正好相反的意义上,宗教信徒也既是内行又是外行"。参见 Donald Wiebe, "Does Understanding Religion Require Religious Understanding?", p.263.

㊾ 同上书,第 266 页。

㊿ 同上书,第 265 页。

51 Alasdair MacIntyre, "Is Understanding Religion Compatible with Believing?", in Russell T. McCutcheon (ed.), *The Insider/Outside Problem in the Study of*

Religion（London：Cassell，1999），p.37.

㊼ Robert Segal，"In Defense of Reductionism，" p.154.

㊽ Daniel Pals，"Reductionism and Belief，" p.186.

㊾ 同上书，第 19 页。

㊿ 帕尔斯更进一步用希腊神话为例子："我不相信有宙斯(Zeus)，阿波罗(Apollo)，赫尔墨斯(Hermes)，或者阿里斯(Ares)。但尽管如此，我还是能赏识几乎所有的希腊宗教神话。我可以知道那些是真理：宙斯不是一个信使，赫尔墨斯才是，我也可以知道那些是谬误：阿波罗是女神。我可以理解他们之间的相互关系(例如有些神比别的神地位更高……等)"。参见 Daniel Pals，"Reductionism and Belief，" p.191.

⑤⑥ 参见 Donald Davidson，"On Knowing One's Own Mind，" p.323.

⑤⑦ 参见 Yong Huang，"Interpretation of the Other：A Cultural Hermeneutics，" in Inwon Choue，Samuel Lee，and Pierre Sane（eds.），*Inter-regional Philosophical Dialogues: Democracy and Social Justice in Asia and the Arab World*（Seoul：UNESCO/Korea National Commission of UNESCO，2006）.

⑤⑧ Wilfred Cantwell Smith，*Toward a World Theology*，p.71.

⑤⑨ 例如，伽达默尔(Gadamer)认为，理解乃是理解者的视野和被理解者的视野的溶合。因为在他看来理解者总是有一种海德格尔所谓的前理解结构。在理解一个文本时，理解者不可避免地要将这种前理解投射到文本上。换言之，这种前理解结构不是我们在理解时可以决定是否需要的、可有可无的东西，而是我们理解活动的一个必要条件。我们总是带着某种前理解结构去从事理解。因此，离开了理解的前结构，我们就不能理解任何东西。而带有前理解结构的理解却不可能与被理解者的自我理解相同。参见 Hans-Georg Gadamer，*Truth and Method*（New York：Continuum，1993），p.266. 在别的地方，对这样一种看法为我们根据第一人称的权威概念从事的理解活动所带来的困难，笔者做出了一定的回应。参见 Yong Huang，"Interpretation of the Other，" pp.200 - 203.

⑥⓪ 参见 Wilfred Cantwell Smith，*Toward a World Theology*，p.69.

第四章

儒家伦理的几个基本问题:《中国哲学百科全书》若干文章评论

《中国哲学百科全书》(*Encyclopedia of Chinese Philosophy*，以下简称《全书》)一书可谓是用西方语言研究中国哲学的里程碑。《全书》共收录了由现今这个领域内最优秀的 76 名学者所撰写的 187 篇长文，编者柯雄文(Antonio S. Cua，1932 - 2007)的出色工作令人赞叹。这些论文不仅是资料性的，而且也是哲学性的。它们除了提供重要人物、学派、事件、文本、概念等方面的传记、参考文献和史实等材料之外，还表达了各位作者对中国哲学史上范围广泛的各种问题的独到见解。对于一些重要的问题，编者甚至就同一个主题编选了多篇文章，以便读者了解不同的观点。^①在此意义上，我们或许更应该把《全书》视为中国哲学领域最优秀论文的百科全书式文选。它涵盖了中国几千年历史上所有重要的哲学学派，而且大多数论文采用了中西比较的写作进路。因此，想对《全书》作一个全面的评论无疑超出了本章的篇幅，而且更非我力所能及。鉴于此，笔者将选择《全书》有关儒家伦理的一组论文加以讨论，以抛砖引玉，希望有更多的学人对《全书》其他主题的论文加以关注和评价。

第一节 美 德 伦 理

在西方,康德主义的道义论和功利主义的后果论是两种占主导地位的伦理思想。然而,近几十年来出现了另外一种根源于古希腊哲学的伦理学进路(即所谓的美德伦理)。最近,已经有人试图从美德伦理的新角度来理解儒家伦理。《全书》所收录的沈清松的一篇论文指出,这种理解儒家伦理的新角度完全不同于以前某些现代新儒家所采取的路子:"现代新儒家如牟宗三及其追随者用康德的绝对律令解释儒家伦理,从而忽视了伦理践履的重要性"。[②]在沈清松(Vineent Shen, 1949 –)看来,"儒家伦理是一种美德伦理,而不是一种义务伦理"。[③]他认为,陈大齐是"依照美德伦理解释儒家伦理的倡导者"。当然,陈大齐(1886 – 1983)也承认"功利主义伦理(以安宁的幸福为人类的终极价值)和义务伦理(明确了一系列最低伦理义务)的重要性","并把它们和美德伦理结合起来,强调德性践履与人格培养"。[④]

儒家伦理是否为一种美德伦理,关键在于弄清美德伦理和道义论、后果论之间的差异。而要弄清它们之间的根本差异,区别美德伦理和美德理论也很重要。几乎每一种伦理学进路,包括道义论和后果论,都蕴含某种美德理论或者为美德观念留有一席之地。例如,穆勒(John Stuart Mill, 1806 – 1873)认为自己的功利主义伦理学并不反对美德观念,因为我们所认为的美德正是善于实现最大幸福的人所体现的品质。然而,在穆勒那里,美德的界定依据于他的功利原则。[⑤]连康德都曾著有《美德论》作为其《道德形而上学》(*Metaphysics of Morals*)的第二部分。不过,正如劳登(Robert Louden)指出,康德在《美德论》中把美德定义为"在面对意志的道德态度的对抗力量时所表现出来的自制力"。

因此,在康德哲学中,美德主体凭其"自制力","能够抵抗与道德律令相对立的欲望和倾向"。⑥尽管康德曾经声称"人类道德的最高阶段仍然只能是美德",⑦但是他的伦理学不是美德伦理学,因为在他那里,正确的行动是道德律令所决定的行动,一个有道德的人只是遵循道德律令来抵抗与道德律令相对立的欲望和倾向。

　　因而,美德伦理不仅仅是一种美德理论。当然,美德伦理也是一种美德理论。但是,诚如黄百锐(David B. Wong)所言,作为一种有别于道义论和后果论的进路,美德伦理"为个体提供指导,主要是通过对所要实现的理想人格和品质特点的描述,而不是通过运用一般原则,确定正确或忠实行为的一般特性"。⑧在康德伦理学中,美德仅仅有助于使人遵循道德律令,而在穆勒功利主义那里,美德只是有助于增进最大幸福。因此,美德观念在这两个理论系统中只居于次要地位。与之相反,在美德伦理中,美德是我们进行道德评价的最基本的概念,就像义务和幸福分别是道义论和功利主义最基本的概念一样。当然,正如道义论和后果论也可能用到"美德",美德伦理也可能使用"义务"和"后果",只不过这些概念在美德伦理中居于次要地位,就像美德在其他伦理学进路中居于次要地位一样。为了更好地弄清这三种伦理学进路之间的差异,我们可以看一下对帮助需要帮助之人的行为所做的不同道德评价。笔者相信,在同等条件下,三种进路都会认为这种行为是道德的。不过,对道义论者而言,是由于它符合道德要求;对后果论者而言,是因为这种行为可以增进幸福;而对美德伦理学家而言,则是因为行为主体想成为仁者(假定"仁"是一系列所要追求的美德之一)。

　　区别了美德伦理与美德理论之后,我们再来考察儒家伦理。前面说到,沈清松认为牟宗三及其追随者关于儒家伦理的观点说到底属于康德哲学,笔者认为这显然是正确的。但有一点必须指出,牟宗三之所以把儒家伦理和康德伦理联系起来,主要不是为了反对美德伦理,而是为了反对像基督教伦理那样的他律伦理。牟宗三认为,康德伦理的核心观念是道德主体的自律,这种观念反对基督教伦理的他律观念:上帝是立法者。在他看来,正是这种自律观念与儒家伦理在品质上是相似的,因为儒家伦理也是自律而非他律的。当然,以牟宗三之意,儒家伦理毕竟是一种强调道德律的规则伦理,虽然这些道德律是由道德主体自己制定的。也许正是在这个意义上,傅佩荣在其《儒学:古典思想的建构》(*Confucianism: Constructs of Classical Thought*)中宣称,儒家的主张之一就在于,人们践行美德的能力自证其为绝对要求。这一要求产生一种义务,敦促人们努力行善。⑨尽管沈清松认为陈大齐是倡导儒家伦理为美德伦理的先驱,但根据他的表述,我们还是不太清楚陈大齐究竟是把儒家伦理看成是一种美德伦理还是仅仅把它当作一种美德理论。如果陈大齐接受"以安宁的幸福为人类的终极价值"的功利主义观点,并把这种安宁的幸福作为"区别真正的美德与邪恶"的最重要标准,⑩那么,儒学不过是一种为美德观念保留了空间的后果论:美德带来了安宁的幸福,所以它是好的。

笔者认为,儒家伦理是一种美德伦理,而不仅仅是提供了一种美德理论。因此,笔者同意黄百锐在其有关"比较哲学"的论文中所表述的观点:"儒家伦理符合'美德伦理'的范畴。就此而言,把它跟古希腊伦理学进行比较是合适的"。⑪然而,主张儒家伦理为美德伦理最强烈者莫过于柯雄文。在《儒学:一种美德伦理》(*Confucianism: An Ethics of Virtue*)一文中,柯雄文宣称,儒学强调个人美德修养的思想源远流长。我们可以把儒家伦理恰当地视为美德伦理,因为儒学关注美德的核心地位。⑫柯雄文接着详细讨论了仁、义、礼三种儒家基本美德(其他诸如孝、恭、诚都是这三种美德的子目)。柯雄文的讨论富有启发性,对我们很有助益。这里只限于论述他对礼这一基本美德的讨论。柯雄文说道,礼这一概念关注礼仪规范,礼仪规范本质上是一系列与行为方式、行为类型相应的恰当的行为准则。[13]如果美德与道德准则之间确实存在区别的话,显然柯雄文所定义的礼更像是道德准则而非美德,因为准则是外在的,而美德是内在的。只要某些东西只是作为一种外在的准则对我发挥作用,那么我就不能说我的行为源自我的内在品质;一旦我依自己的内在品质而行动,那么我的行为也就不再归因于任何外在的准则,即使我的行为符合这些准则。当然,这并不是说不能把礼视为一种儒家美德。以我之见,儒学所说的礼包含两方面内容。其中一个方面,礼指称一个人的内在品质。《孟子》把礼看成是四端之一。在此意义上,如果礼得到充分发展就成为一个人的美德。而柯雄文所论之行为准则或礼仪规范则属于另外一方面内容,即礼的外在含义。礼仪规范对于尚未养成相应美德的人来说是有帮助的,但对于已经获得相应美德的人来说就没有用处了。

这里我们接触到了美德伦理学中一个更为基本的问题:美德何谓? 柯雄文考察了儒家传统中德所具有的不同含义,认为其中两种最基本:[14]

> 其一,德是有良好伦理修养的人之完成状态,他们具有值得称赞的、符合道的理想的品质特征;其二,德是具有可以影响人类生活的独特潜能或力量之状态。

柯雄文所理解的德,与倪德卫在其论文《德:美德或力量》(De (Te): Virtue or Power)中所使用的德基本上一致,尽管后者的讨论并不局限于儒家传统,特别值得注意的有两点。

首先，倪德卫指出：每一个体皆有其德，德使其是其所是并且能够为其所当为。[15]这一点非常重要，因为它不仅告诉我们为什么应该成为有德之人：成为有德之人就是成为理想中所应是之人，同时，它也表明我们可以成为有德之人：因为美德内在于我们的天性，理想中所应是之人已经内在于我们实际上之所是。笔者最近曾撰文指出，[16]在这一点上，儒学能够对当代美德伦理做出独特贡献。西方美德伦理只讲我们应该成为理想中所应是之人，但并没有说我们能够成为理想中所应是之人。亚里士多德也只是说美德不与天性相左，而没有说天性本身就具有美德。因此，他并没有说明成为有德之人的可能性。因为，即使美德不与天性相左，也不能担保一个人能成为有德之人（这正是康德所说的"应该"是否蕴含"能够"的问题）。然而，儒家传统明确主张美德内在于人的天性。在"戴震"条目下，成中英指出，戴震的结论是：[17]

> 天地之性、因而实在都具有内在的善。戴震由生生之性这一事实引出价值与美德。从西方哲学的立场来看，他似乎混淆了事实与价值。然而，这一看法未必正确。戴震所做的，是用他关于人类道德的洞见来解释性。这样一来，性本身就为客观道德提供基础。美德事实上内含于性，由此引出一个有意思的结论：美德被赋予了本体宇宙论的意义。

其次，一个遵循康德道德律或穆勒功利原则的道德主体，可能常常需要付出特别的努力才能抵抗与这些道德律或原则相对立的欲望和倾向。与之相反，有德之人却是循其欲望或倾向行有德之事。倪德卫在讨论中也注意到了美德伦理的这一特征：德是"圣人"的一种品质。圣人无意无必，从心所欲，具有超乎自然的影响力。[18]尽管倪德卫在这里主要是讨论老庄的道家美德思想，但它显然也适用于儒家的美德概念，孔子自述其晚年所达到的境界，正是"从心所欲不逾矩"。有德之人之所以行有德之事，既不是因为有人命令他这么做，也不是因为他想增进人类的幸福总量，而是因为他想成为有德之人。

在这里，我们碰到了美德伦理的一个有趣特征：美德伦理从根本上说是自我主义的，或者说，它至少是一种自我中心的道德理论。笔者本希望《全书》中相关论文的作者能够利用儒学资源阐述美德伦理与自我主义的关系。索罗门（David Soloman）在谈到美德伦理时曾经指出，这种道德理论要求关注个体的品质。它认为，我们之所以要获得美德，是因为我们假定，自己应当成为一个独特的人。这种观点要求道德主体把他或她自己的品质作为其道德实践的核心。^⑲亚里士多德本人也承认美德伦理的这一特征。他认为，有德之人不仅自爱而且最爱自己。他指出，我们经常把那些使自己多得钱财、荣誉和肉体快乐的人称为自爱者。^⑳不过，在他看来，一个人如果总是想着去做公正的、节制的或任何其他合乎美德的事情，那么他就最应当被称为自爱者；他尽力满足他自身中那个最具有权威的部分，并且处处服从它。^㉑尽管恶人和善人都是自爱者，但亚里士多德说前者应受到责备，而后者值得赞美：^㉒

> 好人必定是一个自爱者，因为，做高尚的事情既有益于自己又有益于他人。坏人则必定不是一个自爱者，因为，按照他的邪恶感情，他必定既伤害自己又伤害别人。

显然，连亚里士多德都认为美德伦理是一种自我中心的理论，而且这种独特的利己主义并不成问题，因为它与利他主义协调一致。实际上，孔子所说的"为己之学"^㉓表达了同样的意思。杜维明（Weiming

Tu，1940 -)曾评论道：[24]

> 知识渊博的人拥有内在的力量，这种力量来自健全的理智和正直
> 的道德，而不是来自企图获得社会认同的刻意努力。然而，尽管知
> 识渊博的人追求内在的自我实现，却能够对他人产生非常巨大的
> 说服力。[25]

在《全书》的所有论文中，庄锦章(Kim-Chong Chong)的《中国伦理
中的利己主义》涉及了这种独特的利己主义。尽管庄锦章花费了大量
笔墨为儒家爱有差等思想可能遭遇的利己主义批评作辩护，但他也的
确提到，就像在亚里士多德那里一样，儒学中存在着"对利己主义的富
有启发性的理解"。不过，他的关注点毕竟不是孔子为己之学与为人之
学的区分，而是孟子对大体与小体的区别：[26]

> 孟子哀叹道，尽管人们知道如何看护各种外在的东西……以及自
> 身的小体(譬如嘴巴和肚子)，但具有讽刺意味的是，他们似乎忽略
> 了"大体"即他们的心，那是伦理的先在居所。换言之，缺乏道德就
> 是未能根据某种人性概念所理解的自我利益而行动。[27]

第二节　道　德　知　识

在西方哲学中，知识与意志、理论与实践、理性与情感、认识论与伦
理学之间的区别非常清楚。一个人有关于某事的知识(如杀人不好)，
而他的行为却违背了这种知识(如杀人)——这是完全讲得通的。这是
说，一个人知道某事未必意味着他愿意做某事。中国哲学(特别是儒

学)中并没有这样明确的区分。与此相关，我们马上会想到儒家的"知行合一"说。"知行合一"有很多种意思，和我们现在的讨论相关的并非只是这样的说法：知来源于行并指导行。㉝本章在一个更为激进的意义上理解"知行合一"：拥有真知的人不可能不依照这种知识行动；或者反过来，不能将知识付诸行动的人不能说自己拥有相应的知识。换言之，在儒家看来，上面提及的那个在西方传统中完全讲得通的说法，即一个人有关于某事的知识却不能按照这种知识行动，不仅费解，而且甚至是自相矛盾的。

为了理解上述意义上的知识，重要的是要了解首先由张载做过明确阐述的"闻见之知"与"德性之知"之间的区别。㉞在其论"张载"的论文中，成中英注意到了这种区别并且指出，德性之知来自对天地之性的反思，所以人们既认识到道的作用和力量，又认识到如何体现这些作用和力量，以实现自我向美德和圣人的创造性转化。可以说，人的天性包含着"天理"，它不仅是可以反思的客体，而且是追求至善的动机，也是区别道德上的善恶的途径。㉟在此，成中英清楚地看到，德性之知的独特之处在于它不仅是理智的而且是自我转化的。程颐进一步发展了见闻之知与德性之知之间的这种区别。在其论程颐的文章中，韩子奇指出，一个人可能在理智上了解真正的自我，但是这种知识必须付诸实践：一个人必须在日常生活中使自己跟宇宙合二为一。否则，他不能说自己有充分的自知之明。㊱程颐的下述说法可以支持韩子奇的这一观点："知之深，则行之必至，无有知之而不能行者。知而不能行，只是知得浅"；㊲"人知不善而犹为不善，是亦未尝真知。若真知，绝不为矣"。㊳这里，程颐用"深知"和"真知"说明德性之知，而用"浅知"和"常知"说明闻见之知。正是从德性之知和行的关联出发，王阳明提出了知行合一说。威尔逊(Thomas A. Wilson)在《明代儒学》(Confucianism；

Ming)一文中集中讨论了王阳明知行合一说的含义:③

> 王阳明认为,对理的真正理解必然意味着践履它。因此,那些自称
> 理解孝却不践履孝的人实际上并没有真正地理解孝;不践履孝的
> 人只证明了他还没有理解孝。

由此我们可以看出,德性之知不仅仅是理性知识;它是促使人们去
行动的知识。不过,我们必须注意,德性之知和理性知识之间的这种对
立跟余英时所谓的反理智主义没有任何关系。余英时曾说,宋明理学
有反理智主义的倾向,而陆王学派尤甚。在其为《全书》所撰写的《清代
儒学》(Confucianism:Qing)一文中,余英时再次断言,与宋明理学对
"德性"的形而上学沉思形成强烈对比,清代儒学发生了决然的理智主
义转向。⑤比如,余英时认为戴震的哲学体系把"理智"界定为人性之最
突出的特性,并把"知识"提升为儒学的核心,而且戴震强烈主张,除非
道德的种子被植于肥沃的理智的土壤之中,否则它就不会结果。毫不
夸张地说,戴震把道德视为知识的产物。⑥这里,有一点很重要,余英时
所讨论的理智主义与反理智主义的冲突与其说是"闻见之知"与"德性
之知"之间的冲突,倒不如说是尊德性和道问学这两种传统修身途径之
间的冲突。

笔者认为,无论是宋明时期陆象山和王阳明的反理智主义,还是清
代戴震和章学诚的理智主义,都主张知识必须包含着践履。它们之间
的分歧仅仅在于如何获得这种知识(究竟是通过尊德性还是通过道问
学)。比如,对戴震而言,相信"除非道德的种子被植于肥沃的理智的土
壤否则不会结果",就是相信"理智的土壤不仅仅是理智的"。事实上,
在戴震那里,我们需要知识的理由在于要解蔽,因为"蔽生于知之

失"。㊲这里所谓的"蔽"并不是简单地指人们没有认识的理智能力。相反,戴震告诉我们:"蔽也者,其生于心也为惑,发于政为偏,成于行为谬"。㊳所谓解蔽,用弗里西纳(Warren Frisina)的话说(虽然他是在讨论王阳明),就是祛除私欲,这些私欲也是阻止我们正确回应周围世界的障碍。㊴

儒家这种认为知隐含着行的观点可能听起来有些奇怪。实际上,当代最有影响的中国哲学史家冯友兰也曾经说过,这种知行观在理论说不通,在实践上不可行;增进关于具体事物的客观知识是一回事,提升精神的主观境界是另一回事;两者虽然有重叠之处,但它们从根本上来说是不同的。㊵很明显,冯友兰的看法基于西方哲学传统关于知识与实践相分离的常识:知道是一回事,根据这种知识行动又是一回事。

为了理解儒家传统中这种明显反常识的知识观念,我们需要考察一下"知"(认知或知识)这一词语在中国哲学中的独特含义。安乐哲(Roger T. Ames,1947 -)在 "*Zhi*(*Chih*):*To Know, to Realize*" 一文中指出,把"知"解释为"认识"或者"了解"是不够的,因为古汉语没有区分"知"和"智"。理论和实践之间并不存在截然的两分。其背后的假设则是,知识之为知识,必须能够落实于行动。知识必须是现实有效的。这样一来,"知"就有了注重实用的重要内涵。㊶在这个意义上,安乐哲断言"知"不仅以言表意,而且还以言行事、以言取效。"知"以言行事,因为"它做某事,它改变世界",在此意义上,"知"也可以译为realizing(实现)以突显它"使某事成真"(亦即将一个特定的世界带入存在)的意味;㊷"知"以言取效,因为它对认知者的感情、信仰和情绪产生直接的重大影响。㊸与此相应,成中英在《认识论》(*Philosophy of Knowledge*)一文中亦有见于此。他认为,儒家认识论中的认识总具有道德和历史意义。认知和知识的对象是人、事、历史。它们不是独立于我们的,而是和我们相关,并且可以和我们相互作用。[44]

笔者认为,安乐哲、成中英已经充分解释了为何中国哲学尤其是儒学会有如下看法:拥有真知者一定会根据这些真知行动,而不以这种方式行动者只是因其还没有获得真知。不过,针对冯友兰对这一知行观的批评,我们有必要为它做一点辩护。或许有人认为,西方社会的道德和法律责任的根本基础在于区分理智和意志:知道什么是对的,却选择了做错事,这样的人应该负道德甚至法律责任;而那些不知道什么是对的人,诸如孩子或者精神病患者可以免负此责。按照儒家知行观,人们不为善或者甚至为恶的原因完全在于无知(缺乏真知)而非缺乏善良意志。倘若如此,似乎没有一个人需要负任何法律或道德责任,因为我们怎么可能(在道德上或法律上)去惩罚那些对自己所做之事一无所知的人呢?

然而,这样的批评基于对儒家知行合一思想的错误理解。关于这一点,笔者认为黄百锐在其有关"比较哲学"的文章中有非常好的解释。黄百锐同意其他作者的观点:"传统儒家伦理学大多没有区分理性、情感和欲望。相形之下,这样的区分对于古希腊伦理学来说非常重要"。[45]不过,黄百锐提出一个重要的看法,认为传统儒家伦理学的这一特征并不意味着"中国哲学比西方哲学更'直觉'、更'非理性'"。中国哲学家也知道如何辩论。中国哲学并不缺少理性。相反,它只是意味着中国哲学没有理性、欲望和情感的明显分界,没有提出对它们进行区分的问题。[46]在笔者看来,黄百锐上述看法的要点在于,儒学没有清晰地区分理智和意志,但这并不意味着忽略了两者中的某一个。相反,这意味着理智和意志彼此紧密地联系在一起。因此,儒学仍然主张,个体即使在缺乏相应真知的情形下,也要为自己的行为负责。关键的一点在于,在儒家看来,道德教育的核心是把人培养成具有道德美德的人,而不是仅仅传授诸如偷盗不对这样的理智知识。有美德的人不偷盗,不是因为他抵制住了去偷盗的欲望,而是因为他根本没有去偷盗的欲望。这一点也说明儒家伦理是一种美德伦理。⁴⁷

第三节　道德底形而上学

牟宗三区分了道德的形而上学(metaphysics of morals)和道德底形而上学(moral metaphysics)。他认为,前者是关于'道德'的一种形上学研究,以形上地讨论道德本身之基本原理为主,其所研究的题材是道德,而不是"形上学"本身,形上学是借用。后者则是以形上学本身为主(包含本体论与宇宙论),而从"道德的进路"入,以由"道德性当身"所见的本源(心性)渗透至宇宙之本源。⁴⁸尽管牟宗三深受康德影响,但他还是认为康德只创立了道德的形上学,而儒家可以提供一种道德底形上学。正如笔者在别处所言,这种道德底形上学非常重要,因为它不仅说明了人为什么应该是道德的,而且说明了人可以是道德的:道德内在于人之性,而人之性与天之性并无二致。⁴⁹在宋明理学中,一方面与天之性合一、另一方面同人之美德合一的人之性就是理。

关于理,《全书》有两篇主要的论文,虽然他们对理这个字的译法不一。一篇是刘述先的"*Li: Principle, Pattern, Reason*",另一篇是柯雄文的"*Reason and Principle*"。刘述先的文章探讨了唐君毅对于"理"的历史分类法和牟宗三对于"理"的系统分类法。唐君毅按照历史顺序把"理"分为六种。先秦儒家(尤其是荀子)、魏晋名士和佛教徒早就分别发展了"文理"、"名理"和"空理",后来的清儒和当代思想家分别发展了"事理"和"物理",唯有"性理"则为宋明理学所特别彰显。牟宗三也把"理"分为六种,只是把"文理"换成了"玄理"。在牟宗三看来,西方逻辑学和自然科学所研究的东西相当于"名理"和"物理",中国在这两个方面落在了后面;不过,"玄理"、"空理"、"性理"和"事理"是由道家、佛家、儒家三种中国传统发展出来的独特观念。其中,前三种理由三家所分别发展,最后一种理则三家都有所贡献。现在我们只谈"性理"。在刘述先看来,"理"之为"性理",是创造性的最高本体论原则,它"在宇宙间不间断地发挥作用",并且内在于我们的生命。⑩对于宋明理学来说,"理""气"不可分。在朱熹那里,理是静态的、永恒的、普遍的、超验的;气是动态的、短暂的、特殊的、内在的。⑪在其"朱熹"条目的论文中,刘述先论述了朱熹的理气观:理需要气以有所依附,气需要理作为形式或本质。⑫刘述先由此强调了理气不可分:"实际上,我们不可能找到一种理气彼此相分的状态。"⑬按照这一理解,理是一,是"非物质的,永恒的,不变的,统一的";理在气中;理的作用是创生,也就是"生'气'"。⑭

在讨论二程的两篇文章中,韩子奇基本上接受了刘述先对宋明理学的"理"及理气观的解释。尽管人们也把周敦颐、邵雍和张载当作理学家,但是,如果我们认为理学的标志在于把理作为最基本的哲学概念,那么,宋明理学实际上始于二程。因此,韩子奇指出,二程把理提升为宋明理学的核心概念,从而为中国哲学奠定了新的基础。⑮接着,他描述了程颢对"理"的看法:⑯

> 作为变化的一般原则,"一之理"(the *li* of the one)在化为"多之理"(the *li* of many)之前是空洞的。与此相反,"多之理"实际上是"一之理"的具体体现。

另外,韩子奇在论述程颐时也讲到了理气关系:理代表了结构和秩序，而气则是动态的、创造性的因素。理为宇宙提供了运作系统，而气则是这个宇宙的推动力。⑰理静气动，这一看法也为其他条目的几位作者所接受。

　　笔者赞同这样的看法：在宋明理学那里，理气不可分；理是宇宙的最高实体，而气则是生成世界万物的物质力量。然而，尚有一些重要的问题需要我们进一步思考。首先，韩子奇对程颢一多关系的描述有点让人迷惑不解。难道程颢真的是在"一之理"和"多之理"的意义上分别谈论"一理"和"众理"吗？我们很容易理解"多之理"（即万物皆有理），但"一之理"（即"一"也有"理"），这究竟如何理解？程颢的确说到"一"，但笔者认为，在他那里"一"就是"理"。因此，我们只能说一即理（the *li* as one），而不能说一之理（the *li* of the one）。一多关系也只是理与世间万物的关系。其次，如果把理实体化（*li* as some thing），那么，我们怎么能想象在每一个具体的事物里，除了气之外有另外一种产生气并使气运动的东西（理）？而且，如果这种东西是"无形的"，那么这种无形的东西到底是什么呢？无形的东西如何能够产生有形的东西（笛卡儿曾经碰到类似的问题：截然不同的身心之间如何交互作用？）。如果"理"产生"气"，怎么可以说"（具有创造力的）一般原则必须处于气的运动中，才可以证明自己强大的创造作用"？更重要的是，如果"理"产生"气"，我们又在何种意义上说"理"是静态的？第三，在上面关于"理"的讨论中，"理"的道德维度是不清楚的，因此也就无法弄清"理"与宋明理学的道德形而上学体系之间的关系。

　　柯雄文在其所写的关于理的文章中显然意识到了最后一个问题，因此他把讨论集中在理的道德维度上。他并不认为"principle"是"理"的恰当译名：⑱

撒开"principle"与"理"是否作用相当这个问题不谈,我们也许可以试问:儒家伦理中的"理"是否为"principle"那样的独立概念?

显然,柯雄文自己对这个问题的回答是否定的,因为,正如我们所见,他认为儒家伦理在本质上是一种美德伦理,几乎无须用到道德原则。在柯雄文看来,"理"既有描述和解释作用,又有规范作用。描述和解释作用(说明"所以然之故")诉诸自然的因果联系。不过,柯雄文认为,在宋明理学时期,我们没有发现任何类似于西方哲学中追寻自然因果联系的兴趣。[59]因此,他认为对理学而言,"理"的主要意义是规范性的。它最好被解释为决定事物所应是的标准。一个人能够根据自己对"当然之故"的理解努力符合这些标准(而非规则)。[60]当然,柯雄文认为,在理学中,"理"的规范性意义与它的描述性、解释性意义之间并非截然两分。因此,柯雄文认为有时候"理"的作用相当于"理由",某物之理或者属于"信念的理由",或者属于"行动的理由"。[61]前者解释"所以然之故"(即"相信某物存在的理由");而后者解释"当然之故"(即按照行为规范或标准去行动的理由)。[62]柯雄文对理的解释不仅是独特的,而且非常具有创造性和启发性。可能的问题是,宋明理学固然主要关注道德行为,但理学对道德探索所做的贡献却在于奠定了人的道德行为以及万物运行的形而上学基础。理就是这个被设定的基础。基于此,一方面,"当然之故"在存在次序上以"所以然之故"为基础,尽管在认知次序上前者可能先于后者。另一方面,"当然之故"只对能够决定所作所为的道德主体有意义,而"理"则适用于一切存在。

最近,笔者一直试图对宋明理学的"理"提出一种非物化(de-reify)的解释,从而避免上面所提到的问题。[63]笔者认为,在宋明理学特别是在二程的思想中,理主要不是某"物",而是物之"动"。换言之,"理"是一个动词而不是一个名词。正是在这个意义上,程颐在注释《易经》时指出"先儒皆以静为天地之心",[64]"唯某言动而见天地之心"。[65]以程氏所见,动即理,动即生。因此,在程颢那里,"所以谓万物一体者,皆有此理,只为从那里来"。[66]同时,程颐也主张,"生生之理,自然不息"。[67]二程之所以认为万物因理而存在,并不是因为理独立于万物且产生万物,而是因为"万物之生生"在本体论上优先于"生生之万物"。如果没有生,万物将因失去"存在"(to be)的态势而不复存在。当然,以二程之见,生总是万物之生,万物也总是生生之万物。

如果把"理"理解为"生"而不是产生万物的某物,那么我们也就很容易明白"理"在宋明理学的道德形而上学体系中的意义。我们知道,"仁"是最重要的儒家美德。但是,宋明理学中的"仁"与作为最高实体的"理"即生并无二致。这样一来,二程就赋予"仁"以双关意义。程颐从种子有成长为大树的力量来理解仁;[68]程颢则把仁理解为感觉生命的能力:"不仁"意味着"手足痿痹麻木"。[69]换言之,最高实体本身就是道德的。因此,"'生生之谓易',是天之所以为道也。天只是以生为道";程颢又说:"继此生理者,即是善也。善便有一个元底意思。'元'者善之长。万物皆有春意,便是'继之者善也'"。[70]

第四节　金　律

倪德卫在《忠恕》(*Zhong and Shu*: *Loyalty and Reciprocity*)一文中详细讨论了儒家的金律。该文从考察《论语·里仁》中所提到的"一以贯之"之道即"忠恕"入手。何谓"恕"?《论语·卫灵公》已经说得很清楚,"恕"就是"己所不欲,勿施于人"(在倪德卫看来,这是金律的否定式表述)。因此,倪德卫的论文把确定"忠"的含义作为主要任务。倪德卫认为:"忠"所表达的观念在某种意义上可以和金律的一种形式很好地匹配。[21]在批判性地考察了朱熹、冯友兰、芬格莱特以及刘殿爵(D. C. Lau,1921-2010)等人对"忠"及"忠恕"关系的解释之后,倪德卫论述了自己先前提出的一种理解。根据这种理解,"忠"与"恕"都可以反映金律的基本思想,它们的不同仅仅在于:[22]

> 恕要求我善待与我地位相当或地位不如我的他者,考虑自己的情感,在可以避免的情况下不要伤害别人,正如当我处于对方的位置时,也不想受到伤害。但是,忠要求我在对待与我地位相当或地位高于我的他者时要严于律己。若有必要,我得无视自己的情感。而且,我至少要以自己希望他人在我的位置时所要遵守的行为标准来对待他人。

倪德卫为《全书》撰文时不再对自己的这一理解完全满意,[23]但这一点对于现在的讨论并不重要。我们看到,倪德卫所提出的是金律的否定式表述:忠是对上的关系,而恕是对下的关系。另外有些学者比如艾林森认为这是金律的禁止式(proscriptive)表述而非否定式表述。[24]在《全书》的一篇论文中,艾林森继续为金律的这种形式所遭受的批评进行辩护。批评认为,金律的这种形式在本质上比"基督教的肯定表述(这里的"肯定"是指句子结构,而非评价内容)"低级。[25]艾林森认为:金律如果用否定判断的形式加以理解和表述的话,人们可以更好、更恰当地理解它。这种否定表述很可能更适合孔子道德哲学的其他部分。最重要的是,原文的表达方式就是一种否定表述。我们不应该把这种表述限制在从属于或者等同于西方对于金律的肯定表述。只有这样,我们才不会认为这种表述比西方的表述低级。[26]

不管艾林森关于金律的否定表述高于肯定表述的观点是否正确，儒家文献确实有几处对金律的肯定表述。《全书》中另几位作者已经注意到并强调过这一点。比如，杜维明的论文《儒学：人本主义和启蒙运动》(*Confucianism: Humanism and the Enlightenment*)在讨论了否定表述的金律之后说道：⑦

> 这一否定的金律必须补充以肯定的原则，即"己欲立而立人，己欲达而达人。"有必要培育一种包容的共同感，这种共同感的基础是相互利益和富有成果的相互交换，而不是总和为零的经济游戏。

尽管存在这样的分歧，但所有的作者似乎都认为金律，不管是否定表述还是肯定表述，是重要的道德准则。它不仅在人类历史上发挥了重要的作用，而且将在这个正在出现的全球化时代发挥更加重要的作用。刘述先大力提倡把金律作为全球伦理的基础。在1993年召开的世界宗教大会上，不同宗教的代表曾共同签署了一份《全球伦理宣言》(Declaration toward a Global Ethic)。刘述先在他为《全书》所写的一篇文章中引用了这份宣言所提及的两种金律形式，并进而指出：⑧

> 的确，我们可以在《论语·颜渊篇》和《论语·里仁篇》里找到这一金律的否定表述和肯定表述。尽管各种宗教在人的行为、道德价值以及基本的道德信仰等方面存在着很大差异，但是全球伦理试图寻求世界宗教所共有的东西。

必须承认，不管是肯定陈述还是否定陈述，也不管是在儒家、基督教还是任何其他传统中,金律的确已经在人类历史的道德生活中发挥了重要的作用。不过,与此同时笔者还要强调一点,金律作为一种道德原则,如果不把它放入一个更为宽泛的道德原则,那么它的应用范围是有限的,而且这种局限性在全球化时代将会变得更为明显。许多严肃的哲学家(包括康德)已经看出与金律相关联的一些问题。笔者认为,当代道德哲学家格维斯已经对金律所遭受的批评进行了最好的分类。而且,他选择了有说服力的例子。按照格维斯的看法,这种批评有两类:第一类,道德主体将自己作为道德客体时对自己的愿望,可能与道德客体本人对于自己如何被对待的愿望不一致。这就可能(给道德客体)带来无妄之苦;比如,"某人喜欢别人跟他吵架或耍阴谋,那么,按照金律,他有正当的理由和别人吵架或耍阴谋,而不管对方本身是否喜欢吵架或耍阴谋";[79]第二类,道德主体将自己作为道德客体时对自己的愿望可能跟许多正当的社会、法律、经济以及其他的规则相反。即使道德主体对自己的愿望并不与道德客体对自己的愿望相左,他们的愿望可能都是不道德的;比如,向腐败的员警乙行贿的违法者甲,就可能是以自己希望别人如此对他的方式来对待乙。[80]金律有一个重要的假设:道德主体和道德客体有相同的或者至少类似的欲望、想法、观念、习惯等。这样一来,当这些相似之处确实存在于道德主体和道德客体之间的时候(我们常常会碰到这样的情形),金律可以很好地发挥作用。然而,当这些相关的相似之处不存在时,金律就不能很好地起作用了。全球化社会的一个重要特点恰恰在于,道德主体必须与之打交道的社会成员在欲望、想法、观念、习惯等方面的差异性越来越大。正因为这样,笔者认为我们需要把金律更加谨慎地运用于我们的道德生活。

《全书》中有些作者确实意识到了金律所面临的这一问题。倪德卫在上面提到的《德:美德或力量》一文中,论述了芬格莱特对"忠"的独

特理解,这一理解避免了"恕"所表达的金律所碰到的问题。芬格莱特认为"忠"可以补救所碰到的问题:③

> 曾子的意思是说,既要"恕",又要遵循实质性的道德规则,也就是"忠"。芬格莱特把"忠"理解为"忠信"(即对儒家看作是天命的正当原则的忠信)。

倪德卫说得没错,芬格莱特的理解存在如下问题:忠首先是忠于人,只在反思的层面上才是忠于原则(忠于原则可能和忠于人相冲突)。㉜然而,倪德卫本人仍然认为,为了消除金律潜在的问题,客观标准是必要的。在他看来,"忠"与"恕"都需要这样的客观标准:㉝

> 〔因为,〕如果我们看一下中国人对可逆性(reciprocity)理想的解释(《中庸》第十三章、《大学》第十章),就会发现这一理想并不抽象,恰恰相反,它倒是一种典型的、要求体现在特定社会关系中的思想。这正暗示了客观标准的必要性。

有些学者已经注意到这样一种特别增加的客观标准会带来以下问题:如果我们需要客观标准以避免金律所碰到的问题,那么,为什么我们一开始需要这一金律呢?㉞

笔者曾提及,金律的问题是不可避免的,除非把它放入一个更为宽泛的道德原则。无以名之,笔者随意地称它为"铜律"(the copper rule)。㉟我们在安延民论《大学》的文章中可以找到与"铜律"相近的表达,虽然他自己似乎没有意识到这一原则与金律之间的差别。安延民引用了金律在《大学》中的表述,这一表述可以和《论语·颜渊》中的"己所不欲,勿施于人"相印证。继而他宣称,"两者的关键字是'推',要求个人把他对自己欲求的考虑扩展到他人"。⑧这是对金律非常恰当的描述。不过,他马上接着说——仿佛他自以为还在谈论金律似的:"一个好的统治者能够把'好人之所好,恶人之所恶'的原则始终如一地用来规范自身的行为"。⑨实际上,安延民在这里所表达的是一条非常不同于金律的原则,也就是笔者所说的铜律:对别人做他们希望我们对他们做的事情,而不做他们不希望我们对他们做的事情。一个重要的差别在于,根据金律,道德主体假定道德客体的欲求和自己的相同;而根据铜律,道德主体要意识到道德客体的欲求可能和自己的不一样。因此,按照金律,道德主体只需要根据道德想象以决定做什么:如果站在行为客体的立场上,我会喜欢什么,又会不喜欢什么? 但是,按照铜律,道德主体则需要走出自己,去了解实际的行为客体到底有哪些真正的欲求。笔者说过,铜律是一种更为宽泛的道德原则,金律只是在铜律之下才在我们的道德生活中发挥恰当的作用。这一点可以从两个方面来看。其一,如果道德主体和道德客体在相关方面具有相同的或类似的欲求,运用金律和运用铜律会产生相同的结果。不过,如果主客体的欲求不一致,道德主体就只能运用铜律了;其二,道德主体只有首先运用铜律以认识道德客体是否有相同的欲求,然后才能决定是否可以运用金律。

因此,笔者之所以在这里为儒家的金律作辩护,并非因为金律本身值得辩护,而是因为儒家的金律是铜律的一部分。儒家的文献中固然没有铜律的直接表述。我们所能找到的最为接近的表述在《孟子》一书中,关于一个统治者如何赢得民心:"所欲与之聚之,所恶勿施"。⑩但关心人之多样性的铜律的确是儒家伦理中最为突出的思想。笔者首先想到了儒家的"爱有差等"。与通常的理解不同,笔者认为爱有差等的真正含义并不是说对于不同的人应该付出不同程度的爱,而是指对于不同种类的人应该待之以不同种类的爱。我们发现《孟子》一书清晰地区分了三种不同的爱:"君子之于物也,爱之而弗仁;于民也,仁之而弗亲。亲亲而仁民,仁民而爱物"。[⑤]这里,"爱"、"仁"、"亲"并不是被理解为三种不同程度的爱,而是三种不同种类的爱,分别对应于三种不同的道德客体:物、民、亲。与此相应,孔子主张以两种不同的态度来对待两类不同的人:"以'德'报德"与"以'直'报怨"。[⑥]这两种态度也就是对待这两类不同的人的不同种类的爱。正是在这一意义上,我们才能够理解为什么儒家主张"唯仁者能好人,能恶人"。[⑩]这里的"恶"和"好"一样,是一种道德意义上的爱。因此,儒家的爱,至少部分依赖于所爱的特定道德客体或对象的独特性。关于这一点,笔者认为二程的论述更加清楚。孔子所说"克己复礼"何所谓?程颐说,这是指"以物待物,不以己待物"。[⑫]程颢补充道:"圣人之喜,以物之当喜;圣人之怒,以物之当怒。是圣人之喜怒不系于心而系于物也"。[⑬]

因此,笔者认为道德铜律比金律更能够刻画儒家伦理。但在这里,有必要回答两个可能的问题。第一,在本章第一节,笔者同意《全书》里几位作者的观点,认为儒家伦理是美德伦理。现在,铜律就像金律一样,属于规则伦理的范畴。我们怎么可以把儒家伦理既理解为美德伦理又理解为规则伦理?笔者的回答是,虽然"铜律"被称作"律",但实际上指称的是儒家美德:关心我们行为客体的好恶。当然,对于那些还没有养成这种美德的人来说,"铜律"听起来像是外在的道德律令。然而,儒家对于这些人的态度不是康德式的态度:遵守规则,不管规则是什么,而是美德伦理所特有的态度,即帮助他们培养这种美德。第二,同样是在本章第一节,笔者认为,儒家伦理作为一种美德伦理,本质上是一种为己之学。但是,当笔者把铜律(而非金律)看作是儒家伦理的特征时,似乎在倡导一种为人之学,⑭因为铜律强调说,一个人应该关心他人。不过,这并不矛盾。如前所述,儒家的为己之学就像亚里士多德所主张的自爱一样,与利他观念并不冲突。有德之人乐意考虑他人的利益。⑮

注释

① 例如,《全书》中有两篇论文讨论宋明儒学的"理",一篇是刘述先的"*Li: Principle*,*Pattern*,*Reason*,"另一篇则是编者柯雄文本人的"*Reason and Principle*;"讨论认识论问题的论文有两篇:成中英的"*Philosophy of Knowledge*"和安乐哲(Roger T. Ames)的"*Zhi(chih): To Know*,*To Realize*;"讨论体用问题的也有两篇:成中英的"*Ti and Yong(T'i and Yung): Substance and Function*"和柯雄文的"*Ti-Yong(Tiyong*,*T'iyung)Metaphysics*".

② Antonio S. Cua, *Encyclopedia of Chinese Philosophy*(New York: Routledge, 2003), p.31.

③ 同上书,第 644 页。

④ 同上书,第 31 页。

⑤ John Stuart Mill, *Utilitarianism*,*with Critical Essays*(Indianapolis: Bobbs-Merrill, 1971), pp.22 – 23.

⑥ Immanuel Kant, *The Doctrine of Virtue*(Philadelphia: University of Pennsylvania Press, 1964).

⑦ Robert B. Louden, "Kant's Virtue Ethics," in Daniel Statman(ed.), *Virtue Ethics*(Washington, D.C.: Georgetown University Press, 1997), p.289.

⑧ Antonio S. Cua, *Encyclopedia of Chinese Philosophy*, p.52;着重号为笔者所加。

⑨ 同上书,第 65 页。

⑩ 同上书,第 31 页。

⑪ 同上书,第 52 页。

⑫ 同上书,第 73 页。

⑬ 同上书,第 76 页。

⑭ 同上书,第 74 页。

⑮ 同上书,第 236 页。

⑯ Yong Huang,"Cheng Brothers' Neo-Confucian Virtue Ethics: The Identity of Virtue and Nature,"*Journal of Chinese Philosophy* 30,3 (2003),pp.451 – 467.

⑰ Antonio S. Cua, *Encyclopedia of Chinese Philosophy*,p.198.

⑱ 同上书,第 236 页。

⑲ David Solomon,"Internal Objections to Virtue Ethics,"in Daniel Statman (ed.),*Virtue Ethics: A Critical Reader* (Washington,D.C.: Georgetown University Press,1997),p.169.

⑳ Aristotle, *Ethica Nicomachea*, in W. D. Ross (trans.), *The Works of Aristotle*, vol.9 (Oxford: Oxford University Press,1963),1168b15 – 1168b17.

㉑ 同上书,1168b25 – 1168b31。

㉒ 同上书,1069a12 – 1169a15。

㉓ 杨伯峻(译注):《论语·宪问》。

㉔ Weiming Tu, *Centrality and Commonality: An Essay on Confucian Religiousness* (Albany: State University of New York Press,1989),p.89.

㉕ 狄培理(W. M. Theodore De Bary,1919 – 2017)也非常注重孔子的"为己之学"。他说:"孔子把自己一生的为学之路刻画为在顺天命的过程中求得自我发展和自我实现……天代表着宇宙中更高的道德权威"。参见 De Bary, *Asian Values and Human Rights: A Confucian Communitarian Perspective* (Cambridge: Harvard University Press,1998),p.24.

㉖ Antonio S. Cua, *Encyclopedia of Chinese Philosophy*,p.242.

㉗ 笔者在别的地方专门讨论了儒家美德伦理的自我中心问题。参见 Yong Huang,"Why be Moral?: The Cheng Brothers' Neo-Confucian Answer,"*Journal of Religious Ethics* 36 (2008),pp.169 – 201;〈美德伦理之自我中心问题:朱熹的回答〉,收于吴震(编)《宋代新儒学的精神世界:以朱子学为中心》(上海: 华东师范大学出版社,2009 年)。

㉘ 对于这一关系,柯雄文用了"前瞻性"知识与"反省性"知识这对相当复杂的概念来解释。参见 Antonio S. Cua, *Encyclopedia of Chinese Philosophy*,pp.876 – 878.

㉙ 杜维明也对这种知识很感兴趣,并把它叫做"体知"。除了强调这种知识暗含行动之外,杜维明还强调了获得这种知识的途径:通过生活体验。参见杜维明:《十年机缘谈儒学》(香港: 牛津大学出版社,1999 年),第 63 – 78 页。

㉚ Antonio S. Cua, *Encyclopedia of Chinese Philosophy*,p.867.

㉛ 同上书,第 45 页。

㉜ 〔宋〕程颢、程颐:《二程集》(北京: 中华书局,1989 年),第 164 页。

㉝ 同上书,第 16 页。

㉞ 同上书,第 110 页。一种公认的观点是,二程之间存在着重大差异,程颢和王阳明是一路,而程颐则同朱熹是一路。笔者曾经在其他场合反驳了这一过于简单化的观点。从我们现在的讨论来看,王阳明至少有一个重要观念确实来自程颐。

㉟ 同上书,第 118－119 页。
㊱ 同上书,第 119 页。
㊲〔清〕戴震:《孟子字义疏证》,收于胡适《戴东原的哲学》(台北: 源流出版社,1986 年),第 181 页。
㊳〔清〕戴震《原善》,收于胡适《戴东原的哲学》(台北: 源流出版社,1986 年),第 157 页。
㊴ Warren Frisina, *The Unity of Knowledge and Action: Toward a Non-representational Theory of Knowledge* (Albany: State University of New York Press, 2002), p.75. 这里,笔者同意唐君毅的主张,戴震所言之"知"即儒家"仁、义、礼、智"四种基本美德中的"智"。在这个意义上,知还是德性之知。唯一不同之处在于,戴震强调可以通过格物获得德性之知,而格物依赖于"闻见"。正是在这个意义上,唐君毅认为戴震所做的不是抛弃德性之知,而是"利用见闻之知获得德性之知"。参见唐君毅:《中国哲学原论: 导论篇》(台北: 台湾学生书局,1986 年),第 354 页。
㊵ 参见冯友兰:《中国哲学史新编》(北京: 人民出版社,1989 年),卷 5,第 177－178 页。
㊶ Antonio S. Cua, *Encyclopedia of Chinese Philosophy*, p.874.
㊷ 同上书,第 875 页。
㊸ 同上书,第 875 页。
㊹ 同上书,第 563 页。
㊺ 同上书,第 65 页。
㊻ 同上书,第 65 页。
㊼ 参见 Yong Huang, "How Is Weakness of the Will Not Possible? Cheng Yi on Moral Knowledge," in Roger T. Ames and Peter Hershock (eds.), *Educations and Their Purposes: A Philosophical Dialogue Among Cultures* (Honolulu: University of Hawaii Press, 2007).
㊽ 牟宗三:《心体与性体》(台北: 正中书局,1990 年),卷 1,第 140 页。
㊾ 参见 Yong Huang, "Cheng Brothers' Neo-Confucian Virtue Ethics."
㊿ Antonio S. Cua (ed.), *Encyclopedia of Chinese Philosophy* (New York: Routledge, 2002), p.366.
(51) 同上书,第 368 页。
(52) 同上书,第 899 页。
(53) 同上书,第 899 页。
(54) 同上书,第 899 页。
(55) 同上书,第 39 页。
(56) 同上书,第 40 页。
(57) 同上书,第 44 页。

58 同上书,第 631 页。
59 同上书,第 632 页。
60 同上书,第 632 页。
61 同上书,第 633 页。
62 同上书,第 633 页。
63 参见 Yong Huang,"The Cheng Brothers' Onto-theological Articulation of Confucian Values," in On-Cho Ng (ed.), *Rethinking Chinese Thought: Hermeneutics, Onto-Hermeneutics and Comparative Philosophy* (New York: Global Scholarly Publications, 2008).
64 〔宋〕程颢、程颐:《二程集》,第 819 页。
65 同上书,第 201 页。
66 同上书,第 33 页。
67 同上书,第 167 页。
68 同上书,第 183 页。
69 同上书,第 15 页。
70 同上书,第 29 页。
71 Antonio S. Cua, *Encyclopedia of Chinese Philosophy*, p.882.
72 同上书,第 884 页。
73 参见同上书,第 885 页。
74 参见 Robert E. Allinson,"Hillel and Confucius: The Proscriptive Formulation of the Golden Rule in the Jewish and Chinese Ethical Traditions," *Dao: A Journal of Comparative Philosophy* 3, 1 (2003), pp.29 - 42.
75 Antonio S. Cua, *Encyclopedia of Chinese Philosophy*, p.317.
76 同上书,第 318 页。
77 同上书,第 92 页。
78 同上书,第 410 页。
79 Alan Gewirth,"The Golden Rule Rationalized," *Midwest Studies in Philosophy* 3 (1980), p.133.
80 同上书,第 133 - 134 页。
81 〔宋〕程颢、程颐:《二程集》,第 883 页。
82 同上书,第 883 页。
83 同上书,第 884 页。
84 参见 James Qingjie Wang,"The Golden Rule and Interpersonal Care: From a Confucian Perspective," *Philosophy East and West* 49, 4 (1999), p.417.
85 参见 Yong Huang,"Moral Copper Rule: A Daoist-Confucian Alternative to the Golden Rule," *Philosophy East and West* 55 (2005), pp.394 - 425.
86 〔宋〕程颢、程颐:《二程集》,第 233 页。

(87) 同上书，第 233 页。
(88) 杨伯峻（译注）：《孟子・离娄上》。
(89) 同上书，〈尽心上〉。
(90) 杨伯峻（译注）：《论语・宪问》。
(91) 同上书，〈里仁〉。
(92) 〔宋〕程颢、程颐：《二程集》，第 125 页。
(93) 同上书，第 461 页。
(94) 笔者确曾使用了"为己之学"来刻画铜律，虽然本人赋予了这个短语全新的含义，完全不同于它在《论语》中的本意。参见黄勇：〈解释学的两种类型：为己之学与为人之学〉，《东亚文明研究》，第 5 期（2004 年），第 29－28 页。
(95) 程颐做了一个对比：一方面，"古之学者为己，今之学者为人"；而另一方面，"古之仕者为人，今之仕者为己"。参见〔宋〕程颢、程颐：《二程集》，第 90 页。这里，程氏把古之学者和古之仕者视为成人的理想，在这种理想中为己之学与为人显然是一致的。

第五章

罗蒂的进步与儒家的真理

罗蒂常被视为相对主义者。这不仅仅是由于他拒斥表象主义,一种认为信念表象外部实在、真理即其正确表象的哲学观。许多其他的当代哲学家,著名的有普特南以及哈贝马斯,也拒斥表象主义。然而,不仅他们未被视为相对主义者,而且他们自己还加入其他人的阵营,批评罗蒂是一个相对主义者。[①]原因在于,在放弃罗蒂所拒斥的表象主义后,他们能够找到一些替换的阿基米德点,诸如普特南的"作为理想化的、合理的可接受性的真理"[②]以及哈贝马斯的"从世界内部超越了社会空间和历史时间界限的解释和交往程序"。[③]

当然,罗蒂自己否认他是一个相对主义者。在其于阿姆斯特丹大学所做的"斯宾诺莎讲座"中,罗蒂说,没有任何人,甚至最极端的后现代主义者,会相信在我们称之为真与那些我们称之为假的陈述之间不存在差别。与其他所有人一样,后现代主义者承认某些信念较之于其他信念更可靠,在关于应该使用什么工具问题上达成共识,对于社会合作必不可少。[④]在反表象主义、反普遍主义时,罗蒂认为他并未说"真的不存在真理"。相反,他只是说,某些我们曾经用来表达真理概念的隐

喻——那些只围绕像符合和恰当表象这些概念打转转的隐喻——需要摒弃。⑤然而，罗蒂坚称：⑥

> 摒弃这样的隐喻，并不意味每一观点就与每一其他的观点一样好。也并不意味一切事物都是任意的，或者是权力意志的问题，或者诸如此类。这一点，我认为必须反反复复地加以强调。

然而，问题是，罗蒂在他拒斥传统哲学中的表象主义以及如普特南与哈贝马斯这样的当代哲学家的非表象的普遍主义后，如何能避免相对主义？自出版其《哲学与自然之镜》(*Philosophy and the Mirror of Nature*，*1979*)起，罗蒂便采用各种各样的策略回应称其为相对主义者的指控。例如，他曾称其反表象主义、反普遍主义、反实在论等是完全消极的，因此并非积极的理论。因为这个原因，我们就不能把其反表象主义、反普遍主义、反实在论等视为相对主义(或者任何其他主义)；罗蒂也试图区分相对主义的不同意义，并承认仅在其否认有事物存在的客观方式时，他才是一个相对主义者，但紧接着他又认为这根本不是一个相对主义的观点，罗蒂曾认为，也许可以更恰当地将其观点描述为种族中心主义或者反反种族中心主义，而这样的种族中心主义或者反反种族中心主义，很明显，一点都不是相对的。然而，在其最近十年左右的著作中，罗蒂对其相对主义指控的回应，主要并不是说他不是一个相对主义者，而是发展了其进步与希望的观念，它们出现在其两本的论文集《真理与进步》(*Truth and Progress: Philosophical Papers Ⅲ*)⑦和《哲学与社会希望》(*Philosophy and Social Hope*)⑧的书名中，并成为这两本书的主题。其意思十分清楚：认为一切事物与其他一切事物一样好或一样不好的相对主义者不可能抱有"进步"与"希望"的观念。相反,一个相信"进步",对更美好的未来抱有"希望"的哲学家,几乎不可能是一个相对主义者。

接下来的问题是罗蒂在其拒斥表象主义与普遍主义后,在何种意义上能够解释进步与希望。回答这个问题至少是本章的部分任务。为更好处理问题起见,笔者将集中在有关道德问题的相对主义的意义上,因为我同意罗蒂的看法:⑨

> 基础主义者与反基础主义者之间就认识论展开的争执看来是某种纯经院的争论,这些争论可以安全地留给哲学教授们。但是有关道德选择的争论看起来更为重要。

在以下两节中,笔者将表明,罗蒂最近的进步观念与对进步的希望进一步发展、并且更好地表达了两个儒家的真理:① 道德进步就是扩展那些能被视作"我们"的人的范围;② 要取得这样的进步,我们不必采用道德普遍主义的立场,无论其是康德的模式还是墨家的模式。在接下来的另外两节,笔者将讨论孔子与罗蒂或许会有的两种可能的争论:①对差异的认知和②形而上学在道德进步中的作用。笔者的结论是,罗蒂式的儒家会是更好的儒家,儒家式的罗蒂会是更好的罗蒂。

第一节 罗蒂的儒家真理之一: 扩展自我的范围

杜威(John Dewey,1859 - 1952)和海德格尔(Martin Heidegger,1889 - 1976)是罗蒂《哲学与自然之镜》中的两个中心人物。对于这两者,海德格尔逐渐被降为背景,而杜威则继续成为罗蒂更多近著中耀眼的旗帜。这或许部分地解释了为何罗蒂放弃有关海德格尔的写作计划。与此同时,两位新的中心人物出现在罗蒂的更多近著中,他们分别是达尔文(Charles Darwin,1809‐1882)和穆勒。笔者将在这一节讨论罗蒂是如何使用达尔文的,而在第三节讨论其是如何使用穆勒的。

达尔文的进化概念对罗蒂很有用。通过进化,物种越来越复杂、越来越能适应环境。据笔者所知,还没有人把达尔文看作是相对主义者,原因在于他并不认为每一物种与其他物种一样好(或一样不好)。那些更加复杂的物种,更能及时适应环境变化的物种,显然优于那些不太复杂和不能适应环境变化的物种。前者得以幸存,后者则归于灭绝。对罗蒂而言最重要的是,达尔文的进化并无一个目标或目的。我们用来确定物种的复杂性的标准并不是一种完全的、绝对的、完美的复杂性。进化概念在这里不是"朝哪儿进化",而是"从哪儿进化"。物种的复杂并不是因为其与某种绝对复杂的存在物比较接近,而只是与某些不太复杂的物种相比较而言。

正是在这一意义上罗蒂发展了其进步的观念:进步不是向事先可以确定的某个目标的接近,而是可以解决更多的问题。我们用来衡量进步的,是我们使自身成为比过去更好的人,而不是我们对某个目标的日益接近。[10]这里,所谓"使我们自己成为更好的人",罗蒂主要是指两个方面。其一是更少的残忍与更多的自由:当增加了自由并减少了残忍的制度为更大限度地扩展自由、更进一步消除残忍的制度所取代时,我们便取得了政治的进步。[11]对罗蒂来说,我们只要知道我们现在具有的诚实、爱心、耐心、包容或者残忍、不平等、不公正和不宽容的程度,我们就知道如何实现更好的诚实、更多的爱心、更大的耐心、更多的包容或者更少的残忍、更少的不平等、更少的不公正、更少的不宽容等。然而,我们并不知道如何实现真理、无条件性、普遍性或者超越性。[12]这里关键的是，我们能从我们自己的过去以及我们的祖辈所犯的错误中吸取教训，我们比我们的祖辈（还有我们自己的过去）知道得更多，因为他们是我们所知道的对象；关于他们，我们最想知道的东西就是如何避免他们的错误。罗蒂对社会进步的希望也就在于此。我们能比我们的前辈们做得更好，不是因为我们天生就有更好的自我，也不是因为我们更聪明，而是因为我们有机会从前辈们所犯的错误中吸取教训，恰如我们的孩子有机会从我们的错误中吸取教训一样。

以罗蒂之见，这个意义上的道德进步（即自由的增强与残忍的减弱），与第二种意义上的道德进步（即"我"或"我们"的范围的拓展）相辅相成。从一开始，我们很自然地爱我们的家庭成员而不一定爱其他人，爱我们的朋友而不一定爱陌生人，爱人类而不一定爱其他有生命物。这是因为，我们主要是根据前者而不是后者来规定我们的自我的。因此使我们取得道德进步的，是我们根据日益拓展的群体来重新界定（或重新描述）自身的能力和努力，以及这种重新界定（或重新描述）之努力的成功。因此，道德进步也是我们对其他社团予以认同的进步，而要实现这种认同，不是通过超越我们特殊的身份、我们特殊的"我们意向"，而是尽我们所能地努力扩展我们感到的"我们"之范围。我们需要一直做的事情就是朝着由过去的若干事情所确定的方向前进——把隔壁洞穴中的家庭，河流彼岸的部落、崇山峻岭之外的部落联盟，直至四海之外的异教徒（甚至所有一直为我们做脏活的奴仆），看作是"我们"的一部分。[13]

这里，我们容易察觉到，罗蒂的道德进步观清楚地表达了儒家的一个真理。不用说，儒家之爱的典型特征就是家庭之爱。在《论语》中，就有"孝弟也者，其为仁之本与！"的说法。[14]在《中庸》里，也有类似的主张，即"仁者，人也，亲亲为大"。[15]孟子在这个问题上持同样的看法："事孰为大？事亲为大"。⑯儒家关于孝弟为仁之本的看法有这样几个方面。其一,家庭中的自然之爱是道德生活的起点,因此应该珍爱而不能摒弃。其二,它仅仅是道德生活的开始而非道德生活的终点。⑰因此,一个有道德的人就不能满足于这样的家庭内的自然之爱。相反,他需要拓展这样的爱,超出家庭至其他的人,甚至其他的有生命物。孔子自己说:"弟子入则孝,出则弟,谨而信,泛爱众,而亲仁"。⑱孟子持同样的看法:"老吾老,以及人之老;幼吾幼,以及人之幼"。⑲因此,很明显,儒家并非仅仅倡导家庭之爱。相反,他们叫我们从家庭开始,然后逐渐把这种家庭之爱扩展至其他人。在这个意义上,儒家的爱也是普遍的爱,虽然它以家庭之爱为出发点。其三,一个人爱其家庭成员及近邻胜于其他人或者其他有生命物。这也与著名的儒墨之辩(即是否爱有差等)有关。有关这个问题已有一些深入的讨论。然而,在笔者看来,儒家爱有差等的观念的两个最重要的方面还未受到适当的关注。笔者将在这里讨论其中的一个方面,并将在第三节谈及另一方面。墨家倡导对所有人都普遍的、公正无私的、一视同仁的爱。孟子认为,这样的观点"是无父也"。孟子的意思是如果一个人坚持普遍的爱,那么他就不能爱其父亲(或者爱其他任何人)。原因在于,一旦你爱你的父亲,你就在你的父亲与所有其他人之间有所分别,除非你或者同时或者在未来的某个时候能爱一切其他的人,具有一种普遍的、一视同仁的爱,而这即使对圣人而言,实际上也是不可能的。然而在儒家看来,爱你的家人、近邻及朋友胜于其他人不仅实践上必然,道德上也没问题。倘若每一个人依此而行,均能从他人那里获得所需的爱。

自我的观念对于这一儒家真理极为重要。作为一个反本质主义者,罗蒂接受了完全关系化的自我概念。他反对把自我看作是非关系化的、对他人漠不关心的、能够独立于他人的任何关心的、需要经过强制才能考虑他人需要之冷冰冰的精神病患者的神话。㉑正是在这个意义上,罗蒂把自己视为泛关系主义者,他相信：关于桌子、群星、电子、人类、学科、社会制度或一切其他的东西,除了根据其所处的一开始就很大的、并永远扩展的、与其他对象所处的关系网络,我们就不可能有任何认识。㉑我们对家庭成员有一种自然之爱,其原因是我们的家人是我的自我的一部分,或者用罗蒂的话说,他们与"我关于我是谁的意识密切关联"。㉒由于这个原因,我们大多数,至少部分人,是通过我们与家庭成员的关系来界定自身的,我们的需要与他们的需要广泛重叠；如果他们不快乐,我们也就不快乐。我们不希望在孩子们饥饿时自己吃得很好。那将是不自然的。㉓

　　这样一个关系论的自我观,同自然论的家庭之爱观一样,也是儒家的特征。以罗蒂之见,尽管自我由关系构成,但这样的诸多关系并不是固定的,而是可扩展的。因此,道德进步并不是通过孔子所谓的"克己"或者孟子的大体控制小体的方式取得的,㉔而是通过扩展自我来获得。比如,因为户外有正在挨饿的人而剥夺孩子和我们自己的一部分食物,我们会觉得不自然。㉕原因在于这些正在挨饿的人没有成为我们自身的一部分,或者至少未成为我们自身密切的一部分。在界定自身时,我们很少(甚至根本不会)提及这些饥饿的人。如果我们能够通过囊括这些饥饿的人,把他们看作是构成我们的关系的一部分,来扩展我们自身,从而实现某种道德进步,那么,当我们剥夺我们的孩子与我们自己的一部分食物并送给这些受饥饿的人时,我们也就会觉得很自然。因此道德进步是自我范围扩大的持续过程,其目的是在"我们"这个范围中囊括越来越多的人。因此,罗蒂认为：㉖

　　　　给饥饿的陌生人提供食物的愿望,当然可能与给我的家庭提供食物的愿望一样,成为我的自我概念的一个核心。个体道德的发展以及作为整体的人类的道德进步,就是重塑人类自我,以扩大构成那些自我的各种各样的关系。该扩展过程的理想限制是……对任何人(甚至可能是任何其他动物)的饥饿和苦难都具有切身体会的自我。

这样一个理想的自我当然与儒家的圣人观念毫无二致。圣人不是完全克服自我的人,而是把自我之我推向极致的人,用宋儒张载的话说,就是视天为父、视地为母、视万物为兄弟的人,用另一宋儒程颢的话来说,就是"与万物为一体"的人。

然而,罗蒂从上面的讨论中得出了两个儒家并未清晰表达的结论,虽然依笔者之见,这些结论当然也并不与儒家相对立。首先,罗蒂认为,道德与自我利益之间的习惯二分是错误的。依此二分,自我利益中止的地方就是道德与义务开始的地方。然而罗蒂指出,这种说法的问题是,自我界限是模糊的、灵活的。㉗既然自我并不存在本质,自我仅仅是一些关系,因而也就不存在自我清晰的界限。因此问题不是自我的利益,而是以一些狭窄的关系来确定自我。罗蒂那里的理想自我或者孔子眼中的圣人也有自我利益。但是圣人感兴趣的自我,只有根据所有人甚至所有生命物才能加以规定。换言之,圣人的自我利益就是要关心所有人的利益。其次,以罗蒂之见,我们不能(或者至少只能在一种很奇怪的意义上)视理想自我(圣人)为一个道德的人,至少不是在"道德的"的传统意义上。因为,在这个传统的意义上,"道德的"是相对于"自然的"而言。当一个母亲照顾她生病的孩子,我们很少会说这位母亲很有道德,因为她这样做是自然的。只有当她剥夺其儿子及自己的一部分食物并给予饥饿的陌生人时,我们才视其为道德的,因为她这样做(就事论事而言)就不是自然的。因此,由于我们持续扩展我们的自我,我们越是能够认同我们所帮助的人(即我们在讲关于我们自己的故事时越是愿意提到他们),他们的故事越是成为我们的故事,"道德义务"这一词就越不适合了。[28]既然圣人视其自身与世界万物为一体,总是能够自然地爱万物,那么"道德的"一词也就不适合于描述"圣人"。[29]

第二节　罗蒂的儒家真理之二: 情感的进步

从上我们已经看到,罗蒂与孔子都坚持认为道德生活应从家庭之爱、信任以及忠诚这些身边的对象开始,然后逐渐推广它们,以便在自我的范围中囊括越来越多的"他者"。以罗蒂之见,这是由于你能告诉人们有关你自己作为较小团体的一员的详细与具体的故事,因为你对你家庭的了解胜于你对家乡的了解,你对家乡的了解胜于你对祖国的了解,对祖国的了解胜于你对全人类的了解,你对人的了解胜于你对其他生物的了解。[30]

然而,在源于柏拉图(Plato,428/427 - 348/347BC)与康德的传统看来,这样的以自然情感为基础的爱、信任及忠诚是偏颇的,与道德根本无关。他们在理性与情感之间做出区分。按照这一区分,只有理性能够施加普遍的、无条件的道德义务,而我们力求公正的义务就属这种类型。它与导致忠诚的情感完全是两码事。[31]依这种观点,要成为道德的人,我们首先需要运用理性决定我们的义务,遵循能够支配我们的自然倾向的普遍的道德律。罗蒂反对这种柏拉图、康德式的区分,在他看来,要解决不同忠诚之间的冲突,我们不能从这些忠诚转向绝对区别于忠诚的东西,即公正行动的普遍的道德义务。因此我们必须放弃康德式的观念。康德认为,虽然道德律一开始非常纯粹,却总是处在被非理性情感污染的危险中,这种非理性的情感在人与人之间做出了任意的区分。[22]

由于这个原因,拜尔成了罗蒂近来许多道德哲学著作中的女主角。罗蒂视蓓尔为当代哲学家中最好的道德教育顾问。拜尔因为休谟执意把情感、真正的情操当作道德意识的中心而称赞他是“女人的道德哲学家”。拜尔反对那种假定“每一道德直觉背后存在普遍法则”的传统。在这种传统看来,休谟关于道德进步是情感进步的看法没有阐明道德义务。[23]因此“情感的进步”已成为罗蒂的一个口头禅:道德进步、自我范围的扩展、将越来越多的“他们”看作是“我们”的一部分,在罗蒂看来,就不是用理性来超越我们的情感,而是增加我们的感受性。

倘若如此,我们如何能够克服由人的自然情感引起的种种可能的歧视(一个人爱其家人但不爱世界彼岸的饥饿的人)? 我们如何能有休谟所谓的“矫正了的同情”? 以罗蒂之见,这是道德教育的任务。然而,道德教育的目的不是克服人的自然情感,而是扩展它,以致能够对更多的人和其他生物之痛苦变得敏感起来。因此,罗蒂说道,最好把道德进步当作敏感性的增加、当作对越来越多元的人和事物之需要的回应能力的增加,即能够回应含有更多人的团体的需要、当作同情感的日益扩展。道德进步不是超越情感而达到理性。

为培养一个人对陌生人、与我没有血缘关系的人、其习惯令我厌恶的人之苦难的敏感性,罗蒂认为:[24]

我们需讲述那种冗长、悲伤并富有情感的故事。这样的故事往往以这样的方式开始："因为这就是处于她的处境时的情形：背井离乡、举目无亲"，或者"因为她可能成为你的儿媳"，或者"因为她的母亲将为她而悲伤"。

就是在这里，罗蒂认为，能够更好地从事道德教育的人，不是一心想对什么是道德的问题作抽象、普遍论证的哲学家，而是新闻工作者、小说家、记者以及善于给我们讲新鲜的、悲伤的、富于情感的故事的人。比如，罗蒂称：

> 波斯尼亚妇女的命运取决于电视记者是否能够设法给她们做哈里特·斯托（Harriet Beecher Stowe，1811–1896）曾给黑奴所做的那些事情；取决于这些记者是否能使我们（安全国家里的观众）觉得，这些妇女较之于我们以前的认识更像我们，更像真正的人。

它取决于她们能否使我们对她们具备爱的情感、同情、忠诚以及信任。

这里我们可以看出罗蒂在捍卫另一个儒家真理。儒家之爱的一个主要特征就是强调感情或情绪。换言之，儒家所强调的爱是爱之自然的情感或情绪。孔子在其对爱的讨论中经常使用的一词"直"，就表明这种爱是真正的爱的情感。同样，孟子心中的爱也是其称之为每个人与生俱来的恻隐之心的东西。这就是一个人对特殊对象独特的敏感。因此作为人的恻隐之心的爱就是对他人的苦难、痛苦以及不安全所产生的情感。类似地，在强调爱必须伴有真正的爱的情感或者情绪时，儒家并不认为我们不应该爱那些"无法令人爱者"，那些我们目前对之还没有自然的爱之情感的人。在命令我们去兼爱（墨子）与对那些我们对之还没有爱的情感的人加以歧视（杨子）之间，儒家采取了第三种立场，即让道德行为者,对那些"无法令人爱者",培养出一种真正的爱的情感或情绪,从而使他们能真心地爱那些"无法令人爱者"。因此儒家所提倡的道德教育,恰恰是要帮助我们在我们所爱者与我们所不爱者之间找到类比,从而使我们能把我们的真正的爱的情感扩展至那些"无法令人爱者"。孟子与齐宣王之间的故事就是这样的道德教育的范例。齐宣王爱牛而不爱羊,因为他对他所看到的牛有恻隐之心,对他所未看到的羊则没有。以孟子之见,在齐宣王身上萌生对羊的爱的情感之前,我们不能强迫他爱羊。同时我们不应该仅因为其对羊并无真正的爱的感情,而赞同他对待羊的态度。恰当的方式就是帮助他设想羊就在他的面前并即将被屠杀。这样,齐宣王就有可能将其恻隐之心扩展至羊及他所统治的臣民身上。当然后者是孟子此处讨论的真正目的。

后来,宋明儒学,比如二程,也强调人的情感与情绪在道德教育中的重要性。他们相信情感或情绪是人之善性的自然表达。因此,当被问及喜怒出于性否,程颐答道:"固是……有性便有情,无性安得情?"②由于这个原因,二程反对佛教的看法,即认为一个人通过消灭自己的情感就能完善自己的人性:"人之有喜怒哀乐者,亦其性之自然,今强曰必尽绝,为得天真,是所谓丧天真也"。③但问题是,既然人性本善,这是否就意味着所有人的情感都是善的? 在二程看来,既有道德的情感也有非道德的情感。为表达这一点,二程解释了儒家经典《中庸》首章中的著名句子:"喜怒哀乐之未发,谓之中;发而皆中节,谓之和"。我们通常视之为非道德的情感,不是别的,正是没有得到恰如其分的表达、因此也就未能达到"和"的情感。因此处理我们非道德情感的方式,就不是消除它们,而是重新引导它们,使之从过与不足走向中庸,从错误的地点与时间走向正确的地点与时间,从错误的对象走向正确的对象,从错误的方式走向正确的方式。

　　这里我们可以更好地理解为何孔子称"孝为仁之本"。家庭是一个人最先了解爱是什么以及如何去爱的地方。正如黄百锐所指出的那样，就是在家庭之中，个体通过思想、情感与行为最先学会辨别普遍的伦理原则，那就是为何家庭是儒家如此突出的一大主题的部分原因。㊳因此，在儒家的理想中，为了实现普遍的爱，我们并不先要努力获得理性的知识，即爱每一个人，然后把该普遍的知识不偏不倚地运用至家庭成员、宗族成员、同胞、其他人以及其他生物。相反，我们要把自己最先在家中体验到的爱的情感与情绪逐渐扩展至其他道德对象。这正是孟子所谓的"老吾老以及人之老，幼吾幼以及人之幼"。㊵

　　如我们所见，罗蒂反对柏拉图、康德传统的主张与儒家反对墨家、佛家的主张是一致的，因为柏拉图康德主义与墨家佛家在道德论争中都诉诸普遍的理性原则，而罗蒂与儒家均强调道德教育中情感的重要性。然而笔者认为，罗蒂至少在一种意义上比儒家自身更好地表达了这一儒家真理。尽管儒家也反对理性与情感的二分，但它们在某些方面可以受益于罗蒂。在罗蒂看来，理性与情感的二分，正如前一节已讨论的自我利益与道德的二分，是错误的。罗蒂反对这样一种看法："我们可以把心灵均匀地划分为理智与情感，并将我们的讨论均匀地划分为认知的与非认知的"。㊶我们看到，罗蒂视拜尔为其英雄，而拜尔视休谟为英雄。尽管如此，罗蒂认为，在反柏拉图主义时，休谟却错误地宣称"理性是、并且应该是情感的奴隶"，因为这样做，休谟就不幸地延续了理性与激情的二分。在罗蒂看来，我们此处需要的不是把柏拉图康德视情感为理性之奴隶的看法加以倒置，而是认识到理性与情感这两个术语，在其日常的使用中（尽管不一定在其哲学的使用中）所指的，是同一件事的两种不同程度，而不是两件不同的事。比如，罗蒂认为，我们可以把（常被视为理性的）正义看作较大范围的（常被看作是情感的）

忠诚。我们在这里还可以补充说,我们可以把忠诚看作是较小范围的正义。因此,成为理性的与达到更大的忠诚是对同一活动的两种不同描述。理性论证与同情之间的对立因此而开始消解。因为同情可以而且经常源于这种认识:一个人认为其可能不得不与之开战并对之施加武力的人是有情理的(在罗尔斯的意义上),他们可能同意保持差异,并视对方为一种能与其一起生活的人——或许最终能成为朋友、结为连理的人,如此等。⑫

第三节 孔子与罗蒂的争论之一:
差异在道德教育中的地位

罗蒂常被视为后现代主义者。事实上,他过去也确实愿意这样描述自己。然而,最近几年,他逐渐与后现代主义保持距离。其这样做的一个主要原因在于,后现代主义似乎在政治上没有希望。⑬另一个原因则与对差异的认识在道德进步中的地位有关。笔者在本节中将集中讨论差异问题。我们通常认为,后现代主义强调与共同性截然不同的差异性。在某种意义上说,罗蒂也强调差异的重要性,而且在这方面可能甚于任何其他后现代主义者。他喜欢谈论洪堡(Wilhelm von Humboldt,1767 - 1835)、穆勒、惠特曼(Walt Whitman,1819 - 1892)的"最丰富的多元性"。此种观念认为,未来将永无止境地扩展,对个体与社会生活新形式的试验将会不可思议地多元化,并且社会生活将会不可思议地自由起来。我们应从古代欧洲人,尤其从基督教那里获得的,是如何使我们,较之过去,发生奇妙的变化。⑭罗蒂称这样的人类多样性的观点为"哲学的多元论"。该学说认为,存在着潜在地无穷多的、同等有价值的人类生活方式,这些方式不能以卓越的程度加以排列,而

只能以其对从事这种生活方式的人以及这些人所属社团的幸福做出的贡献加以排列。㊺

尽管（或者更确切地说，"由于"）罗蒂如此强调人类多样性的重要性，他反复地表明，要想取得我们前面提到的道德进步，我们就必须逐步把"人与人之间的差异视为与道德无关的东西，把人与人之间的宗教、性别、种族、经济地位等的差异看作是与为共同利益相互合作的可能性、与减轻他们的痛苦的需要无关的东西"。㊻因此实用主义者们希望使各种差异（波斯尼亚特定乡村中的基督徒与穆斯林之间的差异，阿拉巴马某个城镇的黑人与白人之间的差异，魁北克某个天主教团体中的同性恋与非同性恋之间的差异）尽可能地看作是没有意义的东西。他们希望能够想方设法地（通过提请他们注意存在于他们之间的无数细小的共同性，而不是说明某个巨大的共同性，即他们共同的人性）把这样的团体整合在一起。㊼

我们已经看到，对于罗蒂而言，道德进步就是扩展"我们"的范围，我们能视之为"我们"而非"他们"的范围，以罗蒂之见，这能以情感进步的方式得到实现。罗蒂认为，情感的进步不是通过认知我们的差异，而是通过强调我们的共同性取得的。情感的进步就在于我们越来越能把我们自身与同我们极不相同的人之间的相似性，而不是其差异性，看作是更重要的东西。这就是笔者一直称作"情感教育"的结果。这里相关的相似性并不是共同享有真实人性的真实自我的问题，而是诸如疼爱父母与孩子之类的微小的、表面上的相似性：这些相似性并不在任何重要的方面把我们与许多非人的动物区分开来。㊽例如，"他们"被刺伤时，也会流血；他们也非常担心其孩子与父母，他们也有相同的自我怀疑，他们蒙羞时会同样地丧失自信。这些强调共同性而非差异性的方式，与历史时代的所有文化的成员的经验有关，而这些经验在不同的文化中都十分相似。[49]总之,要增进我们的道德情感,重要的不是认识差异性而是强调共同性。当然,作为一个彻底的反基础主义者,罗蒂并未忘记强调这不是共同的人性,而仅为一些日常的相似性。[50]

罗蒂一方面强调人的多样性的重要性,而另一方面又强调共同性在道德进步中的作用。在这两者之间,表面上似乎存在着某种不一致性。想较好地理解这一点,我们可以把它放置于罗蒂在《偶然、反讽与团结》(*Coincidence,Irony,and Solidarity*,1989)一书中清晰做出的公共与私人之间的区分的背景中。每一个体在其自我创造中是自由的,然而,每一个人应该认识到,我的私人目的,以及我的终极语汇中与我的公共行为丝毫不相干的那个部分,根本不关你的事。[51]因此,罗蒂认为,在 20 世纪,我们是民主共和国的自由公民的思想,与我们邻居之快乐的源泉根本不关你的事的思想,相辅相成。后一思想是穆勒《论自由》(*on liberty*)一书的核心,社会组织的核心就是要鼓励尽可能广泛的人类多样性。[52]正是在这一意义上,穆勒也成了罗蒂近著中的一个重要人物。在罗蒂看来,关于我们应当希望什么类型的社会,穆勒差不多已经彻底说清楚了。[53]正是在这种意义上,我们能够理解为何罗蒂最近对与后现代主义有关的许多事情,包括多元文化主义、差异性的政治、承认(recognition)的政治之类的意识形态,以及性别研究、种族研究、族群研究等新兴学科,越来越不满,因为这样的意识形态与学科不仅强调人类多样性的重要性,而且也强调对这种多样性的承认对于道德进步的重要性。例如,在谈论文化多元主义时,罗蒂认为,具有无尽多元性的浪漫倾向不应混同于目前有时被称为"文化多元主义"的东西,后一术语暗示了自己活也让别人活的道德,以及双边发展的政治,在这一发展中,截然不同的文化成员会保存并捍卫自身的文化,使之免受别的文化的入侵。[54]同样地,在谈到承认的政治时,罗蒂说道:[55]

　　我一直想知道为什么为了克服对同性恋的憎恶,我们不得不对男女同性恋的特征给予积极的承认,而不只是在抚养孩子时就让他们知道,同性恋并不是重要的事情……我们应该让我们的白人小孩更少地思考肤色的差异,而更多地思考共同的痛苦与欢乐。

　　一言以蔽之,在罗蒂看来,我们应该扩展我们的范围,把更多的人囊括进我们关于我们的指称中,让更多的人来界定我们自身,而要做到这些,我们只需要认识到人与人之间的共同性,而忽略我们之间的差异性。正是在这里,笔者相信儒家会与罗蒂有一些不同看法。在第一节,笔者已提及孟子与墨家之间关于爱有差等的争论。这个争论有两个问题。其一是我们是否应该爱那些与我们关系密切的人甚于那些与我们关系较远的人(第二节已讨论);其二则是我们是否应该以不同的方式爱不同的人。在笔者看来,第二个问题是这一争论更重要的问题,至少从孟子所代表的儒家立场来看是这样。儒家在这一问题上的主要立场是,对不同的道德对象应该有不同种类的爱。我们爱人与物的方式应该与我们所爱的人与事物相适应。就是说,我们爱他们的特定方式应该考虑到它们的独特性。虽然孔子自己并未亲眼看到孟子与墨家之间的争论,但在笔者看来他肯定同意孟子的看法,即一个人对父母的爱不同于,而且应该不同于对其他人的爱(包括对其配偶与子女的爱)。另外,对于孔子而言,一个人对有德性的人的爱应该不同于其对没有德性的人的爱。这里,“德”与“直”,正如孔子所建议的那样,应该理解为适合这两种不同类型的人的两种不同类型的爱。因此,当问及我们是否应该以德报怨时,孔子问道,如果这样,何以报德? 在孔子看来,我们应当“以直报怨、以德报德”。⑳我们在孟子对三种爱所做的区分中看得更加清楚:“君子之于物也,爱之而弗仁;于民也,仁之而弗亲。亲亲而仁民,仁民而爱物"。^⑤这里的爱、仁与亲不应该理解为同一爱的三个不同的程度,而应理解为三种不同的爱,适合于三种不同的道德对象,即事物、人与父母。也正是在这一意义上,我们能够理解为何孔子声称"惟仁者能好人,能恶人"。^⑤换言之,从孔子的观点看,"恶"恰如"爱"一样,也是一种广义上的爱,是仁的一个表现。

因此,儒家提倡有区别或有差异的爱,原因主要不在决定我们应该爱谁或爱什么,或者应该更爱谁、更爱什么,不在决定我们不应该或更不应该爱谁或爱什么,而在决定如何以最适合于特定的人或物的方式爱每个人、每个物。因此,儒家的爱至少部分地取决于特殊的道德对象、爱的对象的独特性。如果我们的爱独立于我们所爱的对象的独特性,那么我们的爱可能是无区别的爱。然而,如果我们的爱也取决于所爱的对象,那么我们对一个特殊对象的爱,如果要合适的话,就必须与我们对其他对象的爱有所不同。在这一点上,笔者相信宋儒二程能帮助我们更好地理解这一点。孔子要"克己复礼为仁"。^⑤那么如何克己呢? 程颐回答说,克己就是"以物待物,不以己待物"。^⑥显然,真正的爱不能是超验的爱,它必须以人对特殊对象的经验知识为基础。否则,一个人不知道爱的对象的独特性,因而就不能以合适的方式爱对象。^⑥其兄程颢以不同的方式得出了相同的论点。他认为"圣人之喜,以物之当喜;圣人之怒,以物之当怒。是圣人之喜怒,不系于心而系于物也"。^⑥因此,儒家有区别的爱是以所爱的对象之有区别为基础的。依孟子之见:"夫物之不齐,物之情也……子比而同之,是乱天下也"。^⑥因此,儒家爱有差等观实际上说的不是别的,而是这一简单的道理:以相同的方式爱相同的人与物,以不同的方式爱不同的人与物;如果我们以相同的方式爱不同的人,或者以不同的方式爱相同的人,我们的爱就是不恰当的。孔子的这一观念因此完全与我们的正义的概念相一致。

在孔子与罗蒂这一显而易见的争论中,我站在孔子的一边。然而,或许不存在这样一个争论。这里我们需要明白为何罗蒂会强调共同性。在罗蒂看来,如果我们无视共同性而只聚焦于差异性,我们将无法把"他们"看作是"我们"的一部分,它的一个可能的后果就是分裂主义。然而,如果不是持一种严格的否定自由的概念,如果不是认为,做一个道德的人,我们所要做的一切就是不给别人造成伤害,笔者认为罗蒂就必须同意,这样的对共同性的强调必须伴有对差异性的强调。罗蒂喜欢穆勒,并常常引用穆勒的格言:"只要不干扰别人做同样的事,每个人都可以为所欲为"。这或许会使我们认为这就是罗蒂所持的立场。然而,我们可以很快意识到事实并非如此,因为罗蒂反复表达的理想社会(即全球性的、世界性的、无等级的、无阶级的社会),⑭很明显不可能仅凭我们不给他人造成伤害加以实现。在许多场合,罗蒂呼吁我们关心弱者、穷人以及无权无势者。很显然,对这样的人,我们需要做的就不能只是不给他们造成伤害,或者说为了不给他们造成伤害,我们需要做的就不能只是不管他们,因为不管他们实际上就是给他们造成伤害。一旦我们不满意仅仅不给他们造成任何伤害,而想为他人做一些积极的事情,我们就必须考虑我们与他者之间的差异性。

罗蒂经常谈到的一个日常的共同性就是没有人喜欢遭受痛苦。然而,正如布舍弥(William I. Buscemi)所指出的那样,痛苦本身并非赤裸裸的事实,某些痛苦只有特殊宗教和哲学的世界观的人才可辨别。⑮比如,所有挨饿的人都希望人们为他们提供食物。然而,如果我们忽略一些现存的差异,我们就可能做出一些不恰当的事情。例如我们或许会把猪肉给一个素食者。当素食者拒绝我们所给的肉时,我们可能会觉得被冒犯。同样,所有生病的人喜欢自己的病痊愈,但一些人可能会信赖西药,另一些人则信赖中药。此处罗蒂把儒家的这样一个对差异性的认知看作一种新的要求,而把他自己的对共同性的认知看作旧的要求,并宣称:⑥

> 新旧要求之间的差异是,旧要求要求人们不要虐待别人,而新要求则要求人们关照和尊重别人的独特性。新要求较之于旧要求更难满足,我也不能肯定,有更好的理由可以解释,我们有必要放弃较容易的要求,而接受更严格的要求。

然而,依我们上述的讨论,罗蒂的这种说法,仅当我们所要做的是不给他人造成伤害,才有道理。一旦我们也需要积极地为他人做一些事情,罗蒂的"旧"的要求,只有在孔子的"新"的要求得到满足时,才能被满足。

正是在这一意义上,儒家对人的差异性的强调是补充、而不是取代罗蒂对共同性的重视,因此在笔者看来,罗蒂对此也不一定会反对。在其他一些地方,罗蒂自己也认识到承认差异的重要性。比如,在比较一个人的私人角色与公共角色时,罗蒂认为,作为一私下的个人,我的自我创造不关其他人的事(其他人的自我创造也不关我的事)。然而,他继续说道,作为一个自由主义者,"我的有些终极语汇与某些特定行为有关,这就要求我意识到,我的行为或许会以某种方式使他人蒙羞"。⑥在另一个地方谈论道德教育时,他认为我们无法把我们所关心的一切整合为单一的包罗万象的观点,我们不得不在某个场合对某些人有一种说法,而在其他时候对另一些人有另一种说法;⑥我们使用听众成长时习得的任何用语,并且把它用于身边的对象。⑥也就是说,在进行道德讨论时,只有在我们使用能为我们的听众理解的语言时,才具有说服力。但是为了知道我们的听众理解什么样的语言，我们必须知道他们独特的信仰、观念、习惯等。从这一点我们可以看出，罗蒂不屑谈论差异的主要原因就是他担心，这样一些谈论可能会导致分裂主义。然而，尽管笔者不认为这是那些提倡文化多元主义、差异的政治、承认的政治以及性别研究、种族研究、与族群研究的当代知识分子的意向，但笔者认为儒家在显示我们如何能够对差异予以必要的关注又不陷入分裂主义上做得更好。

第四节　孔子与罗蒂的争论之二：道德的形而上学

哲学在道德教育与道德进步中的作用是什么？由于罗蒂认为道德进步的实质是自我范围的扩展，而自我范围的扩展主要取决于我们能够感受越来越多的人（甚至非人类的有生命物）的苦难与痛苦，所以罗蒂相信新闻工作者、记者、小说家甚至社会科学家，能比哲学家做出大得多的贡献。以罗蒂之见：[20]

我们希望哲学能做的，最多就是对我们在不同场合做正确事情的文化直觉做出概述。这种概述形成某种一般原则。在一些毫无争议的定理的帮助下，我们可以从这个一般原则中推演出那些文化直觉。这个一般原则并不是我们的直觉的基础，而是对我们的直觉的概述。

这里，罗蒂不赞成诸如柏拉图、阿奎那与康德这样一些基础主义哲学家，后者不满意哲学的这样一个卑微的使命。在他们看来，我们的现象的自我应该受制于其背后的本体的自我。道德必须以符合内在的人性、人的尊严或人的权利的世界观为基础。因此他们希望为这样的概要性的一般原则提供独立的支援。他们喜欢从进一步的前提推出这些一般原则。我们可以不依赖被概括的道德直觉的真理而知道这些前提之真。这些前提应该证明我们的直觉,其办法是提供那些直觉的内容能从中推演出来的前提。笔者将把所有这样的前提一并归入"认为我们能够认识人类本质的主张"这一标题之下,认为我们可以有这样的认识,就是认为我们可以认识某种本身不是直觉但可以纠正我们直觉的东西。[71]

在罗蒂看来,这样一个基础主义的观点是错误的,这不是因为我们令人讶异地发现,基础主义者称之为"实在的内在本质"的东西实际上是"外在的",因而需要有一种真正内在的东西加以替代;这也不是因为我们挖掘得足够深,并发现在那里并不存在这样一个内在的本质或者实在。[72]而是因为① 尽管这样一个形而上学的观点宣称是无条件的,即使我们获得了实际上能够符合事物自在存在方式的认识,我们也无法断定我们已经获得了这样的认识。正是在这一意义上,罗蒂认为,不可知性与无条件性携手同行,两种表达命名了同一个目标。我们永远不能知道是否已经达到了这个目标;我们也永远不能知道我们正在接近这个目标而不是背离它;[73]② 即使我们能获得这样一种认识,而且在我们获得了这样的认识时能够知道我们获得了这样的认识,这样的认识对道德教育仍一无用处,对道德进步也毫无贡献。在罗蒂看来,这样的道德形而上学的唯一作用是一种警示作用,它提醒我们,我们目前的实践或许是错的,并且激励我们做出一些更好的抉择。然而,罗蒂认为,如果它不能向你具体地建议一些不同的信念和语言,这一告诫是空洞无力的。而如果你有了这样的建议,你就不需要这样的告诫。[74]

在何种意义上罗蒂认为这样的形而上学知识在道德教育与道德进步中没有作用？一方面，罗蒂认为，如果业已知道什么是道德的，这样的形而上学论证就没有必要，因为这样的论证所能做的仅仅是解释我们道德直觉之可取，但通过"谈论其'符合世界'或者'表达人性'来解释我们道德直觉之可取，就像用谈论鸦片的催眠力来解释为何鸦片使你昏昏欲睡一样"，没有意义。㊾另一方面，如果有人缺乏这样的道德直觉，那么道德形而上学也不能帮助他们获得这些道德直觉。例如，以罗蒂之见，没有任何有关人性的形而上学论证能使塞族人相信，他们残杀穆斯林的行为是惨无人道的，或者使十字军相信，他们迫害异教徒的行为是惨无人道的，或者使纳粹相信，他们灭绝犹太人的行为是惨无人道的，或者使奴隶主相信，他们对奴隶的剥削是惨无人道的，或者使男人相信，他们歧视妇女的行为是惨无人道的，或者使成年人相信，他们虐待小孩的行为是惨无人道的。这些人或许都会同意你的人性学说，但他们会认为，穆斯林、异教徒、犹太人、奴隶、女人或者小孩要么缺乏这样的人性，要么其人性还未成熟。㊿如果建议他们把那些他们不认为是人的人看作似乎是人，那么他们就会在道德上觉得被冒犯。㊼

儒家，正如中国其他哲学传统一样，较之于西方哲学传统，更不具形而上学的特征。即便如此，笔者相信儒家，较之于罗蒂，愿意赋予形而上学以更多的作用。在第二节，我们已经看到儒家与罗蒂均同意，道德进步的取得主要通过增强我们对其他人的苦难和痛苦的敏感性。但在儒家那里，这种对敏感性的强调一直与具有或多或少形上意味的人性论密不可分。孔子与孟子谈论爱的情感时，他们总是把它与一个更基本的观念（即仁）相关联。比如，孔子说："仁即爱人"。㊽孟子更明确地指出："恻隐之心，仁之端也"。㊾此处仁的概念可理解为人性。例如，孟子称"仁也者,人也。合而言之,道也"。⑩这里孟子已经以终极的实在,道,来表明仁的形上学维度。

当然,对仁的形上意义以及它与爱之道德情感的关系的最清晰的表达是由宋明儒完成的。比如程颐认为我们不应该混同仁与爱:"爱自是情,仁自是性,岂可专以爱为仁? ……仁者固博爱,然便以博爱为仁,则不可"。⑪这里,程颐清楚地表明仁与爱的区别就是形而上学的人性与人的道德情感之间的区别。关于作为人性的仁的含义,程颐把它等同于人的心灵:"心譬如谷种,生之性便是仁也"。⑫在此,程颐把仁的道德含义与仁这个字的另一种意义联系了起来:仁就是生的活动,即杏的种子或梨的种子产生杏树、梨树而杏树、梨树又转而产生杏、梨的活动。尽管与此密切相关,但其兄程颢更愿意把仁的道德含义与仁这个字的第三种意义联系了起来:仁就是敏感性。因此程颢称:"医家以不认痛痒谓之不仁,人以不知觉不认义理为不仁,譬最近"。⑬相反,"仁者,以天地万物为一体"。⑭这是因为有仁之人能够感觉其他存在者的痛和痒。正是在这个意义上,仁不是别的,而是所有存在者之生的活动。以程颢之见:"万物之生意最可观,此元者善之长也,斯所谓仁也"。⑮因此,当二程用不同的隐喻来解释孔子仁的观念时,他们得出了相同的结论:仁即生。

按照这种理解,爱,作为情感,根植于仁。这里的仁不是别的,就是万物的生命创造活动,因而与宋明儒所理解的宇宙的终极实在完全相同。我们在看仁(即生命创造活动)与理的关联时,这就更加清楚了。发端于程氏兄弟的宋明儒学,常被称作理学,因为它视理为宇宙的终极实在。以前的哲学家用来指称终极实在的几个重要的观念,诸如天、道、心、自然与神,在二程那里完全成了理的代名词。在他们看来,"理与心一"、⑯"天者理也"、⑰"理便是天道也"⑱等等。以二程之见,原因在于，所有这些观念都表达了其生命创造活动这一核心含义。因此，程颐称"'生生之谓易'是天之所以为道也。天只是以生为道，继此理者，即只是善也"。正是由于仁与理都指相同的生命创造活动，程颐才把这两者相互等同起来，并进一步解释孟子的仁人一体观："仁，理也。人，物也。以仁合在人身言之，乃是人之道也"。很清楚，儒家的爱以仁为基础，生生不息之仁可被理解为宇宙的终极实在。

这里我们应该注意，儒家的道德形而上学并不完全等同于罗蒂所抨击的那个道德形而上学。首先，儒家对人性的形而上讨论并不独立于其对人的情感的经验讨论。相反它始于对人的情感、道德直觉以及道德实践的讨论。人的爱确实以作为终极实在的生命创造活动为基础。但是儒家并不认为在我们爱所有人与其他生物之前就能把握这一终极实在。生命创造活动就存在于人的爱的活动（以及其他类似的活动）中。就是在这一意义上，二程认为，理解终极实在："不必在谈经论道间，当于行事动容周旋中礼得之"。

在这一意义上，儒家的道德形而上学类似于查尔斯·泰勒对近代自由价值的本体论说明。这种本体论说明不是说，我们首先有一些独立的关于形而上学实在的知识，然后从中推演出一些道德价值。而是相反。因此，在作为形而上学实在的仁与作为情感的爱之间做出区分后，程颐指出"因其恻隐之心，知其有仁"。其次，由于儒家的道德形而上学以人的道德情感与道德直觉为基础，它就不能被认为是对这样的情感与直觉的超越。虽然它可以证明我们的一些道德直觉之正当，而纠正我们其他的直觉，并培育一些所需的新的直觉，这样的道德形而上学本身又需要我们的道德直觉来证明、纠正与滋养。这样的道德形而上学与我们的道德直觉不能分开。在这一意义上，就像罗尔斯的政治原则和道德直觉一样，它们应该被放置于动态平衡中。对罗尔斯而言，政治的原则是从我们个别的道德直觉中概括而来的。当概括的原理与特殊的直觉发生冲突时，罗尔斯建议我们不应该用其中的一个凌驾另一个，相反，我们应设法在这两者之间达到一种动态平衡。有时通过改变我们的直觉以使它们能与概括的原则相一致，有时通过改变概括的原则以使它们能以道德直觉相一致。然后，在那些我们对该做什么还没有清晰的道德直觉的具体场合，我们可以运用所概括出来的一般原则来确定什么是正当的行为。

既然这一儒家的形而上学并非罗蒂所反对的基础主义的形而上学，笔者认为罗蒂也不一定要反对这样的形而上学。正如我们在本节一开始所看到的，罗蒂所反对的是基础主义的哲学家，后者试图更进一步地发现与事物自在存在方式相符的独立前提。这一前提独立于这些概括，因而也独立于道德直觉，但却能用于证明或者拒斥这些概括及其所概括的道德直觉。但罗蒂还是可能会问，虽然儒家的形而上学或许真的无害，为何我们不能满足于表面，而非要挖掘我们道德直觉的哲学基础呢？对这个问题有三个答案。所有这些答案罗蒂自己都以某种方式表示赞同。其一，我们必须意识到，如果不是我们所有人的话，那么至少我们大多数人都有使我们的信念融贯一致的倾向，因为正如罗蒂自己所指出的，限制着并部分地构造了我们的心灵的，是把我们的信念与愿望连在一起、以形成一个足够明白的整体的需要。而使我们信念融贯一致的办法之一就是构造一个普遍的原则，作为我们的对特殊事物的不同信念的基础；或者，用罗蒂自己的话说，就是构造诸如"自我"、"知识"、"语言"、"本质"、"上帝"或"历史"的模式，然后修补它们，直到它们相互融为一体。

其二，如果我们再与罗尔斯之作为我们道德直觉之概要的政治原则做类比，我们可以更加清楚地理解道德形而上学的作用。罗尔斯觉得有必要建构这样的政治原则的原因是，虽然我们对一些特定问题有一些坚定的信念，或者罗尔斯称之为固定之点的东西（就是说，我们不能设想它们有错的可能），比如关于宗教宽容的信念，关于奴隶制度之不公的信念，但我们在许多其他特殊问题上并无同样坚定的信念。因此罗尔斯认为我们能从这些固定之点建构一些普遍的政治原则。如果这些政治原则与那些固定之点处于动态平衡中，我们就可以把它们应用于我们尚未形成坚定信念的特殊问题上。对此，罗蒂完全同意，我们提出这些概述性的一般原则，是为了增加我们的社会制度的可预见性、能力与效率，由此增强我们共用的、将我们聚合在同一个道德共同体的道德认同。⑦当然，罗尔斯与罗蒂都坚持认为，普遍化的原则仅仅是政治的、而非哲学的或形而上学的。这一点在笔者看来很容易理解，因为它们是仅仅由我们的政治直觉发展而来的原则。然而，如果这些普遍化的东西是合法的、有用的，那么，如果我们不仅从我们的政治的直觉，而且也从我们的道德直觉、科学直觉、心理直觉、美学直觉等中抽象出更一般的原则，似乎也是合法的、有用的，而这样一个原则就是哲学的或形而上学的原则。这恰恰就是儒家建构他们关于人性甚至宇宙的终极实在的形而上学概念的方式和理由。当然这些形而上学的概念也处于与各种各样的直觉的动态平衡中，因为这些形而上学的概念本身就是从这些直觉中抽象而来。因此，这些形而上学的概念有时给我们各种各样的直觉提供一些证明和矫正，有时也为这些直觉所证明、所矫正。⑧

最后，由于儒家的道德形而上学并不想描述独立于人心的事物之自在存在的方式，它主要是规范性的。换言之，当儒家谈论人性时，他们主要并不想告诉我们人类的本来面目或其形而上学本质是什么，而是要告诉我们，不仅人应该成为什么，而且能够成为其应该成为的东西。这里的第二部分，即我们能够成为我们应该成为的东西，恰恰就是罗蒂在其许多近来的著作中以"希望"或"信念"所表达的东西。比如他承认,在它极力提倡的功利主义与实用主义的吸引力的背后存在着宗教信仰。这是一种对未来出现道德人类的可能性的信仰;这种信仰很难与对于人类共同体的爱与希望区分开来。他将把它称之为信仰、希望、爱的浪漫之模糊的重叠。⑨当然,罗蒂对于儒家也有一个建议,这样一种对未来出现道德人类之可能性的希望、信仰或者浪漫是多元性的。因此,紧接着上引的话,罗蒂又补充说,这样一种浪漫在工会中得到的体现与在基督教会得到的体现一样容易,在小说中得到的体现与在圣礼中得到的体现一样容易,在上帝那里得到的体现与在小孩那里得到的体现一样容易。⑩这里我们还可以补充说,它在天堂中得到的体现与在佛陀那里得到的体现一样容易。当然我们可以理解,儒家,作为前现代的道德教诲,并未清楚意识到这样一个宗教与形而上学的多元主义,但现代的儒家没有理由拒斥它。

笔者在本章中设法使罗蒂与孔子展开对话。在第一与第二节,笔者认为罗蒂的两个概念,① 作为自我范围扩展的道德进步;② 自我范围的这样一种扩展就是我们能够体会到越来越多的人的苦难、痛苦的能力,实际上体现了两种儒家的真理。笔者认为,罗蒂关于自我利益与道德之间错误二分的重要分析,以及他同样重要的作为道德终点的道德目标概念,至少在某些方面,比儒家自身更好地表达了这两个儒家的真理。在这一意义上,笔者想说的是,罗蒂式的儒家是更好的儒家。在第三与第四节,笔者讨论了孔子与罗蒂的两个可能的争论:即① 对差异性的承认和② 道德形而上学这两者在道德教育与道德进步中的作用。笔者认为,尽管孔子的观点不同于罗蒂,但它不仅不与罗蒂哲学的精神相对立,而且还被罗蒂自己在某些场合表达过。在这个意义上,笔者想说的是,儒家式的罗蒂是更好的罗蒂。

注释

① 参 见 Hilary Putnam, *Realism with a Human Face* （Cambridge： Harvard University Press, 1990）, pp. 229 - 247; Jürgen Habermas, "Coping with Contingencies: The Return of Historicism," in Jozef Niznik and John T. Sanders （eds.）, *Debating the State of Philosophy: Habermas, Rorty and Kolakowski* （Westport: Praeger, 1996）, p.23.

② Hilary Putnam, *Realism with a Human Face* （Cambridge: Harvard University Press, 1990）, p.41.

③ Jürgen Habermas, *Justification and application: Remarks on Discourse Ethics* （Cambridge: The MIT Press, 1993）, p.165.

④ Richard Rorty, *Truth, Politics, and Post-modernism* （Assen: Van Gorcum, 1997）, p.23.

⑤ 同上书,第 24 页。

⑥ Richard Rorty, "Worlds or Words Apart? The Consequences of Pragmatism for Literary Studies: An Interview with Rorty," *Philosophy and Literature* 26 （2002）, p.375.

⑦ Richard Rorty, *Achieving Our Country* （Cambridge: Harvard University Press, 1998）.

⑧ Richard Rorty, *Philosophy and Social Hope* （London: Penguin Books, 1999）.

⑨ 同上书,第 xviii 页。当然,科学问题的争论也很重要:"它有助于我们以库恩 （Tomas Kuhn, 1922 - 1996)要求的那种方式来思考进步:进步是一种不仅解决 我们祖先业已解决的问题,而且还解决某些新问题的能力"。参见 Richard Rorty, *Truth and Progress: Philosophical Papers 3* （Cambridge: Cambridge University Press, 1998）, p.7.

⑩ Richard Rorty, *Achieving Our Country*, p.28.

⑪ Richard Rorty, *Truth, Politics, and Post-modernism*, p.40.

⑫ 参见 Richard Rorty, *Against Bosses, Against Oligarchies*, p.7.

⑬ Richard Rorty, *Contingence, Irony, and Solidarity* （Cambridge: Cambridge University Press, 1989）, p.196.

⑭ 杨伯峻(译注):《论语》,1.2。

⑮ 王文锦(译注):《中庸》,《大学中庸译注》(北京：中华书局,2008 年),章 20。

⑯ 杨伯峻(译注):《孟子》,4a19。

⑰ 说家庭之爱不是道德生活的目的并不意味着,家庭之爱仅为达到道德生活的目的 (无论其目的是什么)的一种手段,不然我们就会认为,一旦(或者只要)我们通过家 庭之爱达到了这个目的,家庭之爱就可以被忽略。在这个意义上,笔者不同意艾林

森(Robert E. Allinson)的看法,他在这个问题上持这样一种手段、目的论的解释。参见 Robert E. Allinson, "The Ethics of Confucianism and Christianity: The Delicate Balance," *Ching Feng* 33, 3 (1990), p.106.

⑱ 杨伯峻(译注):《论语》,1.6。

⑲ 杨伯峻(译注):《孟子》,1a7。

⑳ Richard Rroty, *Philosophy and Social Hope*, p.77.

㉑ 同上书,第 53 页。

㉒ 同上书,第 79 页。

㉓ 同上书,第 78 页。

㉔ 杨伯峻(译注):《孟子》,6a7。

㉕ Richard Rorty, *Philosophy and Social Hope*, pp.78-79.

㉖ 同上书,第 79 页。

㉗ 同上书,第 80 页。

㉘ 同上书,第 79 页。在讨论同情是道德的根基时,Chin-Liew Ten 有一个很有意思的观点:"我同情你,因为你在我未受苦时而受苦。但当我与其他人紧密相连时,他们的苦难也是我的苦难"。参见 Chin-Liew Ten, "The Moral Circle," in Kim-Chong Chong, Sor-Hoon Tan, and Chin-Liew Ten, (eds.), *The Moral Circle and the Self: Chinese and Western Approaches* (Chicago: Open Court, 2003), p.21.

㉙ 然而,这样的结论,虽然十分激进,却不完全反儒家。吴震在最近对儒家阳明学派的研究中,指出在王阳明及其后学看来,"至善"和圣人事实上超越了善恶。参见吴震:《阳明后学研究》,(上海:上海人民出版社,2003 年)第 1 章。

㉚ Richard Rorty, "Justice as a Larger Loyalty," in Ron Bontekoe and Marietta Stepaniants (eds.), *Justice and Democracy: Cross-Culture Perspectives* (Hawaii: University of Hawaii Press, 1997), p.12.

㉛ 同上书,第 11 页。

㉜ 同上书,第 13 页。

㉝ Richard Rorty, *Philosophy and Social Hope*, p.76.

㉞ Richard Rorty, *Truth and Progress*, p.185.

㉟ 同上书,第 180 页。

㊱ 参见杨伯峻(译注):《孟子》,2a6。

㊲ 〔宋〕程颢、程颐:《二程集》(北京:中华书局,1989 年),第 204 页。

㊳ 同上书,第 24 页。

㊴ David B. Wong, "Universalism versus Love with Distinction," *Journal of Chinese Philosophy* 16, 3 (1989), p.255.

㊵ 杨伯峻(译注):《孟子》,1a7。

㊶ Richard Rorty, *Philosophy and Social Hope*, p.155.

㊷ Richard Rorty, *Truth, Politics, and Post-modernism*, p.17.
㊸ 参见同上书,第 35 页。
㊹ Richard Rorty, *Achieving Our Country*, p.24.
㊺ Richard Rorty, *Philosophy and Social Hope*, p.268.
㊻ Richard Rorty, *Truth and Progress*, p.11.
㊼ Richard Rorty, *Philosophy and Social Hope*, pp.86 - 87.
㊽ Richard Rorty, *Truth and Progress*, p.181.
㊾ Richard Rorty, "Is 'Cultural Recognition' a Useful Concept for Leftist Politics?", *Critical Horizons* 1, 1 (2000), p.11.
㊿ 关于这一点,罗蒂进一步说道:"认知我们人类之共同性与康德式或哈贝马斯式的普遍主义无关……它是以特殊的、具体的和平庸的方式慢慢地把以前为我们所鄙视的人当作与我们自己相似的人"。参见同上书,第 15 页。
(51) Richard Rorty, *Philosophy and Social Hope*, p.91.
(52) 同上书,第 267 页。
(53) Richard Rorty, "Hope and Future," *Peace Review* 14, 2 (2002), p.150.
(54) Richard Rorty, *Achieving Our Country*, pp.24 - 25.在罗蒂看来:"在不同的人类生活之间应该有竞争与辩论……黑格尔式的'进步的演化'的观念……即是让大家相互竞争。如果可能的话,这样的竞争应当以非暴力的方式出现,但如果必要,也可以以暴力的方式出现"。参见 Richard Rorty, *Achieving Our Country*, pp.24 - 25.原因在于:"存在许多这样的文化和人,没有他们,我们反而会生活得更好"。参见 Richard Rorty, *Philosophy and Social Hope*, p.276.罗蒂在这里所指的是像种族歧视这样的文化和像希特勒这样的人。
(55) Richard Rorty, "Is 'Cultural Recognition' a Useful Concept for Leftist Politics?", p.16.
(56) 杨伯峻(译注):《论语》,14.34。
(57) 杨伯峻(译注):《孟子》,7a45。
(58) 杨伯峻(译注):《论语》,14.14。
(59) 同上书,12.1。
(60) 〔宋〕程颢、程颐:《二程集》,第 125 页。
(61) 这里,笔者同意黄百锐的观点,即恰当的爱所需要的,与其说是"知道什么",不如说是"知道如何"。后者包括能够在恰当的时间、以恰当的方式迎合他人的愿望与要求,并且能够在恰当的时间,以恰当的方式拒绝这些愿望与要求。参见 David B. Wong, "Universalism versus Love with Distinction," pp.255 - 256.
(62) 〔宋〕程颢、程颐:《二程集》,第 460 页。
(63) 杨伯峻(译注):《孟子》,3a5。
(64) Richard Rorty, *Philosophy and Social Hope*, p.viii.
(65) William I. Buscemi, "The Ironic Politics of Richard Rorty," *The Review of*

Politics 55，1（1993），p.144 n.6.

⑥⑥ Richard Rorty，"Is 'Cultural Recognition' a Useful Concept for Leftist Politics?，" p.13.

⑥⑦ Richard Rorty，*Contingence，Contingence，Irony，and Solidarity*，p.92.

⑥⑧ Richard Rorty，*Against Bosses，Against Oligarchies*，p.44.

⑥⑨ 同上书，第 9 页。

⑦⓪ Richard Rorty，*Truth and Progress*，p.171.

⑦① 同上书，第 171－172 页。

⑦② Richard Rorty，*Contingence，Contingence，Irony，and Solidarity*，p.8.

⑦③ Richard Rorty，"The Ambiguity of 'Rationality'，" *Constellations: An International Journal of Critical and Democratic Theory* 3，1（1996），p.75.在这一背景之下，罗蒂宣称："对于惠特曼与杜威而言，一个无等级、无阶级的社会，较之于封建欧洲或者十八世纪的弗吉尼亚的残忍社会，既非更自然也非更理性。如果要为这样的无等级、无阶级社会辩护，我们只能说，这样的社会，较之于任何其他的社会，会产生更少不必要的痛苦，并且它是我们达到这样一个目标的最好方法：实现更多元化的个体，即范围更大、更完美、更具想象力与更具胆识的个体。对于那些需要一种逻辑证明以表明更少的痛苦、更广的多元应该成为政治活动的首要目标的人，杜威与惠特曼无话可说。他们对这样一个信仰可以从中推演出来的更确定的前提一无所知"。参见 Richard Rorty，*Achieving Our Country*，p.30.

⑦④ Richard Rorty，"Truth and Freedom：A Reply to Thomas McCarthy，" *Critical Inquiry* 16，3（1990），p.635.罗蒂说："如果那些试图获得这种知识的人的活动似乎对实现该乌托邦没有一点用处，那我们就有理由认为不存在这样的知识。如果大多数改变道德直觉的工作似乎是通过控制我们的情感、而不是通过增加我们的知识来进行的，那我们就有理由认为不存在那种像柏拉图、阿奎那与康德这样的哲学家希望获得的知识"。参见 Richard Rorty，*Truth and Progress*，p.172.

⑦⑤ Richard Rorty，*Contingence，Contingence，Irony，and Solidarity*，p.8.

⑦⑥ 参见 Richard Rorty，*Truth and Progress*，pp.167－169.

⑦⑦ 同上书，第 178 页。

⑦⑧ 杨伯峻（译注）：《论语》，12.22。

⑦⑨ 杨伯峻（译注）：《孟子》，2a6。

⑧⓪ 同上书，7b16。

⑧① 〔宋〕程颢、程颐：《二程集》，第 182 页。

⑧② 同上书，第 184 页。

⑧③ 同上书，第 33 页。

⑧④ 同上书，第 15 页。

(85) 同上书,第 226 页。
(86) 同上书,第 76 页。
(87) 同上书,第 132 页。
(88) 同上书,第 290 页。
(89) 同上书,第 29 页。
(90) 同上书,第 391 页。
(91) 同上书,第 404 页。
(92) 同上书,第 168 页。
(93) 罗尔斯对其动态平衡做了这样的描述:如果所建构的政治原则“符合我们对正义的深思熟虑的信念,那到目前为止就一切顺利。不过,大概也会有一些不相符之处。在这种情形下,我们就要有一个选择。我们要么可以修改对原始状态的说明,要么可以修改我们现有的判断;因为即使我们临时看作固定之点的判断,也是可以修改的。这样反反复复,有时改变契约环境的条件,有时收回我们的判断使之与原则相符。笔者认为我们最终将会找到一种对原始状态的说明,这种说明既表达了合理的条件,又产生了符合我们经过适当修改和调整的深思熟虑的判断”。参见 John Rawls, *A Theory of Justice*, revised edition (Cambridge: Harvard University Press, 1999), p.18.在这一段话的注脚中,罗尔斯提到,尽管他在使用动态平衡来处理我们特殊的道德直觉与一般的政治原则之间的关系,但它并“不为道德哲学所独有”,而具有更广的用途。参见同上书,第 28 页注 7。因此笔者认为就形而上学(它比政治原则更一般)与道德直觉而言,我们也能够合法地使用这一观念。
(94) Richard Rorty, *Objectivity, Relativism, and Truth: Philosophical Papers 1* (Cambridge: Cambridge University Press, 1991), p.184.
(95) Richard Rorty, *Against Bosses, Against Oligarchies*, p.15.
(96) Richard Rorty, *Objectivity, Relativism, and Truth*, p.192.
(97) Richard Rorty, *Truth and Progress*, p.171.
(98) 参见 Yong Huang, *Religious Goodness and Political Rightness: Beyond the Liberal-Communitarian Debate*, *Harvard Theological Studies* 49 (Harrisburg: Trinity Press International, 2001), chs. 3, 5.
(99) Richard Rorty, *Philosophy and Social Hope*, p.160.
(100) 同上书,第 166 - 161 页。

第六章

儒家的道德知识论：
王阳明的良知说

本章试图以王阳明的良知说为出发点，对儒家的道德知识论作一探讨。毋庸置疑，良知说是王阳明成熟的哲学思想中非常重要的内容。用他自己的话说："吾良知二字，自龙场以后，便已不出此意"。①王阳明常拿自己对良知的体悟与程颢对天理的体认相比。②程颢尝言："其学虽受之先儒，但天理二字却是自家体贴出来"。③对于良知王阳明亦有类似的说法。诚然，犹如程颢并不是天理二字的第一使用者一样，王阳明也并非良知一词的创发者。毕竟，是孟子早已说过，"人之所不学而能者，其良能也；所不虑而知者，其良知也。孩提之童，无不知爱其亲者，及其长也，无不知敬其兄也"。④王阳明明确承认其良知说跟孟子思想之间的继承关系："良知者，孟子所谓'是非之心，人皆有之'者也。是非之心，不待虑而知，不待学而能，是故谓之良知"。⑤当然，王阳明对良知有着独特的理解，将其视为儒家最显著的特征。接下来，笔者将依次考察① 王阳明以良知为人皆有之的天赋道德知识，它不同于习而后得的非道德知识；② 王阳明区分了圣人和常人，尽管这二者都有天赋的道德知识；③ 以当代哲学视野观之，王阳明的道德知识天赋说是否成立。

第一节　良知不同于知识

从字面上说，良知意味着善的知识，或者说，合乎道德的知识。这一点可以从王阳明关于"良"和"善"的连用看得很清楚："性无不善，故知无不良"。⑥当然，在孟子那里，"良"还有"天赋"的含义。这层含义亦为王阳明所接受，因此有"是非之心，不待虑而知，不待学而能，是故谓之良知"的论说。⑦"良"的这两层含义可以帮助我们更好地理解良知。一方面，无论圣人还是愚夫愚妇，每个人的心（即大体）中都有天赋的良知。⑧在王阳明看来："知是心之本体。心自然会知：见父自然知孝，见兄自然知弟，见孺子入井自然知恻隐。此便是良知不假外求"。⑨另一方面，良知仅为道德知识（即一个有道德的人所必需的知识），而不包括非道德的知识。因此，虽然王阳明认为人都有良知，他明确地说，没有人无所不知，圣人亦不例外：⑩

> 圣人无所不知，只是知个天理；无所不能，只是能个天理。圣人本体明白，故事事知个天理所在，便去尽个天理。不是本体明后，却于天下事物便知得，便做得来也。天下事物，如名物度数、草木鸟兽之类，不胜其烦。圣人须是本体明了，亦何缘能尽知得？但不必知的，圣人自不消求知；其所当知的，圣人自能问人。如"子入太庙，每事问"之类，先儒谓"虽知亦问，敬谨之至"。此说不可通。

显然，在王阳明看来，除了良知即人心中天赋的道德知识以外，还有其他知识，而这种知识并非人心先天具有。他说"知无不良"，这只是指人心中天赋的道德知识。非道德（虽然并非必定不道德）的知识并非我们生而具有，因此如有必要须习而后得。⑪王阳明以为，这样的知识圣人应当知道一些，但不必尽知。至于何者所当知，何者不必知，判断的标准在于它们是否为践行道德知识所必需。因此，当弟子问，是不是只要有诚孝的道德知识就够了，是不是有必要追求如何使父母冬温夏清的知识，王阳明回答说：⑫

> 如何不讲求？只是有个头脑，只是就此心去人欲、存天理上讲求。就如讲求冬温，也只是要尽此心之孝，恐怕有一毫人欲间杂；讲求夏清，也只是要尽此心之孝，恐怕有一毫人欲间杂：只是讲求得此心。此心若无人欲，纯是天理，是个诚于孝亲的心，冬时自然思量父母的寒，便自要去求个温的道理；夏时自然思量父母的热，便自要去求个清的道理。这都是那诚孝的心发出来的条件。却是须有这诚孝的心，然后有这条件发出来。譬之树木，这诚孝的心便是根，许多条件便是枝叶，须先有根然后有枝叶，不是先寻了枝叶然后去种根。

王阳明以诚孝为例，强调了道德知识的重要性。由道德知识，我们不仅知道要事亲，而且知道应当讲求如何事亲的更好方式。我们有天赋的道德知识，但是，那些关于怎样以更好的方式事亲的实际知识，比如怎样使父母冬温夏清，则不是天赋的。这类知识必须通过学习才能获得。王阳明在上述引文中所谓的"自然"，并不是说天赋的道德知识自然会产生非道德的知识，而是说天赋的道德知识自然会驱使我们去追求这种知识。在此意义上，笔者同意牟宗三的观点：⑬在王阳明看来，"良知天理决定去事亲，同时亦须决定去知亲"，因为如果不了解父母及其他相关的事情就不可能侍奉父母。唐君毅则看到了天赋的道德知识或良知和后天习得的非道德知识之间更为紧密的关联。他把良知比作立方体，而把非道德知识比作构成立方体的平面，非道德知识是践行良知的必要条件，正如无其平面则立方体不得成立。[⑭]不仅如此，唐君毅还认为，如果良知发出两个相互冲突的命令，也必须依靠非道德知识做出决断。比如，忠孝皆出于良知，在忠孝不能两全的情形下，就需要由非道德知识来做出更好的决定。[⑮]

有人认为：王阳明忽视或不重视非道德知识。[⑯]但王阳明实际上承认非道德知识对于道德知识的重要性。劳思光说，王阳明告诉我们，非道德知识，如果对道德知识没有助益，则没有追求之必要，因此非道德知识没有自足的价值。这也许是可以对王阳明提出的唯一合理的批评。[⑰]在前文中已经看到，王阳明的确没有赋予非道德知识任何独立的价值。他反复强调，我们应当仅追求那些对道德知识之运用所必需的非道德知识，并且应当只在道德知识的指引下追求这种知识。然而，细究起来，科学、医学、艺术、历史、文学，等等，凡是我们今天通常认为应该追求的非道德知识，对于更好地践行道德知识都是必要的。因此，王阳明实际上并没有拒斥我们所追求的任何知识。他只是想强调，对非道德知识的追求应当由道德知识引导，这样才能防止非道德知识用之于不道德之事。笔者认为这一点很正确，而且很重要。否则，比起那些没有非道德知识的人，拥有这种知识的人可能会做出更多的坏事。基于此，王阳明批评说：[⑱]

后世不知作圣之本是纯乎天理，却专去知识才能上求圣人。以为圣人无所不知，无所不能，我须是将圣人许多知识才能逐一理会始得。故不务去天理上着工夫，徒弊精竭力，从册子上钻研，名物上考索，形迹上比拟，知识愈广而人欲愈滋，才力愈多，而天理愈蔽。

在王阳明看来，圣人既有天赋的道德知识，又有后天习得的非道德知识，而后者受前者的指导。然而，"后世"并没有首先努力像圣人那样保持良知的清朗无蔽，却只是试图求得圣人的非道德知识。因此，这些知识不可能像在圣人那里一样发挥道德作用。所以，王阳明说，如果缺乏良知的引导，那么"记诵之广，适以长其敖也；知识之多，适以行其恶也；闻见之博，适以肆其辨也；辞章之富，适以饰其伪也"。[19]

人生而有良知，因此完全知道在特定情境下应当怎样合乎道德地行动。当然，究竟实际上怎么做取决于所处的具体情境，而具体情境则只有通过经验才能知道。[20]基于此，王阳明所谓的良知并非前知。具有良知的人无法预知自己将要采取怎样的具体行动，尽管他知道自己会合乎道德地行动。曾有弟子问：至诚能否产生前知？王阳明回答说：[21]

> 诚是实理，只是一个良知。实理之妙用流行就是神……圣人不贵前知。祸福之来，虽圣人有所不免。圣人只是知几，遇变而通耳。良知无前后，只知得见在的几，便是一了百了。

第二节 庸圣之别的起源

我们知道，在孟子那里，良知与良能对举，而王阳明只谈良知这一概念。于是我们不免感到纳闷：何以良能没有成为王阳明哲学的核心概念？这是因为，在王阳明看来，有良知必有行。有良知而不能行，乃是自相矛盾，因为知与行是合一的："只说一个知已自有行在，只说一个行已自有知在"。[22]不过，如果果真如此，那就产生另外一个问题：按照王阳明的看法，人生而有良知，每一个有良知的人又会合乎道德地行

动,那么,为什么有不道德的人? 换言之,不道德的根源在哪里? 对于这一问题,王阳明的回答是:㉓

> 夫良知即是道,良知之在人心,不但圣贤,虽常人亦无不如此。若无有物欲牵蔽,但循着良知发用流行将去,即无不是道。但在常人多为物欲牵蔽,不能循得良知。

在王阳明看来,良知固然人人皆有,但它却可能为私欲所遮蔽,就像艳阳被乌云遮挡:"圣人之知,如青天之日;贤人如浮云天日;愚人如阴霾天日",㉔或如明镜被尘埃覆盖:"圣人之心,纤翳自无所容……若常人之心,如斑垢驳杂之镜"。㉕因此,对常人来说,重要的是去物欲致良知。这样,致良知便成了王阳明哲学的关键。实际上,王阳明甚至说:"吾平生讲学,只是'致良知'三字"。㉖

不过,对于致良知这一重要话题,本章不拟细究。且让我们先来探讨另外一个同样重要的问题:遮蔽人们良知的物欲源自何处? 很多学者认为王阳明对此未能给出一个充分的回答。㉗艾文贺(Philip J. Ivanhoe)则有不同的看法。他认为,在王阳明那里,气显然有不同程度的"粗"、"浊",而人于出生时所禀之气则有性质之异。㉘他更进一步指出,大多数理学家认为:气必然"遮蔽"粹然至善的良知,而且,由于气的"粗"、"浊"程度不同,不同的人总是受到不同程度的"遮蔽"。㉙基于这样的理解,艾文贺批评说,在王阳明那里,一个人的善恶,至少在出生之顷,是完全偶然的。㉚在艾文贺看来,这跟王阳明人皆可以为尧舜的观点相左,而更为严重的问题则是,道德的自我修养在很大程度上无法真正为一个人自己掌控。㉛

王阳明的确继承了以气释恶的理学传统。不过,笔者认为:王

阳明的理论要复杂得多。王阳明确实将恶归结为气之粗浊。比如，他曾说：②

> 良知本来自明。气质不美者，渣滓多，障蔽厚，不易开明。质美者渣滓原少，无多障蔽，略加致知之功，此良知便自莹彻。

他在另一处则说：③

> 气质者，性之所寓也，亦性之所由蔽也。气质异而性随之。譬之珠焉，坠于澄渊则明，坠于浊水则昏，坠于污秽则秽。澄渊，上智也；浊水，凡庶也；污秽，下愚也。

在这两段文字里，王阳明似乎想说，不同的人禀赋了不同的气，这就决定了他们能否看清自己的良知，以及是否能成为道德的人。这些内容似乎佐证了艾文贺的观点。

　　但是，王阳明在其他一些地方却认为，物禀浊气，而人则禀赋相同的清气，它是人之为人的显著标志。王阳明认为，这种清气就是人性。他在一首诗中写道："人物各有禀，理同气乃殊。曰殊非有二，一本分澄淤"。④从这首诗我们可以看出，一切人所禀赋的气都是清澄之气。王阳明并没有提到不同的人禀赋不同程度的清气（人们所禀赋的清气可能有量上的差异，但这仅仅导致智力、艺术、技巧、身体等非道德能力方面的差异，而非道德品质上的差异）。正因为此王阳明才可以说，气与人之性善相一致，"性善之端须在气上始见得，若无气亦无可见矣。恻隐羞恶辞让是非即是气"；程子谓："论性不论气不备，论气不论性不明"，王阳明则进一步主张："气即是性，性即是气，原无性气之可分也"。㉟显然,如果人所禀之气像艾文贺所理解的那样有清浊程度之别,那么王阳明就不可能将性与气视为同一。倘若如此,王阳明又怎样用气来解释恶的起源呢? 比如,陈来认为,"气即是性"之意义上的气只能解释四端之发。但是,还有王阳明未加以分析的"种种不善之气"。因此,王阳明所讲的心以良知为体,不存在产生私意的可能性。陈来由此得出结论:王阳明对恶的问题的解释不能令人满意。㊱

或许王阳明确实没有圆满地解决恶的起源问题。不过,笔者倒是愿意提供一种尝试性的解释,而不是过于匆忙地放弃对这个问题的探讨。笔者的直觉是,王阳明谈到了两种与人相关的气。一种是人的构成之气,它使人之"有形"成为可能。所有人都禀有这同一种使人有别于动物和其他事物的气。王阳明讲气即性,他显然是指这种气。在此意义上,我们不妨称之为主气。它显然不能解释恶之起源。这种粹然之气把人和其他事物区别开来并把所有人联合在一起。不过,似乎王阳明心里还有另外一种与人的生命相关的气,即他所谓的"外气"或"客气"。值得注意的是,"客气"这个词频繁地出现在他及其弟子王龙溪的著述和谈话当中。在王阳明看来,正是这种外气或客气充当了恶的起源。比如,他说:"私欲客气,性之蔽也";㊲"大抵吾党既知学问头脑,已不虑无下手处,只恐客气为患,不肯实致其良知耳"。㊳一位弟子认为,是客气搅乱了人们与天地万物一体的本有之乐,王阳明也对此表示赞同。㊴

虽然王阳明从来没有清楚地告诉我们何为客气,但有一点可以肯定,它不是那与人性等同的气。另外,很明显正是这种客气造成了恶。为了理解何为外气(或客气),以及它如何引发我们产生障蔽良知的私欲,了解这个词在王阳明之前的理学家那里的用法将大有裨益。据笔者所知,客气一词张载和朱熹偶有使用,但我们可以在二程的著述中发现更为有用的线索。程颢同样使用"客气"一词，他说："义理与客气常相胜，又看消长分数多少，为君子小人只别。义理所得渐多……客气消散得渐少"。⁴⁰这段话支持了我们关于客气造成恶的看法。但是它仍然没有告诉我们何为客气。关于何为客气，这一点在程颐那里更加清楚。他的用词略有不同（即"外气"），并明确地把它与构成人的内气或主气区别开来，后者他称之为真元之气。在他看来：⁴¹

〔真元之气〕不与外气相杂，但以外气涵养而已。若鱼在水，鱼之性命非是水为之，但必以水涵养，鱼乃得生尔。人居天地气中，与鱼在水无异。至于饮食之养，皆是外气涵养之道。

这一段非常有帮助。它首先明确区分了两种气：一种是使人作为有形物成为可能的气（即真元之气）；另一种是人不能不生活于其中的气（即外气）。而且，它还解释了两种气之间的关系：真元之气不与外气相杂（因此两种气是相互独立的），但依靠外气来涵养。因此，如果外气混浊，就有可能引起不恰当的物欲而污染主气。

我们找不到确凿的文本依据，判断王阳明是否在同样的意义上使用客气一词，以及当他说客气会导致人们产生不恰当的欲望从而障蔽心中的良知时，是否跟程颐说的是一回事。不过，考虑到王阳明对二程著作的熟悉和受到的影响，设想王阳明可能的确抱有跟程颐类似的观点至少不会全无道理。除此之外，这起码也是一种途径，可以使王阳明关于气的种种讨论彼此融贯，并与他更一般的哲学思想保持一致。比如，顺着这样的思路，我们就可以理解王阳明为什么经常把"私欲"、"客气"二者连用，⁴²有时候甚至还认为它们实则为一物。⁴³他关于孟子"夜气"的讨论也可以在这样的语境中得到更好的理解。在一节有

名的文字中,孟子以牛山之濯濯况喻人之放其良心,并对孟子的夜气说加以评论:⁴⁴

> 其日夜之所息,平旦之气,其好恶与人相近也者几希,则其旦昼之所为,有梏亡之矣。梏之反复,则其夜气不足以存;夜气不足以存,则其违禽兽不远矣。

夜气何以如此之善? 王阳明说:"良知在夜气发的,方是本体,以其无物欲之杂也";⁴⁵夜气无物欲之杂,因为人在夜里睡着时"无视无听,无思无作"。⁴⁶不过,在他看来:⁴⁷

> 孟子说"夜气",亦只是为失其良心之人指出个良心萌动处,使他从此培养将去。今已知得良知明白,常用致知之功,即已不消说夜气。

这里的关键是,活在夜气里固然好,因为这样我们就不会为客气所污,但我们不可能老是活在夜气里,也就是说,不可能老是睡着,我们总得视听思作。毕竟,重要的不是在隔绝于客气的条件下生活,而是要受客气之涵养却不受其控制。在完全隔绝于客气的情形下,我们固然不会有任何私欲,但我们同样也得不到涵养。

受客气之养而不受其制,这何以可能? 王阳明认为,最重要的是持志:"夫恶念者,习气也;善念者,本性也;本性为习气所汩者,由于志之不立也"⁴⁸基于这样的看法,王阳明在谈及孟子关于气志关系的论述时说:"持其志则养气在其中",因为正如孟子所说:"志为气之帅"。下面这段文字尤其强调立志的重要性:⁴⁹

夫志,气之帅也,人之命也,木之根也,水之源也。源不浚则流息,根不植则木枯,命不续则人死,志不立则气昏……故凡一毫私欲之萌,只责此志不立,即私欲便退;听一毫客气之动,只责此志不立,即客气便消除。或怠心生,责此志,即不怠;忽心生,责此志,即不忽;懆心生,责此志,即不懆;妒心生,责此志,即不妒;忿心生,责此志,即不忿;贪心生,责此志,即不贪;傲心生,责此志,即不傲;吝心生,责此志,即不吝。

第三节　王阳明良知说辩难

对于当代读者来说,王阳明的良知说难以令人信服,而他的气论亦只是某种特设的说法。在西方,洛克(John Locke,1632-1704)对天赋知识论的批判或许可谓最具破坏性,他的《人类理解论》花了一整卷的篇幅(第一卷)讨论这一问题。因此,看看王阳明良知说能否经受洛克的批评,这会很有意义,而且也很重要。在洛克看来,天赋知识论一个最有力的证据,在于这一类知识为人类所普遍具有。这一点似乎也是王阳明以道德知识为天赋的理由,因为他认为,所有人见父自然知孝,见兄自然知悌,见孺子入井自然知恻隐。不过,洛克主张,纵然真有这一类的普遍共识,那亦不足以直接证明知识是天赋的,"因为我想我可以表明,人们对于自己所同意的那些事物产生了普遍的共识,还有别的途径"。⑩

洛克接下来主要集中于论证这样的普遍共识不存在。不过,值得注意的是,他在批判更为宽泛的天赋知识论时,也用了整整一章(第一卷第三章)来反驳天赋道德知识。洛克认为没有普遍共许的道德行为。例如我们可以看到这样一些残酷的事实:孩子被抛弃在野地任由饥饿的野兽伤害;杀害自己上了年纪的亲生父母;病人在死亡之前被抬出医院搁在田野里;埋葬或者吃掉活着的孩子;等等,而没有任何自责。㊶在这一方面,王阳明的良知说似乎好不到哪里去。诚如吴震所言:"以孩提爱敬之情来证明人性本善这一孟子性说以来,到了阳明学的现成良知说那里,终于全面露出了其理论上的重大缺陷"。㊷吴震进而援引王阳明同时代学者湛若水的观点:相对于爱亲、敬兄、示人以恻隐之心,正如在《孟子·告子下》所指出的,亦有人打詈其父母,绍兄之臂而夺之食,甚至又有爱己之亲而杀人之亲,敬己之兄而杀人之兄者。

当然,天赋知识论的倡导者已经意识到这样一些反例。在他们看来,它们不足以证成天赋知识不存在。在西方,柏拉图主张知识(相对于意见)本来是天赋的,只是人们出生时遗忘了。这样,所有人在开始运用理性时,就可以知道它们,同意它们。㊸初看起来,王阳明采取了同样的策略。他主张道德知识本来是天赋的,只是人们出生后受了私欲的障蔽。因此,人们需要去私欲而致良知。不过,洛克认为,这样的辩护是有缺陷的。其中一个问题在于,要照这样,则普遍的真理和其他可知的真理便无从分别。㊹换言之,倘若如此,我们可以说任何知识都是天赋的,甚至像"昨天下雨"这样的知识也不例外:这种知识我们心中本自具足,只是后来忘记了,直到昨天才重新找到。我们已经看到,王阳明试图厘清道德知识和非道德知识之间的区别,以为前者是天赋的,而后者必须习而后得。现在从洛克的角度出发,试问:既然王阳明认为人们必须祛除私欲才能获得本有的天赋道德知识,就像必须拨开乌云才能看见太阳一样,那么我们为何不能对非道德知识有类似的断言(也许是拨开不一样的乌云)?

这是否意味着王阳明的良知说根本站不住脚? 如果王阳明试图对人心作经验主义的描述的话,回答将是肯定的。我们看到,如果作为一种心理学描述，这样一种理论将不能成立。⑤不过，依笔者之见，王阳明的良知说不是一种经验主义理论。良知说探讨心之本体（即原初状态），因此更接近于一种形上理论。进而言之，它也不是一种试图告诉我们人心之客观实情的形上理论。在王阳明心学中，作为形上实体的心，用罗蒂的话说，我们永远不可能知道我们已经到达它，我们也永远不可能知道我们正在接近它而非远离它。⑥王阳明心学只是告诉我们人心本应当是怎样的。换言之，我们在王阳明那里看到的首先是一种规范性的形而上学，而非描述性的形而上学。它表达了王阳明对人类可臻于完满的信心，类似于罗蒂所说的、对有道德的人类未来之可能性的信念，一种很难同对人类社会的爱与希望相分离的信念。⑦如果不相信人心本善，那就不可能有对这样一种对人类可臻于完满的信念。在这一方面，倪德卫曾经有一个有意思的类比。他认为，柏拉图的回忆说试图解决一个认识论难题：学习必须知道将要学的是什么，而这却意味着已经知道所要学的东西；相形之下，王阳明的人心本善说则试图解决一个我们在道德教育中所碰到的类似难题：⑧

> 作为道德导师，孔子的问题实际上是，很显然，要做一个有道德的人，至关重要的一点在于想成为一个有道德的人。教导学生成为一个有道德的人何以可能？因为，要想对这样的教导有所反应，学生必须知道，这样的教导是需要学习的；但是，如果学生知道了这一点，那他就已经是有道德的人了。

对这样的问题，王阳明经常讲到良知中的"信"（即信念）。他说，君子"未尝求先觉人之诈与不信也，恒务自觉其良知而已"。⑨在他看来，这也是儒家经典的精髓："若信得良知，只在良知上用工，虽千经万典，无不吻合,异端曲学,一勘尽破矣".⑩对此人们可能会产生这样的疑问:怎么能够相信一个不是一开始就存在的东西?笔者认为,康德给出了最好的回答。在认识论或理论理性上,我们关于对象存在的信念取决于我们关于对象的先验经验。但是,在道德或实践理性上,则是另一番情形:⑪

> 所谓实践理性的对象概念,我理解为一种作为通过自由而可能的结果的客体之表象。因此,实践认识的这样一种对象,仅意指意志对于行为的关联:通过这个关联,行为或其对立面得以现实地造成。判断某种东西是否纯粹实践理性的对象,仅在于区分我们愿望如下一种行为的可能性或不可能性:倘若我们具备相关的能力,通过这种行为一个客体就会成为现实。

我们这里无须追究康德伦理学说的复杂细节,而只须注意与我们现在的讨论密切相关的一点:道德信念的对象并非先在于我们依信念而从事的行动;恰恰相反,它乃是我们依信念而从事的行动的结果。因此,良知中的信念正确与否,不可能独立于或先行于我们依信念而进行的行动得到判定。王阳明认为,如果我们相信良知并依此信念而行动,那么,我们就会看到这种信念的真实性,因为一个相信良知并依之而行的人将成为一个有道德的人。王阳明进而联系到他的亲身经验:"我今信得这良知真是真非,信手行去,更不着些覆藏".⑫在他看来,对于每个人来说:"学者信得良知过,不为气所乱,便常做个羲皇已上人".⑬

有必要指出,尽管王阳明相信人类道德可臻于完满,人皆可以成圣,但与此同时他又承认人生而有不同之"才"(即非道德能力)。前者是由于人类禀赋同样的清气,这是人独有的标记。而后者则由于不同的人所禀赋的清气有量上的差异。所有人因禀赋同质的清气而皆可成圣，所禀清气在量上的差异则解释了何以不同的人有不同的才力。这一点可以从王阳明有名的金喻得以清楚的了解。有人问，才力远不如孔子的伯夷、伊尹为什么也被称为圣人，王阳明回答说：[64]

> 圣人之所以为圣，只是其心纯乎天理，而无人欲之杂。犹精金之所以为精，但以其成色足而无铜铅之杂也。人到纯乎天理方是圣，金到足色方是精。然圣人之才力，亦是大小不同，犹金之分两有轻重……盖所以为精金者，在足色而不在分两；所以为圣者，在纯乎天理而不在才力也。学者学圣人，不过是去人欲而存天理耳，犹炼金而求其足色……后世不知作圣之本是纯乎天理，却专去知识才能上求圣人……〔故〕知识愈广而人欲愈滋，才力愈多，而天理愈蔽。正如见人有万镒精金，不务锻炼成色，求无愧于彼之精纯，而乃妄希分两，务同彼之万镒，锡铅铜铁杂然而投，分两愈增而成色愈下，既其梢末，无复有金矣。

王阳明在这里说得很明白，尽管每个人生而有天赋良知，因此都可以成为圣人，但不同的人在身体、智力、艺术等非道德能力方面的天分又是不同的。初看起来，王阳明似乎在说一些人的能力高于其他人。然而，王阳明显然是在强调，不管能力如何，一切圣人在道德上是一样的。我们不应该把能力较强者排在能力较弱者的前面。智力、身体和其他非道德能力较强的圣人，当然能够比那些能力较低的圣人做更多的事情，但我们不能说前者比后者更道德。[65]他们的道德能力完全相同。用罗尔斯的话来说，一个人天生智力、身体、艺术诸能力的高下纯属"自然的偶然事件"。[66]笔者以为，王阳明甚至会同意罗尔斯说，幸运者的自然天分应当被视为"公共财产",由不幸者共用,正如不幸者的不幸应当被视为"公共灾难",由幸运者分担。⑰

　　除了上文提到的人们在非道德能力方面具有的程度差异之外,王阳明还承认不同的人天生有不同的非道德品质。比方说,有人性急、有人性缓;有人性刚、有人性柔;有人奢侈、有人节俭等等。⑱王阳明认为这些天生的气质可以且应该被改变而纠其偏,正如他认为一个人可以通过学习来提高上文所提及的非道德能力。不过,王阳明也认为这种气质的改变有一定的限度(几乎不可能把一个天生性急的人完全改变成一个慢性子),就像非道德能力的提高有一定的限度(尽管人人皆可成圣,但并不是人人都可以通过努力而获得爱因斯坦那样的智力)。有两点值得我们特别关注。其一,只要良知不为私欲所蔽,则无论气质天生如何,都可以为善:"刚的习于善则为刚善……柔的习于善则为柔善"。⑲其二,不同气质的人擅长不同的事。比如,"或有长于礼乐,长于政教,长于水土播植者"。⑳这样,只要人心没有受到障蔽,人们都应该从事他们最擅长的工作。用人者仅应"视才之称否,而不以崇卑为轻重,劳逸为美恶";而被用者"苟当其能,则终身处于烦剧而不以为劳,安于卑琐而不以为贱"。㉑

　　作为结语,笔者想谈一下前文尚未论及但对于王阳明的良知说至为重要的两点。其一,良知为私欲所蔽之后,须以"体认"致良知。因此,致良知不是一项理智的事业。恰恰相反,它须诉诸体认,诉诸内心的格式塔转换,所谓"自得"者是也。㉒其二,按道德知识行事,则有乐随之而来。上文曾简单提到,在王阳明看来,有道德知识的人永远都会按照道德知识行事。不过,和康德不同,王阳明没有敦促人们克服其自然倾向而实施道德行为。相反,王阳明认为真正有道德的人自然会乐于行善而恶于为恶,就像他"好好色,恶恶臭"一样。㉓当然,这两点在这里没有办法展开了，但笔者在下章会稍加阐明。

注释

① 〔明〕王阳明：《王阳明全集》（北京：红旗出版社，1996 年），第 1133 页。

② 同上书，第 461 页。

③ 〔宋〕程颢、程颐：《二程集》（北京：中华书局，1989 年），第 424 页。

④ 杨伯峻（译注）：《孟子·尽心上》。

⑤ 〔明〕王阳明：《王阳明全集》，第 1063 页。

⑥ 同上书，第 65 页。

⑦ 唐君毅认为，在语源学上，"良"的本义为"原初"，"善"只是它的引申义。参见 Tang, Chun-I, "The Development of the Concept of Moral Mind from Wang Yang-ming to Wang Chi," in W. M. Theodore de Bary (ed.), *Self and Society in Ming Thought* (New York: Columbia University, 1970), p.101. 不过，在王阳明那里，这两层含义至少具有同等的重要性。

⑧ 〔明〕王阳明：《王阳明全集》，第 52 页。

⑨ 同上书，第 8 页。

⑩ 同上书，第 101－102 页。

⑪ 由于没有意识到先天的道德知识和后天的非道德知识之间的区分，方克立认为，王阳明一方面主张知识天赋，另一方面又说"食味之美恶必待入口而后知"、"路歧之险夷必待身亲履历而后知"。从而导致自相矛盾。参见〔明〕王阳明：《王阳明全集》，第 44 页；方克立：《中国哲学史上的知行观》（北京：人民出版社，1997 年），第 206 页。

⑫ 〔明〕王阳明：《王阳明全集》，第 4－5 页。

⑬ 牟宗三：《从陆象山到刘蕺山》（上海：上海古籍出版社，2001 年），第 178 页。

⑭ 唐君毅：《中国哲学原论·导论篇》（台北：台湾学生书局，1986 年），第 361 页。

⑮ 参见同上书，第 365 页。成中英也指出："追求知识的过程，以及由此而获得的知识，它们对于以美德为特征的行为的践行来说，必须永远是工具性的"。参见 Chung-Ying Cheng, *New Dimensions of Confucian and Neo-Confucian Philosophy* (Albany: State University of New York Press, 1991), p.406.

⑯ 比如，蒙培元认为，王阳明哲学带有"蒙昧主义的色彩"，因为"他不要文化知识，更不要科学技术"。参见蒙培元：《理学的演变》（福州：福建人民出版社，1984 年），第 315 页。陈来对王阳明有类似的批评：如果政治礼仪、制度设置、天文历法、宗教祭祀仅被视为人心的自然发现，那么，它们在形式上的连续性、结构上的统一性都将无法保持。参见陈来：《有无之境：王阳明哲学的精神》（北京：人民

出版社,1991 年),第 29 - 30、44 - 45 页。

⑰ 劳思光:《新编中国哲学史》,第 3 卷上(台北:三民书局,2003 年),第 397 页。

⑱ 〔明〕王阳明:《王阳明全集》,第 29 页。

⑲ 同上书,第 59 页。在讨论王阳明、朱熹哲学中德性之知与闻见之知的差异时,唐君毅比较了西方传统所强调的科学知识和儒学传统所强调的道德知识,认为"今日之科学之知识技术,若无德性之知为之主宰,亦未尝不可皆用之以杀人,而不足以美善人生"。参见唐君毅:《中国哲学原论:导论篇》,第 356。笔者认为唐君毅对王阳明在这一点上的理解是完全正确的。

⑳ 参见唐君毅:《中国哲学原论:原教篇》(台北:台湾学生书局,1986 年),第 339 - 340 页。

㉑ 〔明〕王阳明:《王阳明全集》,第 114 页。

㉒ 同上书,第 5 页。

㉓ 同上书,第 71 页。

㉔ 同上书,第 115 页。

㉕ 同上书,第 386 页。

㉖ 同上书,第 543 页。

㉗ 参见侯外庐等(编):《宋明理学史》(下)(北京:人民出版社,1997 年),第 215、224 页;David S. Nivison, *The Ways of Confucianism: Investigations in Chinese Philosophy*, edited with an Introduction by Bryan W. van Norden (Chicago: Open Court, 1996), p.224;陈来:《有无之境》(北京:人民出版社,1991),第 81 页。

㉘ Philip J. Ivanhoe, "Reweaving the 'One Thread' of the *Analects*," *Philosophy East and West* 40, 1 (1990), p.82.

㉙ 同上书,第 82 页。

㉚ 同上书,第 87 页。

㉛ 同上书,第 82 页。

㉜ 〔明〕王阳明:《王阳明全集》,第 70 页。

㉝ 同上书,第 1035 - 1036 页。

㉞ 同上书,第 1103 页。

㉟ 同上书,第 63 - 64 页。

㊱ 陈来:《有无之境》,第 90 页。

㊲ 〔明〕王阳明:《王阳明全集》,第 71 页。

㊳ 同上书,第 428 页。

㊴ 同上书,第 436 页。

㊵ 〔宋〕程颢、程颐:《二程集》,第 4 - 5 页。

㊶ 同上书,第 165 - 166 页。

㊷ 〔明〕王阳明:《王阳明全集》,第 436 页。

㊸ 同上书，第 70 页。

㊹ 杨伯峻（译注）：《孟子·告子上》。

㊺〔明〕王阳明：《王阳明全集》，第 111 页。

㊻ 同上书，第 120 页。

㊼ 同上书，第 69 页；亦可参见第 19 页。

㊽ 同上书，第 536 页。

㊾ 同上书，第 891 页。

㊿ John Locke, *An Essay Concerning Human Understanding* (London：George Routledge and Sons, 1894), I.2.3.

○51 参见同上书，I.3.9.

○52 吴震：《阳明后学研究》，（上海：上海人民出版社，2003 年），第 16 页。

○53 John Locke, *An Essay Concerning Human Understanding*, I.2.6.

○54 同上书，I.2.13。

○55 即便如此，王阳明良知说仍有洛克的批评所未能论及者。王阳明以为，一人之私欲固然蔽其良知，但良知毕竟无法完全遮蔽，正如乌云从来无法完全挡住阳光（阴天无论多么昏暗，仍有阳光穿透乌云）。因此，王阳明说："虽盗贼亦自知不当为盗，唤他做贼，他还忸怩"，"故虽小人之为不善，既已无所不至，然其见君子，则必厌然掩其不善，而着其善者，是亦可以见其良知之有不容于自昧者也"。参见〔明〕王阳明：《王阳明全集》，第 98、1063 页。

○56 Richard Rorty, "The Ambiguity of 'Rationality'," *Constellations: An International Journal of Critical and Democratic Theory* 3, 1 (1996), p.75.

○57 Richard Rorty, *Philosophy and Social Hope* (London：Penguin Books, 1999), p.160.

○58 David S. Nivison, *The Ways of Confucianism: Investigations in Chinese Philosophy*, p.237.

○59〔明〕王阳明：《王阳明全集》，第 76 页。

○60 同上书，第 73 页。

○61 Immanuel Kant, *Critique of Practical Reason* (New York：Macmillan, 1956), p.59.

○62〔明〕王阳明：《王阳明全集》，第 120 页。

○63 同上书，第 120 页。

○64 同上书，第 29 - 30 页。

○65 王阳明以精金比圣人，艾文贺对此评论说，孟子以及所有儒家"承认并倡导自然种类的重要性，他们显然认为，人与人之间有着身体、心智、艺术和道德诸能力的自然差异"。参见 Philip J. Ivanhoe, "Reweaving the 'One Thread' of the *Analects*," pp.51 - 52.笔者以为，至少在王阳明那里，道德能力的自然差异并不存在。金的分量轻重说明不同的圣人有不同的非道德能力，这当然也决定了不同的圣人所完成的道德行为的多寡。不过，诚如钱穆所言，圣人论德不论才。参见钱穆：《宋明理学概述》(台北：兰台出版社，2001 年)，第 211 页。

(66) John Rawls, *A Theory of Justice*, revised edition (Cambridge: Harvard University Press, 1999), p.64.

(67) 同上书，第 87 页。

(68) 〔明〕王阳明：《王阳明全集》，第 894 页。

(69) 同上书，第 128 页。

(70) 同上书，第 57 页。

(71) 同上书，第 57 页。

(72) 同上书，第 461 页。

(73) 同上书，第 6 页；引自王文锦(译注)：《大学》，《大学中庸译注》(北京：中华书局，2008 年)。

第七章

王阳明在休谟主义与反休谟主义之间：
良知(体知)＝(信念＋欲望)≠怪物

近年来,杜维明在许多不同场合多次强调儒家"体知"概念的重要性。诚然,无论是先秦儒还是宋明儒都没有使用这个词,因此有人不无幽默地称"体知"乃是杜维明的"杜撰"。但在笔者看来,重要的是,如笔者在本章中试图说明的,"体知"这个概念确实把握住了儒家思想的一个重要特征。不仅如此,我们可以发现,在儒家、特别是宋明儒经典中,虽然没有"体知"这个词,却有许多与"体知"一词十分类似的用法,诸如"体认"、"体当"、"体验"、"体究"、"体而后见"、"体而得之"等。所有这些词,同"体知"一样,都有一个"体"字。事实上,正是这个"体"字将"体知"与其他类型的"知"区分了开来。所以正确把握这个"体"字的确切含义就变得十分重要。

在从事比较哲学时,我们很容易把"体"这个字与西方语言中的"body"相对应。但杜维明正确地警告了我们作这样理解的危险性。[①]这是因为,一方面,英文中的"body"只是一个名词,因此只能作为"知"之修饰词,而中文中的"体"字同时又是一个动词,可以说明我们获得"知"的方式。另一方面,在西方哲学传统中,"body"作为身体,与心

(mind)相对应,从而形成了许多以身心对应有关的重大哲学问题。但在中国哲学中,特别是在儒家传统中,并不存在这样的身心对立问题。其中一个重要的原因是,儒家把身和心都看成是体,因而这两者是同质的,而并不像在笛卡尔(René Descartes,1596 – 1650)那里是具有截然不同属性的两种实体。例如孟子就把心看作是大体,而把身看作是小体。在笔者看来,儒家的体知概念就与体的这两个意义有关。②

当然,杜维明的"体知"概念涉及范围之广,非本章所能及。在本章中,笔者将以王阳明的良知作为体知概念来探讨。王阳明说:"为学之要,只在着实操存,密切体认,自己身心上理会"。③又说：①

夫道必体而后见,非已见道而后加体道之功也;道必学而后明,非外讲学而复有所谓明道之事也。然世之讲学者有二：有讲之以身心者;有讲之以口耳者。讲之以口耳,揣摸测度,求之影响者也;讲之以身心,行着习察,实有诸己者也,知此则知孔门之学矣。

这里,王阳明不仅强调了"体认"、"体而后见",而且还明确地将这里的体与孟子讲的大体与小体即身和心联系了起来。笔者在下面,将先以"体"的上述两种意义来分别说明获得体知的方式和体知的特征,然后把王阳明的良知,作为体知,与当代西方哲学中涉及心灵哲学(philosophy of mind)、行动哲学(philosophy of action)和道德心理学(moral psychology)等诸学科的休谟主义者和反休谟主义者就信念与欲望的关系而展开的争论联系起来,并力图说明何以王阳明的良知概念能够对这场争论做出特有的贡献。

第一节　体知：体之以心之知

我们先来讨论作为动词的"体知"。体知的一个意义是通过"体"而"知"，而所要知的，在王阳明那里，就是良知。当然在某种意义上，良知就其是良知而言，是不学而知之知，是一种人人生而具有、不体而知之知。而在这一点上，"愚夫愚妇与圣人同"。⑤因此王阳明说："知是心之本体，心自然会知：见父自然知孝，见兄自然知弟，见孺子入井自然知恻隐，此便是良知不假外求"。⑥不过，在王阳明看来，虽然良知人人生而具有，"在常人不能无私意障碍，所以须用致知格物之功胜私复理"；⑦又说："自圣人以下不能无蔽，故格物以致其知"。⑧王阳明常用乌云遮日，纤尘染镜来形容私欲障碍良知。在这里，王阳明在圣人与常人之间作了区分。常人不能没有私欲障碍其良知，因此需要下致良知的功夫。而圣人没有私欲，因而也就不需要致良知的功夫。在另一个地方，王阳明对圣人与常人作了另一种区分。在指出就良知良能而言圣人与愚夫愚妇同之后，王阳明紧接着说："惟圣人能致其良知，而愚夫愚妇不能致，此圣愚之所由分也"。⑨这似乎与前面的说法有矛盾，因为在这里说圣人与常人的区分是其是否下致良知的功夫，也就是说圣人也需要致良知，这也就是说圣人也有私欲需要去除。笔者认为王阳明在这两个不同的地方所指的可能是两种不同的圣人。没有私欲因而无须致良知功夫的圣人是所谓生而知之的圣人，而有私欲但善于将其去除的、即善于致良知的圣人则是学而知之的圣人。⑩但不管怎样，笔者想可以肯定的是，致良知之所以必要，是因为人有私欲，因此需要通过致良知来将其去除。关于这一点，王阳明说得非常清楚：⑪

> 人心是天渊。心之本体无所不该,原是一个天。只为私欲障碍,则天之本体失了。心之理无穷尽,原是一个渊。只为私欲窒塞,则渊之本体失了。如今念念致良知,将此障碍窒塞一齐去尽,则本体已复,便是天渊了。

这里他明确地说,致良知是因为"渊之本体失了",这同他上面讲到的由于私欲遮蔽良知而需格物致知完全一致。[12]因此,致良知便成了王阳明哲学的一个核心概念。他自己就说:"吾平生讲学,只是'致良知'三字"。[13]

那么如何致良知呢?在王阳明看来,这里就需要"体知"。我们知道,程颢曾经指出:"吾学虽有所受,然天理两字,却是自家体认出来"。[14]关于这一点,王阳明评论道:[15]

> 良知即是天理。体认者,实有诸己之谓耳。非若世之想象讲说者之为也……良知之外,更无知;致知之外,更无学。

这里王阳明不仅将程颢的天理与自己的良知等同,而且还用体认良知来说明自己的致良知。我们前面提到,体知或体任的"体"可以指小体(即自己的身体),也可以指大体(即自己的心体)。那么王阳明在这里的体认之体所指为何呢?很显然,这里所指的是大体即心体。在一个学生问"看书不能明如何"时,王阳明说:"须于心体上用功,凡明不得,行不去,须反在自心上体当即可通。盖《四书》、《五经》不过说这心体,这心体即所谓道。心体明即是道明,更无二。此是为学头脑处"。[16]又说:"诸君要实见此道,须从自己心上体认,不假外求始得"。[17]

这里我们用中文讨论王阳明的心的概念时,似乎不存在我们用英

文讨论这个概念时所具有的麻烦。在英文中，心这个字可以翻译成
"mind"，也可以翻译成"heart"，前者指的是心之理智的成分，后者指的
则是其情感或者我们所谓的良心的成分。不过，虽然我们用中文写作
可以避免这个问题，但要确切了解王阳明用心体认良知的概念，我们还
是不能逃避这个问题：这里的心到底指的是理智的成分呢还是良心的
成分，或者两者兼而有之呢？在笔者看来，虽然体认良知离不开理智的
成分，这却不是主要的方面。王阳明所谓的愚夫愚夫(即需要用功致良
知的人)，一方面并不是理智上有缺陷的人，因为有些人智商很高却私
心很重，在王阳明看来，他们也是愚夫愚妇。例如在讲到父子君臣夫妇
长幼朋友五常时，王阳明说："安此者谓之圣，免此者谓之贤，而背此者
虽其启明如朱亦谓之不肖"；[18]另一方面愚夫愚妇也并不是缺乏一般知
识的人，因为如其学生徐爱所指出的："今人尽有知得父当孝、兄当弟
者，却不能孝、不能弟"，[19]这样的人也在王阳明的愚夫愚妇之列。这就
表明，具有较高理智能力，具有丰富智性认识的人还是需要致其良知
(即通过其心体认良知)。相反，虽然致良知需要一定的理智能力，但这
种理智能力并不是只有像爱因斯坦(Albert Einstein，1879－1955)这样
的人才具有的那种超常能力，而是为常人具有的最基本的理智能力：[20]

> 下至闾井、田野、农、工、商、贾之贱，莫不皆有是学，而惟以成其德
> 行为务。何者？无有闻见之杂，记诵之烦，辞章之靡滥，功利之驰
> 逐，而但使之孝其亲，弟其长，信其朋友，以复其心体之同然。

因此我们可以确定地说，这里的心指的主要是英文中用 heart、中文中
用良心所指的方面。私欲可以遮蔽一个人的良心，却不会遮蔽一个人
的理智。

我们知道一般所谓的知识,包括科学知识,不管多么深奥,都可以由老师传授给学生。在这一点上,伦理学理论,如康德的伦理哲学,其至具体的道德命题,如"应该对父母孝"都不例外。唯有良知,不能传授:"此须自心体认出来,非言语所能喻"。[41]正是在这种意义上,良知之知,不可以传授,而需要靠自得:"学贵乎自得也"。[42]关于这一点,王阳明在为其学生的"自得齐"所写的一篇短文中讲得最清楚。王阳明先引孟子关于自得的一段话,"君子深造之以道,欲其自得之也。自得之则居之安;居之安则资之深;资之深则取之左右逢其源。故君子欲其自得之也",然后指出:[43]

> 夫率性之谓道,道,吾性也;性,吾生也。而何事于外求?世之学者,业辞章,习训诂,工技艺,探赜而索隐,弊精极力,勤苦终身,非无所谓深造之者。然亦辞章而已耳,训诂而已耳,技艺而已耳。非所以深造于道也,则亦外物而已耳,宁有所谓自得逢源者哉!古之君子,戒慎不睹,恐惧不闻,致其良知而不敢须臾或离者,斯所以深造乎是矣。是以大本立而达道行,天地以位,万物以育,于左右逢源乎何有?

关于这一点,王阳明更形象地指出:"哑子吃苦瓜,与你说不得。你要知此苦,还须你自吃";[44]又说:"如知痛,必已自痛了方知痛,知寒,必已自寒了,知饥,必已自饥了";[45]"自家痛痒,自家须会知得,自家须会搔摩得。既自知得痛痒,自家须不能不搔摩得。佛家谓之方便法门,须是自家调停斟酌,他人总难与力,亦更无别法可设也"。[46]总之,体认良知需要靠自己,外人无法帮忙。

正是在这种意义上,王阳明将其良知概念与最早由张载提出的德性之知相等同,而与闻见之知相区分。这里所谓的闻见之知并不是一般意义上的、光通过人的五官能够获得的感性知识。闻见之知与德性之知的区别不能等同于感性知识与理性知识的区别。实际上所有科学理论,就其未与人的良心(heart 或 conscience)发生关系而只涉及人的理智(mind 或 intellect)而言,都是闻见之知。科学知识需要感性经验,但也需要人的理性能力。而且有些闻见之知,如通过读书和听课所获得的知识,并不是严格意义上的感性知识。这样的闻见之知是可教的。但王阳明认为,与这样的闻见之知不同,"明德性之良知,非由于闻见耳"。[27]在他看来,"道之不明,皆由吾辈明之于口而不明之于身,是以徒腾颊舌,未能不言而信"。[28]这里,王阳明突出了良知作为德性之知的一个重要方面:信。这就是说,一个人的知识,例如关于父慈子孝的知识,究竟是闻见之知还是德性之知,就看这个人是否"信",而信就不能靠外人传授,而必须靠一个人的内心体会。正是在这一点上,王阳明说:"大抵此学之不明,皆由吾人入耳出口,未尝诚诸其心身。譬之谈饮说食,何由得见醉饱之实乎?"[29]

与体知之自得概念紧密相关的是"自知"的概念。在王阳明看来,一个人是否从自己的心体体认得良知,别人是很难知道的。当然,如果一个人说知道应该父慈子孝,却对其父不孝,对其子不慈,那么外人当然可以断定,这个人关于父慈子孝之知只是闻见之知,而不是德性之知。但是如果一个人不但说应该父慈子孝,而且还确实孝其父,慈其子,我们却无法断定这个人就一定有了德性之知,因为这个人有可能因别的原因而孝其父和慈其子。王阳明认为,这里,只有一个人自己知道他是否体认到了良知。因此在回答关于良知的一首诗中,王阳明说:"良知即是独知时,此知之外更无知。谁人不有良知在,知得良知却是谁? 知得良知却是谁? 自家痛痒自家知。若将痛痒从人问,痛痒何须更问为?";⑩王阳明又说:"所谓人虽不知,而己所独知者,此正是吾心良知处"。⑪这里王阳明发展了《大学》、《中庸》中的"慎独"概念,突出了心体对良知的体认是一种"独知"。关于这种独知的重要性,王阳明在下面这段话中讲得最清楚。他的学生问,"戒惧是己所不知时工夫,慎独是己所独知时工夫,此说如何?"王阳明说:⑫

> 只是一个工夫,无事时固是独知,有事时亦是独知。人若不知于此独知之地用力,只在人所共知处用功,便是作伪,便是见君子而后厌然。此独知处便是诚的萌芽,此处不论善念恶念,更无虚假,一是百是,一错百错,正是王霸义利诚伪善恶界头。于此一立立定,便是端本澄源,便是立诚。古人许多诚身的工夫,精神命脉全体只在此处。真是莫见莫显,无时无处,无终无始,只是此个功夫。今若又分戒惧为己所不知,即工夫便支离,亦有间断。既戒惧即是知,己若不知,是谁戒惧?如此见解,便要流入断灭禅定。

由于王阳明在这里强调体认良知不能言传,⑬而且认为是否体认到了良知外人无法知道,而只有当事人可以自知,有些学者便将王阳明的体认良知与神秘主义联系了起来。例如秦家懿就认为王阳明的致良知功夫是一种神秘体验。⑭陈来也认为,王阳明之学力主"知行合一"与"致良知",但其初下手处亦有得于神秘体验。⑮当然不仅何谓神秘主义,甚至到底神秘体验是否可能,在学术界都是有争论的问题。而且即使神秘体验确实存在,是否还有非神秘的体验(特别是如果我们认为体验与一般的经验不同的话)? 如果有,神秘体验与非神秘体验之区别何在? 这些也都是问题。但笔者想如果神秘主义仅指所具有的内心体验不能言喻,且外人不得而知,说王阳明的体认良知是一种神秘体验也没有太大问题。但这样一来,我们似乎要把"哑子吃苦瓜"和"自家痛痒自家知"这样的情形也看作神秘体验了。另一方面,神秘体验有时指的是一种被动的、可遇不可求的体验,而在王阳明那里,体认良知显然不是这样。在他看来,只要一个人努力,每一个人都可以体认良知。这是其人人都可以成为圣人思想的根据。⑤

第二节　体知：体之于身之知

我们在上一节中主要是讨论作为动词用的"体知"。在本节中我们将讨论作名词用的"体知"。通过上面的讨论,我们可以看到,良知是通过心体体认而得之知。那么由心体认而得之良知(即杜维明所谓的体知),到底是什么样的知识呢? 简单地说,这是体之于身(即小体)之知(即一个人通过其身体行为体现之知)。杜维明在《身体与体知》一文中,用日常生活中会骑自行车和会弹钢琴等来说明体知。在这些情形中,我们常用"会"这个字来传达体知的信息。⑦在将体知与"会不会"的问题联系起来时,杜维明试图通过英国哲学家赖尔(Gilbert Ryle, 1900－1976)在"知道某事实"(know that)之"知"与"知道如何做"(know how)之"知"之间所做的区别来理解体知。这里赖尔所谓的"知道如何作"就是要回答我们中文中所谓"会不会"的问题,因此我们日常生活中的"体知"实际上也就是赖尔的"知道如何作",而王阳明和其他一些宋明儒所谓的"闻见之知"则可以说是赖尔所谓的"知道某个事实"。例如,我可能不会骑车,但我知道骑车就是一个人坐在车垫上,手持车把,双脚一上一下、一前一后地使车轮向前滚动。而通过体知,我就通过自己的身体行动体会到如何坐在车垫上,手持车把,用脚使车轮向前滚动。

那么德性之知,如王阳明的良知,是否就是我们日常意义上的体知呢? 杜维明指出,德性之知显然不是赖尔知道某事实之"知",但"德性之知是否即是'知道如何做'之'知'呢?"杜维明自己至少在两个地方提出了这个问题,⑧但在这些地方,他都没有像人们可能会期望的那样对这个问题作肯定的回答,虽然也没有明确地做出否定的回答。笔者想杜维明的这种小心是有道理的。首先,我们看到,良知作为德性之知,主要是通过我们的大体即心体体认出来的,但我们日常生活中的体知过程,如学会骑车的过程,可能在更大的程度上是通过我们的小体即身体体会出来的。但更重要的一点是,有了日常生活中的体知,我们确实就"会"即能够作某件事,但这不等于我们"会"即愿意或实际上去做这件事。例如我们今天很多人都会骑车,但我们可能不愿意骑车,而喜欢开车或者坐车。但儒家所关心的道德意义上的体知(即德性之知或者良知),不仅回答一个知不知的问题(这是闻见之知也可以回答的问题),也不只是回答一个会不会的问题(这是我们上面看到的日常生活中的体知也可以回答的问题),而且还有一个愿不愿或者欲不欲的问题,即是否有从事自己会做的事情的欲望的问题。关于这最后一点,王阳明特别强调。

我们知道,王阳明的良知概念来自孟子。孟子说:"人之所不学而能者,其良能也;所不虑而知者,其良知也"。⑨王阳明自己也明确指出了其思想的孟子根源,他在《大学问》中指出:"良知者,孟子所谓'是非之心,人皆有之'者也。是非之心,不待虑而知,不待学而能,是故谓之良知"。⑩这里值得注意的是,孟子是良知与良能连用,而王阳明只谈良知。什么原因呢? 笔者想这主要是因为王阳明想突出,良知已经包含良能。这就是其著名的知行合一理论。王阳明的良知(即由内心体会而得的道德知识),只要不被私欲所遮蔽,或者只要把将其遮蔽的私欲去除，与闻见之知的一个重要区别，就在于其是体之于身的知识。而与像骑车等的日常体知的一个重要差别在于，它不仅"可以"体之于身，而且"必然"会体之于身。㊶王阳明说："未有知而不行者。知而不行，只是未知"。㊷王阳明这里所谓的知就是良知，确切地说，就是未被私欲遮蔽的良知，也即他所谓的良知本体。知而不能行之知不是真知，而是闻见之知。关于这一点，王阳明说得很清楚：㊸

> 知得善，却不依这个良知便做去，知得不善，却不依这个良知便不去做，则这个良知便遮蔽了，是不能致知也。吾心良知既不能扩充到底，则善虽知好，不能着实好了；恶虽知恶，不能着实恶了。

那么良知作为真知，作为未被私欲遮蔽之知，到底如何导致行动呢？王阳明用了《大学》中的好好色和恶恶臭来说明：㊹

> 圣贤教人知行，正是安复那本体，不是着你只恁的便罢。故《大学》指个真知行与人看，说"如好好色，如恶恶臭"。见好色属知，好好色属行。只见那好色时已自好了，不是见了后又立个心去好。闻恶臭属知，恶恶臭属行。只闻那恶臭时已自恶了，不是闻了后别立个心去恶。如鼻塞人虽见恶臭在前，鼻中不曾闻得，便亦不甚恶，亦只是不曾知臭。㊺

在笔者看来，用好好色和恶恶臭来说明好善恶恶，除了说明知行合一以外，还有一层重要意义：通过体知，一个人不仅能够行动(即有行动的技能)，㊻甚至不仅一定会去行动，㊼而且还乐于行动，在行动中找到乐趣。如有好色，一个人自然会喜好；如有恶臭，一个人自然会厌恶。

这里不需要任何命令,不管这种命令是来自上帝(如基督教伦理学所教导的)还是来自理性(如康德所教导的)。如果有谁命令我们厌恶好色和喜欢恶臭,我们会感到很痛苦。通过这样的类比,王阳明想告诉我们,如果我们从内心体认得了良知,那么这种良知体现于我们身体,使我们从事好善恶恶的行动时,我们也会感到很自然,很愉快,这里不需要任何命令。相反,如果有人要我们恶善好恶,我们反会感到很痛苦,很不自然。⑱因此王阳明指出:"人但得好善如好好色,恶恶如恶恶臭,便是圣人"。⑲

这里我们需要特别加以强调的是"乐"这个概念。王阳明写了一篇短文,叫作《为善最乐文》。这篇文章共有两段。其中的第一段说:⑳

> 君子乐得其道,小人乐得其欲。然小人之得其欲也,吾亦但见其苦而已耳。"五色令人目盲,五声令人耳聋,五味令人口爽,驰骋田猎令人心发狂。"营营戚戚,忧患终身,心劳而日拙,欲纵恶积,以亡其生,乌在其为乐也乎?若夫君子之为善,则仰不愧,俯不怍;明无人非,幽无鬼责;优优荡荡,心逸日休;宗族称其孝,乡党称其弟;言而人莫不信,行而人莫不悦。所谓无入而不自得也,亦何乐如之!

君子可以为善得乐,但小人通过满足其私欲也可以得乐。如果乐是我们行动的内在目的,那么我们为什么一定要为善,而不能设法去满足私欲呢?在上面这段话中,王阳明就是要回答这个问题。这里王阳明指出,满足私欲虽然可以带来一时的快乐,但长远看来却是"营营戚戚,忧患终身,心劳而日拙,欲纵恶积,以亡其生"。与此相反,有了为善之乐,"则仰不愧,俯不怍;明无人非,幽无鬼责;优优荡荡,心逸日休;宗族称其孝,乡党称其弟;言而人莫不信,行而人莫不悦。所谓无入而不自得

也,亦何乐如之"。所以,虽然追求私欲也会给人带来乐,王阳明认为,
"行善最乐"。

这里,王阳明也注意到,为善不仅可以得到其内在之乐:"仰不愧,
俯不怍;明无人非,幽无鬼责;优优荡荡,心逸日休",也可得到人们通过
追求私欲所想得到的外在之乐:"宗族称其孝,乡党称其弟;言而人莫不
信,行而人莫不悦"。但王阳明认为,这些外在之乐,只是行善之附带产
物,不是行善之本来目的。因此,即使这些外在之乐不存在,君子还是
会乐于行善,因为行善有其固有的内在乐。关于这一点,在上述这篇
〈行善最乐文〉的下半段,王阳明就解释得更清楚:⑤

> 妻弟诸用明积德励善,有可用之才而不求仕。人曰:"子独不乐仕
> 乎?"用明曰:"为善最乐也。"因以四字扁其退居之轩,率二子阶、阳
> 日与乡之俊彦读书讲学于其中。已而二子学日有成,登贤荐秀。
> 乡人啧啧,皆曰:"此亦为善最乐之效矣!"用明笑曰:"为善之乐,大
> 行不加,穷居不损,岂顾于得失荣辱之间而论之?"闻者心服。仆夫
> 治圃,得一镜,以献于用明。刮土而视之,背亦适有"为善最乐"四
> 字。坐客叹异,皆曰:"此用明为善之符,诚若亦不偶然者也。"相与
> 咏其事,而来请于予以书之,用以训其子孙,遂以勖夫乡之后进。

这里,王阳明用妻弟的两个儿子为例说明,为善之乐不在于外在的
"得失荣辱",虽然通过为善,人们也可能附带地具有"得"与"荣"这样
的外在之乐。但君子为善之乐并不在于这种外在之乐,而在于内心之
乐。因此,即使在他们没有这样的外在之乐,甚至在忍受在常人看来
是痛苦的时候,君子还是会体会到内在之乐,而乐于行善。因此王阳
明指出:⑤

君子之学,求尽吾心焉尔……吾心有不尽焉,是谓自欺其心;心尽
而后,吾之心始自以为快也。惟夫求以自快吾心,故凡富贵贫贱、
忧戚患难之来,莫非吾所以致知求快之地。苟富贵贫贱、忧戚患难
而莫非吾致知求快之地,则亦宁有所谓富贵贫贱、忧戚患难者足以
动其中哉?世之人徒知君子之于富贵贫贱、忧戚患难无人而不自
得也,而皆以为独能人之所不可及,不知君子之求以自快其心而
已矣。

在讨论为善最乐或者乐于行善时,王阳明还提出了两个相关的概
念。一是弘毅,一是自慊。关于前者,在谈到程子"知之而至,则循理为
乐,不循理为不乐"㊾时,王阳明指出:㊿

自有不能已者,循理为乐者也。非真能知性者未易及此。知性则
知仁矣。仁,人心也。心体本自弘毅,不弘者蔽之也,不毅者累之
也。故烛理明则私欲自不能蔽累;私欲不能蔽累,则自无不弘毅
矣。弘非有所扩而大之也,毅非有所作而强之也,盖本分之内,不
加毫末焉。曾子"弘毅"之说,为学者言,故曰"不可以不弘毅",此
曾子穷理之本,真见仁体而后有是言。学者徒知不可不弘毅,不知
穷理,而惟扩而大之以为弘,作而强之以为毅,是亦出于一时意气
之私,其去仁道尚远也。

这里,王阳明强调曾子的"弘毅",就是要说明,为善乃是完全出于
自然、没有任何勉强的行动。关于自慊,王阳明说:㊿

君子之酬酢万变,当行则行,当止则止,当生则生,当死则死,斟酌

谓停，无非是致其良知，以求自慊而已……《大学》言诚其意者，如
恶恶臭，如好好色，此之谓自慊。

王阳明通过"自慊"这个概念所想强调的是，在从事道德行动时，
人们会感到很轻松，很从容，很自然，很愉快，很心安，而"心安处，即
是乐也"。㊿

所以以王阳明的看法，良知不只是心即大体之知，而且是能够体现
于身体即小体之知；不只是能够体现于身体之知，而且是必然会体现于
身体之知；不只是必然会体现于身体之知，而且是给人带来内心快乐之
知。这样一种道德知识，在有些人看来是有问题的。康德主义者当然
反对这样一种观点，因为在他们看来，一个人的行动是否道德，跟一个
人是否乐于从事这种行动完全没有关系。事实上，最能体现其道德品
格的，恰恰是在一个人不愿意从事其该从事的行动、对从事该行动感到
很痛苦、但还是因为其是道德行为而决定从事这种行动的时候。但在
这里笔者要提到的不是康德主义者。著名伦理学家富特（Philippa
Foot，1920－2010）可以说是一个反康德主义者。在谈到具有王阳明那
种德性之知的人时，她认为我们在这里似乎遇到了一个悖论：㊼

我们又想赞同又想不赞同这样一种看法：一个人对于自己从事德
性行动越是感到困难，那么，如果这个人最后还是从事了这样的行
动，这个人就越是能表现其德性。因为一方面，恰恰是在特别难于
从事德性行动的地方，特别需要人们具有德性；但同时，我们也可
以说，一个人感到难于从事德性的行动这个事实正好表明，这个人
的德性还不完美：根据亚里士多德（Aristotle）的看法，乐于从事德
性行动正是真实德性的标志。

富特谈到的亚里士多德的看法,也就是我们在这里谈到的王阳明的看法。⑱根据这样的看法,能够在道德行动中感到乐趣,表明一个人真正具有了德性。富特的问题是,我们都会很自然地认为,如果一个人很乐意而且无须任何努力便能从事道德行为,那他的道德行为有什么值得称道的呢?真正值得称道的是那些能够克服内心的种种阻力、虽然自己并不乐于但还是坚持从事道德行为的人。也许正是在这种意义上,我们常常把道德与无私结合起来。

富特的这个问题其实有点似是而非。假如我们看到两个人投篮。一个人投得满头大汗,筋疲力尽,还是没投进几个;而另一个人则轻而易举地百投百中,我们是否就应该说,前者投进的篮比后者投进的篮更有价值呢?从静止的、截面的观点看,我们似乎确实也有理由这么认为,毕竟为每个投进的篮,前者比后者做出了更大的努力。但是如果我们知道,后者能够达到这个程度,经过了不知多少日日夜夜的辛苦训练,我们的回答很可能就相反。这里我们需要采取一种动态的、历史的观点,即从一个人的道德成长过程来看。这样,富特的问题就很容易解决。在王阳明看来,虽然人人生来具有良知,但在绝大多数人那里,这些良知都会被私欲遮蔽。因此要达到乐于行善的程度,人们必须花苦功夫去致良知。即使孔子,作为大圣人,根据他自己的说法,也只是到了70岁才能从心所欲不逾矩。可见这是多么不容易的事情。因此,王阳明指出:"为学工夫有浅深。初时若不着实用意去好善恶恶,如何能为善去恶?这着实用意便是诚意"。⑲这就说明,一旦私欲去除,良知昭著,那么一个人无须用力便可好善恶恶。但在一开始,人需要致良知,而在这个时候,人就需要下苦工:"凡劳其筋骨,饿其体肤,空乏其身,行拂乱其所为,动心忍性以增益其所不能者,皆所以致其良知也"。⑳他的门人黄直也深有体会地说:㉑

先生尝谓："人但得好善如好好色，恶恶如恶恶臭，便是圣人。"直初时闻之觉甚易，后体验得来，此个功夫着实是难。如一念虽知好善恶恶，然不知不觉，又夹杂去了。才有夹杂，便不是好善如好好色，恶恶如恶恶臭的心。

我们上面也提到，乐于行善时，人也就达到了自慊。自慊也就是自乐无求，但王阳明在谈到自慊时，常常说"求"自慊。求自慊也可以说是求无求。即无求的状态本身必须有求才能达到，而追求这种轻松状态的过程实在并不轻松。[②]

第三节　体知：信念＋欲望≠怪物

我们上面的分析表明，王阳明的良知，作为一种体知，实际上包含着两个方面，一个是认知(cognition)的方面，即告诉一个人该作什么的道德信念(belief)，另一个是制动(motivation)的方面，即促使一个人去作其该作之事的欲望(desire)。而信念和欲望的关系问题，正是当代西方哲学中休谟主义和反休谟主义之争的一个核心问题。由于这场争论涉及行动哲学(philosophy of action)、心智哲学(philosophy of mind)和道德心理学(moral psychology)等多个领域，这里我们将王阳明的良知，作为体知，放在这场休谟主义和反休谟主义争论中加以考察，不仅对我们理解王阳明的良知概念和西方哲学中的这场争论本身有益，而且也有望看到前者对后者可能做出的贡献。

简单地说，这场休谟主义与反休谟主义的争论围绕着休谟就信念与欲望的一个基本看法展开。休谟认为，人类的行动(action)，就其与动物活动不同而言，与信念和欲望这两个一前一后的内心状态(mental states)有关。前者告诉我们作什么,后者促使我们去行动。信念表象世界,因此它必然或者为真或者为假。如果与世界不合,信念就必须被修正甚至抛弃。欲望并不表象世界,因此不管其是否得到满足,它没有真假。如果与世界不合,它不一定会被抛弃。后来安斯康姆(G. E. M. Anscombe,1919 - 2001),也是一位休谟主义者,更用"适合的方向"(direction of fit)来说明这两者之间的区别。无论是信念还是欲望,作为人的内心状态,都要与外部世界达成某种适合,但这两种适合的方向却正好相反:一个人的信念与外部世界的适合是通过对信念的修改达成的,而一个人的欲望与外部世界的适合是通过对外部世界的改造来完成的。换言之,人的信念要与世界适合,而世界要与人的欲望适合。^⑥根据这种休谟主义的看法,信念作为一种理性的认识,对于其表象的世界而言是被动的,而对于一个人的行动而言则是中性的:它本身永远不能成为意志行动的动力。^⑥这里需要人有欲望,只有欲望能够促使人行动。

休谟主义这种将信念与欲望、认识与行动两分的看法与王阳明的知行合一观显然不符。我们上面看到,在王阳明看来:^⑥

> 未有知而不行者。知而不行,只是未知……故《大学》指个真知行与人看,说"如好好色,如恶恶臭"。见好色属知,好好色属行。只见那好色时已自好了,不是见了后又立个心去好。闻恶臭属知,恶恶臭属行。只闻那恶臭时已自恶了,不是闻了后别立个心去恶。

这里,知和行之欲望并不是两个不同的内心状态。这里只存在一个内心状态。在这种意义上,王阳明的良知观应该与当代哲学中的反休谟主义的立场比较接近。不过,反休谟主义不仅有各种各样形式,而且似乎也存在各自的问题。首先，有人试图克服休谟理论中的信念(认知)情感(动因)二元论，认为只存在一种而不是两种内心状态。在这样的反休谟主义者中，又有两个极端。一方面是逻辑实证主义者艾耶尔(Alfred Jules Ayer)的情感主义(emotivism)。艾耶尔试图消解休谟理论中的认知成分，因而持一种非认知主义(non-cognitivism)立场。在他看来，一个人的道德行动完全是由情感造成的。因此道德判断要么真是判断(即关于非道德事实的判断)，要么根本不是判断(如果它确实与道德有关)。[56]而另一方面则是哈佛大学的斯坎隆(T. M. Scanlon，1940-)的纯理性主义。斯甘龙认为，一个人之所以行动，是因为其有足够的理由：[57]

> 理性的人在断定有足够的理由从事行动甲时，也就形成了从事这个行动的意向，而这个断定完全足以说明其有这种意向，并实际上从事这种行动……这里没有必要再去寻找额外的行动之动因。

这里，与艾耶尔保留了欲望而否定了信念不同，斯坎隆则肯定了信念而否定了欲望。在他看来，具有一般所谓的欲望也就是具有这样一种倾向：把欲望的东西看作是一个理由。[58]这里，虽然艾耶尔和斯坎隆都反对休谟的两阶段论，强调只有一种内心状态与人的行动有关，在这一点上与王阳明的看法比较一致。但无论是前者之否定信念而肯定欲望，还是后者之否定欲望而强调信念，王阳明显然都不能赞成。因为王阳明称这种单一的内心状态为心之本体即良知，而这种状态既具有认知的成分，又与人的欲望有关。换言之，王阳明的看法是，良知这种单一的内心状态已经能够促使人行动，但这种内心状态既是认知的(信念)又是情感的(欲望)。

在这种意义上,其他一些反休谟主义者(如 Mark Platts、David McNaughton 和 John McDowell 等)所提出的主张与王阳明的看法更接近。这些反休谟主义者认为,对某种道德要求的明确认识同时也就是,或者已经包含了,使人根据这种要求行动的欲望。换言之,他们认为,信念和欲望不是两种不同的内心状态;相反,这里只有一种内心状态,它既是信念又是欲望。正是在这种意义上,奥尔瑟姆(J. E. J. Altham,1944 -)创造了一个新字,"besire",作为 belief(信念)和 desire(欲望)合为一体的缩写,来指称这种单一的内心状态。我们可以说,王阳明的良知也是一种 besire,因为我们看到,它既是一种知的状态,又是一种行的欲望。不过即使这些反休谟主义者,在某种意义上,还束缚于休谟主义的一个根本假定中。由于 besire 综合了休谟意义上的信念和欲望,因而也综合了信念和欲望所具有的世界与内心状态之两种不同的适合方向:一方面,这种内心状态,作为信念,必须与世界相适合;而另一方面,这同一种内心状态,作为欲望,又要求世界与之相适合,这就显得矛盾起来。例如,麦克诺顿(David McNaughton,1946 -)就指出:⑩

> 意识到某种道德要求……也就是认为某种场合需要加以回应。而认为某种场合需要加以回应,需要有人做些事情,也就是处于某种内心状态,其适合的方向是,世界必须与此内心状态相适应。要满足这个条件,行动者就必须改造世界,使之与其内心状态相适合。但……行动者对这个场合的看法又完全是认知性的……因此他的内心状态又必须具有这样的适合方向:它必须与世界相适合……因此我们必须认为,对某种道德要求的意识,就像 Janus(罗马门神,据说有前后两个脸)那样,具有双向的适合。

对 besire 的这样一种理解确实是有问题的：同一种内心状态怎么可能同时去与世界适合而又要求世界与其适合呢？因此当代哲学中的休谟主义者不无道理地认为这是一种自相矛盾的看法，[⑩]并声称 besire 是 bizzare（怪物）。[⑪]我们这里的问题是：将信念与欲望看成是同一种内心状态，是否就一定会导致自相矛盾，而成为怪物呢？换言之，王阳明的良知概念是否也会遇到同样的问题呢？我们的回答是否定的。

这里我们必须注意到，良知或者说道德知识是规范性（Normative）的知识，她以这样的形式出现："人们应该孝父弟兄信友"或者"孝父弟兄信友是好的行为"。这里毫无疑问也包含了认知的成分，但很显然与描述性的知识不同。我们看到，描述性的知识，如"地球绕太阳转"，就适合的方向而言，它必须与世界相适合。我们不能要求世界与我们这样的知识相适合。但规范性的知识与世界的关系不是这样。如果这样的知识与世界不相适合，我们并不一定需要改变这样的知识，而通常是要求世界做出改变。例如，如果世界上没有人孝父弟兄信友，这并不表明"人们应该孝父弟兄信友"这个规范性知识错误，因而需要改变。如果我们作这样的理解，王阳明的良知之同时包含的认知和欲望的成分就并不矛盾了，因为在这里两者与世界的适应方向一致：都要求世界与之相适应。

关于规范性知识与描述性知识的这样一种区别，康德有明确的说明。康德区分了理论理性与实践理性。在理论理性中，我们关于某物之存在的信念是由我们对该物的经验为前提的。但在实践理性中，情形就不同了：[⑫]

所谓实践理性的对象，我指的是作为由自由导致的对象。因此，成为实践理性的对象也就只是表明意志与行动的关系，因为通过这

样的行动,这个对象或者其反面才会开始存在。要确定某物是否
是纯粹实践理性的对象就是要确定,对将使之成为现实的行动(只
要我们能够将其成为现实)之意志是否可能。

这里康德强调的是,道德信念的对象在人们根据这个信念从事行
动之前并不存在。相反只是在人们持这种信念并根据这种信念从事行
动时,这种信念的对象才能存在。孝父弟兄信友的事实,只有在人们相
信"孝父弟兄信友是好的行为"并根据这个信念行动时才会出现。关于
这一点,王阳明深有体会。他说:"我今信得这良知真是真非,信手行
去,更不着些覆藏"。[72] 而且在他看来,这不只适用于他自己:"学者信得
良知过,不为气所乱,便常做个羲皇已上人"。[74]

注释

① 杜维明:《论体知》,《杜维明文集》,第 5 卷(武汉:武汉出版社,2002 年),第
330 页。

② 杜维明就指出:孟子所谓的"心",不可能是和"身"决然割裂的观念,更不能是和
"身"相互敌对的观念。从孟子"大体"和"小体"的分别可以看出心身交养的痕
迹。参见同上书,第 332 页。

③〔明〕王阳明:《王阳明全集》(北京:红旗出版社,1996 年),第 138 页。

④ 同上书,第 77 页。

⑤ 同上书,第 52 页。

⑥ 同上书,第 8 页。

⑦ 同上书,第 8 页。

⑧ 同上书,第 35 页。

⑨ 同上书,第 52 页。

⑩ 在另一处,王阳明在指出了良知良能人所同具后说:"但不能不昏蔽于物欲,故须
学以去其昏蔽"。参见同上书,第 65 页。这里他甚至没有区分常人与圣人,而直
说"不能不昏蔽于物欲",似乎更否定了有生而知之的、即不被私欲遮蔽、因而无
须致其良知的圣人。

⑪ 同上书,第 100 页。

⑫ 笔者这里将"致良知"的"致"理解为去除私欲。这与一些比较流行的看法并不一
致。例如,根据牟宗三的看法："王阳明言'致'字,直接地是'向前推致'底意思,
等于孟子所谓扩充"。参见牟宗三：《从陆象山到刘蕺山》(上海：上海古籍出版
社,2001 年),第 161 页。但在笔者看来,这样一种理解忽略了在孟子和王阳明之
间的一个重要差别。在孟子看来,人生来只有四端,因为它们只是"端",就需要
加以扩充。但在王阳明那里,人生来具有完整的良知。问题只在于这些良知被
私欲所遮蔽,就好像太阳被乌云所笼罩。因此解决前者的方法就不是扩充良知,
而是去除私欲,就像解决后者的方法不是加强阳光,而是拨除乌云。正是在这种
意义上,笔者认为秦家懿正确地指出："事实上,如果这里的'致'字作量化的理
解,那没有什么东西需要增加。正如王阳明常常指出的,良知既不能增加,也不
能减少"。参见 Julia Ching, *To Acquire Wisdom: The Way of Wang Yang-
ming* (New York：Columbia University Press, 1976), p.73.对"致良知"之"致"
的另一种理解是将其作为将"良知"用到行动中。但如陈来指出的："若从知行合
一的立场,知即是行,于是'良知'即是'致良知了',这当然是王阳明所不能赞同
的"。参见陈来：《有无之境：王阳明哲学的精神》(北京：人民出版社,1991 年),
第 111 - 112 页。笔者认为对这个问题的最好说明是,在王看来,被私欲遮蔽的
良知继续存在,只是由于被私欲遮蔽而不能发挥作用,因此一个人也就不能根据
这种良知行动。通过致良知,即去除私欲,良知能够发挥其作用,因而也就能行
了。所以致良知还是应当理解为去除遮蔽良知的私欲。

⑬ 〔明〕王阳明：《王阳明全集》,第 543 页。

⑭ 〔宋〕程颢、程颐：《二程集》(北京：中华书局,1989 年),第 425 页。

⑮ 〔明〕王阳明：《王阳明全集》,第 461 页。

⑯ 同上书,第 16 - 17 页。

⑰ 同上书,第 23 页。

⑱ 同上书,第 57 页。

⑲ 同上书,第 5 页。

⑳ 同上书,第 57 页。

㉑ 同上书,第 25 页。

㉒ 同上书,第 429 页。

㉓ 同上书,第 896 页。

㉔ 同上书,第 38 页。

㉕ 同上书,第 6 页。

㉖ 同上书,第 60 页。

㉗ 同上书,第 54 页。

㉘ 同上书,第 422 页。

㉙ 同上书,第 423 页。在笔者看来,宋明儒(包括王阳明)在德性之知与闻见之知之

间所作出的这样一种区分,很好地解决了苏格拉底在《普罗塔哥拉》篇的末尾所想解决而在笔者看来没有很好解决的问题。参见 Plato, *Protagoras*, in Edith Hamilton and Huntington Cairns (eds.), *Plato: The Collected Dialogues* (Princeton: Princeton University Press, 1980), 361a - 361d. 苏格拉底一方面说,德性是知识,而另一方面又说德性不可传授,这似乎有矛盾。因为我们一般认为,如果德性是知识,那德性也应当可以传授,而如果德性不可传授,这就表明其不是知识。而如果我们接受宋明儒关于德性之知与闻见之知之间的区别,这个关于德性既是知识而又不可教的苏格拉底主张就很容易理解了。

㉚〔明〕王阳明:《王阳明全集》,第 712 页。

㉛ 同上书,第 124 页。

㉜ 同上书,第 36 页。唐君毅在这个问题上不同意王阳明。在他看来:"对他人意念之是非善恶",虽"不能有他心通之知","然人有良知之明,能自知其'意念之是非善恶,与其表现于言行'之关系,则也能于他人之言行之表现于前之时,而自然照见他人之意念之是非善恶"。参见唐君毅:《中国哲学原论:原教篇》(台北:台湾学生书局,1986 年),第 339 页。

㉝ 参见杨国荣:《心学之思:王阳明哲学的阐述》(北京:三联书店,1997 年),第 212 - 231 页。

㉞ 参见 Julia Ching, *To Acquire Wisdom*, pp.182 - 183.

㉟ 陈来:《有无之境》,第 394 页。

㊱ 余英时虽然没有用神秘主义,但他认为以王阳明为代表的宋明儒学体现了一种反理智主义。参见余英时:〈反智论与中国政治传统〉,《中国思想传统及其现代变迁》(桂林:广西师范大学出版社,2004 年),第 276 - 313 页。在笔者看来,王阳明并不反对理智(即 mind)的作用,但一方面,他认为光是 mind 还不足以使人获得作为德性的良知。而另一方面,一旦人有了良知,人们就会自然地运用其聪明才智去追求有用的知识。例如,如果一个人有了孝的良知,这个人就会自然去寻求对孝有用的知识,如发明空调使父母在夏天清凉,在冬天温暖。而如果没有良知,这样的知识反而有可能被用来作恶,以至有这些知识的人反而比没有这样的知识的人更有害。所以他说:"节目时变,圣人夫岂不知? 但不专以此为学。而其所谓学者,正惟致其良知,以精察此心之天理,而与后世之学不同耳。吾子未暇良知之致,而汲汲焉顾是之忧,此正求其难于明白者以为学之弊也。夫良知之于节目时变,犹规矩尺度之于方圆长短也。节目时变之不可预定,犹方圆长短之不可胜穷也。故规矩诚立,则不可欺以方圆,而天下之方圆不可胜用矣;尺度诚陈,则不可欺以长短,而天下之长短不可胜用矣;良知诚致,则不可欺以节目时变,而天下之节目时变不可胜应矣"。参见〔明〕王阳明:《王阳明全集》,第 52 页。关于这一点,笔者在别处有较详细论述。参见 Yong Huang, "A Neo-Confucian Conception of Wisdom: Wang Yangming on the Innate Moral Knowledge," *Journal of Chinese Philosophy* 33, 3 (2006), pp.394 - 397.

㊲ 杜维明：《论体知》，第 354 页。

㊳ 同上书，第 344、365 页。

㊴ 杨伯峻（译注）：《孟子》，6a15。

㊵ 〔明〕王阳明：《王阳明全集》，第 1063 页。

㊶ 当然这并不表明王阳明与孟子在这个问题上有什么重大分歧。事实上，孟子也指出了这一点："君子所性，虽大行不加焉，虽穷居不损焉，分定故也。君子所性，仁义礼智根于心；其生色也睟然，见于面，盎于背，施于四体，四体不言而喻"。参见杨伯峻（译注）：《孟子》，7a21。

㊷ 〔明〕王阳明：《王阳明全集》，第 5 页。

㊸ 同上书，第 124 页。

㊹ 同上书，第 5-6 页。

㊺ 紧接着，王阳明又指出："就如称某人知孝、某人知弟，必是其人已曾行孝行弟，方可称他知孝知弟，不成只是晓得说些孝弟的话，便可称为知孝弟。又如知痛，必已自痛了方知痛，知寒，必已自寒了；知饥，必已自饥了"。参见同上书，第 6 页。可能是根据这样的话，杨国荣虽然小心地认为，王阳明的心学与行为主义不能等同，但又认为："就其以行界定知，把知理解为行的特定状态（明觉之行）而言，则与行为主义又有相通之处"。参见杨国荣：《心学之思》第 208 页。在笔者看来，王说知而必行并不等于以行定知。当然，如我们在前一节指出的，在外人看来，一个人是否有真知，需要看其是否在该行动时行动（事实上，如我们也已经指出的，虽然在这个人该行动而不行动时，我们可以肯定其没有真知，但即使他在该行动时真的行动了，我们也不能因此而断定其有真知），但这个行为者本人可以清楚地知道自己是否有真知，即使还没有将其体诸于身的机会。

㊻ 我们前面说到，有行动技能因而能够行动的人不一定会行动。

㊼ 因为一个人可能不仅能够行动，而且在应该行动的时候总是能够行动，但这个人在这样行动时也许感到很痛苦，自己并不真正想从事这样的行动。例如，根据康德的伦理思想，行动的道德品格在于一个人的理性意志，并在绝大多数情况下，以这种意志来克服自己的内心意愿。

㊽ 关于这一点，钱穆也指出："如你好好色，只是你心诚好之，并不是为着其他目的而始好。换言之，不是把好好色之心作手段。作手段是有所为而为，有所为而为者总是虚是假。你心里并不真好此色，换言之，你心里也并不觉得此色真可好"。参见钱穆：《宋明理学概述》（台北：兰台出版社，2001 年），第 208 页。

㊾ 〔明〕王阳明：《王阳明全集》，第 102 页。从这一点上看，笔者不同意艾文贺（Philip J. Ivanhoe）的这样一个看法："在很重要的一种意义上，他们（圣人）的行都属于理而不属于他们自己。他们的精神境界越高尚，他们为己而行动的感觉就越微弱"。参见 Philip J. Ivanhoe, *Ethics in the Confucian Tradition*, 2nd edition (Indianapolis: Hackett, 2002), p.73. 在笔者看来，圣人能好善如好好色，恶恶如恶恶臭，正好表明他们的好善恶恶是为己，当然这里的己不是私己，而是

真己。关于在这两种“己”之间的区别和联系，王阳明讲得非常精彩：“人须有为己之心，方能克己；能克己，方能成己”。参见〔明〕王阳明：《王阳明全集》，第37页。又说：“夫吾之所谓真吾者，良知之谓也。父而慈焉，子而孝焉，吾良知所好也；不慈不孝焉，斯恶之矣。言而忠信焉，行而笃敬焉，吾良知所好也；不忠信焉，不笃敬焉，斯恶之矣。故夫名利物欲之好，私吾之好也，天下之所恶也；良知之好，真吾之好也，天下之所同好也。是故从私吾之好，则天下之人皆恶之矣，将心劳日拙而忧苦终身，是之谓物之役。从真吾之好，则天下之人皆好之矣，将家、国、天下，无所处而不当；富贵、贫贱、患难、夷狄，无入而不自得；斯之谓能从吾之所好也矣”。参见同上书，第880－881页。

(50) 同上书，第1012页。

(51) 同上书，第1012页。

(52) 同上书，第1011页。关于为好善恶恶之乐与日常意义上的乐之关系，王阳明在回答其学生的来书时作了说明。他的学生在信中说：“昔周茂叔每令伯淳寻仲尼、颜子乐处。敢问是乐也，与七情之乐，同乎？否乎？若同，则常人之一遂所欲，皆能乐矣，何必圣贤？若别有真乐，则圣贤之遇大忧大怒大惊大惧之事，此乐亦在否乎？且君子之心常存戒惧，是盖终身之忧也，恶得乐？澄平生多闷，未尝见真乐之趣，今切愿寻之”。对此，王阳明作答说：“‘乐’是心之本体，虽不同于七情之乐，而亦不外于七情之乐。虽则圣贤别有真乐，而亦常人之所同有。但常人有之而不自知，反自求许多忧苦，自加迷弃。虽在忧苦迷弃之中，而此乐又未尝不存。但一念开明，反身而诚，则即此而在矣。每与原静论，无非此意。而原静尚有何道可得之问，是犹未免于‘骑驴觅驴’之蔽也”。参见同上书，第72页。在另一场合，他的学生问：“乐是心之本体，不知遇大故于哀哭时，此乐还在否？”王阳明回答说：“须是大哭一番方乐，不哭便不乐矣。虽哭，此心安处，即是乐也；本体未尝有动”。参见同上书，第116页。

(53) 〔宋〕程颢、程颐：《二程集》，第186页。

(54) 〔明〕王阳明：《王阳明全集》，第389页。

(55) 同上书，第75页。

(56) 同上书，第116页。

(57) Philippa Foot, “Virtue and Vices,” in Roger Crisp and Michael Slote (eds.), *Virtue Ethics* (Oxford: Oxford University Press, 1997), p.171.

(58) 现在有不少人看到了亚里士多德的德性伦理学与儒家伦理的类似性。我们在这里通过对王阳明良知概念的讨论，看到了这种类似性的又一个例证。不过在笔者看来，在这两者之间也存在着一个重要的差别，而且正是由于这个差别，笔者认为儒家伦理较之亚里士多德的伦理，具有优越性。笔者这里所谓的差别就是，如我们在上面看到的，对于儒家来说：“为善最乐”，即在各种乐中，从事道德行动带来的乐最高尚。而亚里士多德区分了理论理性和实践理性，因而也区分了由通过沉思获得的快乐和由从事道德行为所得到的快乐。在他看来，前一种快乐比后一种快乐更重要。

㊾〔明〕王阳明：《王阳明全集》，第 35 - 36 页。

⑩ 同上书，第 75 页。

⑪ 同上书，第 102 页。

⑫ 还有一点需要指出的是，虽然一个人在为善的行为中得到快乐，因此这种为善的行动可以说是"为己"，但这种"为己"的行动与"为他"的行动完全重合了。在这一点上，在当代美国较有影响的哲学家富兰克福（Harry Frankfurt）最近写了一本不到一百页的小书，书名是《爱的理由》（Reason of Love）。笔者可以断定，他对儒家传统毫无了解，但他在其中论述的观点却绝对是儒家的观点。他说一个母亲爱其刚出生的婴儿，这到底是因为她自己从这种爱之中得到快乐呢，还是因为她认为这个婴儿有其本身的价值而需要照顾？ 他认为这种非此即彼的问题本身是伪问题：这位母亲的爱是同时出于这两种理由。他还举例说："如果一个男子对一位女子说，他对她的爱使他的生命获得了意义和价值……那么她不会感到，他对她所说的隐含着，他事实上并不爱她，他之所以爱她是因为这使他自己有一种好感觉。从他所说的（即他对她的爱满足了他生活中一种重大需求），她绝对不会认为他是在利用她"。参见 Harry Frankfurt, *Reason of Love*（Oxford：Oxford University Press，2003），p.60.

⑬ 参见 G. Elizabeth M. Anscombe, *Intention*（Oxford：Blackwell，1957）.

⑭ David Hume, *A Treatise of Human Nature*（Oxford：Clarendon Press，1978），p.413.

⑮〔明〕王阳明：《王阳明全集》，第 6 - 7 页。

⑯ 参见 Alfred Jules Ayer, *Language*，*Truth*，*and Logic*（London：Gollancz，1946），ch.6.

⑰ Thomas M. Scanlon, *What We Owe to Each Other*（Cambridge：Harvard University Press，1998），p.39.

⑱ 同上书，第 39 页。

⑲ David McNaughton, *Moral Vision: An Introduction to Ethics*（Oxford：Blackwell，1988），p.109.

⑳ 参见 Michael Smith, *The Moral Problem*（Oxford：Blackwell，1994），p.118.

㉑ 参见 Margaret Olivia Little, "Virtue as Knowledge：Objections from the Philosophy of Mind," *Noûs* 31，1（1997），p.66.

㉒ Immanuel Kant, *Critique of Practical Reason*（New York：Macmillan，1956），p.59.

㉓〔明〕王阳明：《王阳明全集》，第 120 页。

㉔ 同上书，第 120 页。

美德伦理的自我中心问题:
朱熹的回答

第一节 儒家伦理与美德伦理

最近几十年来,西方伦理学目击了美德伦理学(virtue ethics)的强势复兴。美德伦理学对在近现代伦理学中占统治地位的道义论(特别是康德主义)和效果论(特别是功用主义)伦理学提出了严重的挑战。美德伦理学本身具有多样性。虽然大多数当代美德伦理学家是亚里士多德主义者,但也有一些人主要是从斯多葛学派、从休谟、从尼采甚至从杜威那里获得其德性伦理的灵感。美德伦理较之其他伦理系统的独特之处,也即不同形式的美德伦理的共同之处,就是其强调行为主体的品格特征,而不是行为主体必须遵循的道德规范。因此,虽然在道德评判上,美德伦理并不一定与道义论或效果论相背(事实上在大多数场合,它们意见一致),但其评判的根据却往往与后者不同。当代亚里士多德主义美德伦理学的主要代表赫斯特豪斯(Rosalind Hursthouse, 1943 –)对这一点作了很好的说明。在她看来,这三种伦理学可能都认为:如果可能和需要的话,我应该帮助别人。但对于为什么我应该帮

助别人,这三种伦理学则有不同的理由:①

> 功用主义者会强调,这种行为的效果能最大限度地增进人类的幸
> 福;道义论者会强调,我在这样做时遵循了某种道德规则(例如"凡
> 我希望人家为我做的事情,我也应该为别人做");而美德伦理学者
> 则会强调,这是一个人之仁慈、善良的表现。

说美德伦理强调行为者的美德而不是行动本身的对错并不是说,
道义论和效果论伦理学就一定是反美德的,也不是说美德伦理学就必
然不管行为之对错。例如效果论就容许美德在其伦理体系中占有显赫
地位。这在所谓的动机功用主义(motive utilitarianism)或者品格功用
主义(character utilitarianism)那里就特别明显。动机功用主义最重要
的倡导者罗伯特・亚当斯(Robert Merrihew Adams,1937 –)就认为,
所谓的动机,主要是指产生或者会产生行为的需求和欲望。②虽然他看
到,欲望并非就是品格特征,他还是认为,强烈的、稳定的、对于某种比
较一般的对象的欲望,也许可以构成某种品格特征。③而根据其动机的
功用主义,道德完美的人,会有最有用的欲望,而且这种欲望也恰恰具
有最有用的强度。这种人具有的动机模式,对于获得人类根据因果律
所能得到的东西最有用。④由于在动机功用主义那里,道德完美的人所
具有的不只是欲望和动机,而是这些欲望和动机的模式,这样的人也就
可以看作是具有美德的人。但很显然,即使这样的动机或者品格的功
用主义还是不能等同于美德伦理学,因为在这里,品格之所以被看作是
美德,不是由于其内在的价值,而是由于其工具的价值:它对于产生所
需要的后果非常有用。⑤

同样,美德在道义论中,特别是康德的道义论中,也具有重要的一

席之地，以致有些康德学者甚至认为，康德本人就是一个美德伦理学家。例如，奥尼尔（Onora O'Neill，1941 -）在其于 1974 年发表的一篇文章中，讨论了康德伦理学中的行为准则（maxim）概念，认为这样的行为准则乃是能够说明一个行为主体所具有的具体意向的根本原则，因此它与特定行为的对错没有什么关系，而与生活本身或者生活的某些方面之道德品质则大有关系；因此具有道德上恰当的行为准则就是过某种特定的生活，就是成为某种特定的人。⑥奥尼尔认为，虽然义务（duty）概念确实在康德伦理学中具有核心地位，但它们是根据某些特定行为准则行动的义务，就是说，是对我们的道德生活做出某些重大规范的义务，是具有某些特定美德的义务。⑦但是，我们必须记住，康德伦理学中的道德准则不是最根本的概念。有时我们必须学会不根据某些行为准则行动，而有时我们必须根据我们自己不想接受的行为准则来行动。告诉我们应该根据什么样的行为准则行动的，乃是由绝对命令规定的道德原则。⑧所以在十五年后为该论文重印所写的一篇后记中，奥尼尔自己也承认，她以前认为康德为我们提供了一种美德伦理的看法是错误的，并认为康德最重要的概念是具有道德价值的原则。这样的原则不仅为外在的正当和义务，而且也为好的品格和制度提供指南。⑨简言之，具有美德的品格，在康德那里，只是在道德原则的规范下，才有价值。⑩

　　因此，道义论和效果论伦理学都容许美德具有重要的工具价值，以帮助人们产生最好的效果，或者更好地遵循道德原则。但在美德伦理学中，美德则具有内在的价值。有些激进的或者极端的美德伦理学家，例如安斯康姆，有时也被称为替代论的美德伦理学家。他们认为道义论和效果论所谈论的行为之对错概念令人费解，因而应当由行为者之美德和恶德（vice）的概念替代之。但这样的美德伦理学家属于少数。

大多数美德伦理学家是还原论者。他们不一定否定道义论和效果论伦理学家所关心的行为之对错概念的恰当性,但他们认为行为对错概念可以还原为行为主体之品格的美恶,或者可以从后者推导出来。例如,赫斯特豪斯就认为,说"美德伦理学不关心行为之对错,或者不关心我们应该从事什么样的行动"并不准确,⑪因为美德伦理学认为:只有具有美德的人在特定的场合总是会从事的行为才是正当的行为。⑫换言之,根据美德伦理学,要想知道什么是正当的行为,我们首先就必须知道什么是具有美德的行为主体。

笔者在本章中将讨论美德伦理学,特别是亚里士多德传统的美德伦理学,对美德的理解。根据这样一种理解,要成为一个具有美德的人,就是要成为一个典型的人。因此具有美德的人在从事具有美德的行动时,表现得很自然,而不需要与自己的情感、愿望或品格特征决战,因为这里不存在在精神与肉体、理性与激情之间的冲突。⑬换言之,具有美德的人乐于从事具有美德的事情。正是在这种意义上,有不少学者认为,儒家伦理本质上是一种美德伦理,因为在儒家看来,有德者之所以能从事道德的事情,是因为他们将这样的事情作为乐事;而他们之所以能以此为乐,是因为他们知道,它为成为一个真正的人必不可少。因此我们也就不难理解,很多人都试图从美德伦理学的角度来重新解释儒家伦理,而在这方面最引人注目的是在 2007 年一年内出版了三本这方面的英文专著。⑭不过,这样的比较大多以先秦儒家为中心,而笔者在本章中则将以朱熹的理学为中心。更重要的是,本章的宗旨并不是像上述的这些比较研究那样,企图发现儒家伦理与西方美德伦理的相似或者不同。本章的着眼点是看朱熹的理学思想是否能够为当代方兴未艾的美德伦理学做出贡献。我们知道,尽管当代美德伦理学主要是在对康德的道义论和功用主义的效果论的批评中发展出来的,道义论和功用论的伦理学家也对美德伦理学提出了不少批评。其中有些重要的批评，特别是认为美德伦理学不能为我们的具体行动提供任何实际指南的批评，笔者认为当代的美德伦理学家已经做了很好的回应。但是对于美德伦理学的另外一个非常致命的批评，即认为美德伦理具有自我中心主义倾向的批评，当代美德伦理学却没有（而且在笔者看来，光根据亚里士多德传统也根本无法）提出恰当的回应。而笔者坚信，在儒家传统中，特别是朱熹的理学思想中，具有丰富的资源，可以用来回答这样一种对德性伦理的多层面的批评。在下一节，笔者将从第一层面来讨论朱熹对这样一种批评的回应：具有美德的人所关心的自我恰恰是其美德，而这样的美德自然地使他们关心他人的利益。在这种意义上，美德伦理不是自我中心的。当然这样一种回应，大体上也可以从亚里士多德的传统中找到，但认为美德伦理具有自我中心倾向的批评还有更深的一个层面：具有美德的人，正因为其具有美德，确实会关心他人，但是对他人，他所关心的是其外在的、特别是物质的利益，而对自己，他所关心的则是内在的美德。由于具有美德的人认为美德比幸福更重要，他们在他人和自己的关系问题上仍然是自我中心的。在第三节中，笔者认为亚里士多德传统无法恰当地在这个层面上回应对美德伦理的批评，而朱熹的美德伦理学则可以非常容易地处理这样的问题。最后笔者将对本章作一简单的小结。

第二节　自我中心批评之第一层面

索罗门（David Solomon）自己是个美德伦理学家，但他清楚地意识到其他伦理学派对美德伦理学的种种批评。其中之一就是认为美德伦理具有自我中心倾向的批评。他对这个批评做了这样的概括：美德伦理往往过于关注行为主体；这种伦理强调某个行为主体的品格。一个人之所以要拥有美德，是因为这个人应该成为某种特定类型的人。这种观点要求，一个道德的行为主体应该将其自己的品格作为其实际行动所要关注的核心；但道德思考的核心应该主要是关心他人。⑮索罗门自己没有明确说是谁对美德伦理提出了这样的批评。他只是说，这样的批评原则上可以在康德或者当代伦理学中的康德主义那里找到。事实上，康德确实说过：⑯

> 所有实质性的原则，就其都把从任何实在的对象中所能获得的快乐或者不快看作是我们做出道德选择的基础而言，都属同一类型。毫无例外，它们都是自爱或者自我幸福的原则。

在另一个地方，康德又说：⑰

> 在古希腊哲学中，在这个问题上只有两种相反的派别。但就至善概念的定义而言，他们所使用的是同一种方法，因为他们都并不认为，美德和幸福是至善的两个不同成分。相反，他们都根据同一律来追求原则之统一。而他们的分歧只在于，他们选择了不同的原则来追求这样的统一。伊壁鸠鲁学派（Epicurean）认为，把追求幸福看作是自己的行为准则就是美德，而斯多葛学派则认为，意识到自己的美德就是幸福。对于前者，明智就是道德，而对于后者（由于他们推崇美德），只有道德才是真正的幸福。

在康德看来，这两个古希腊哲学学派之间的唯一差别是，什么能使人幸福。但他们都同意，道德和幸福可以统一。在这种意义上，这样的道德就是自我中心的，因为他们都把自己的幸福看作是道德的动机。⑱

　　对美德伦理的这样一种批评，至少从表面上来看，也适用于儒家，无论是就其总体而言，还是就朱熹的理学而言。孔子自己就说："古之学者为己，今之学者为人"。⑲很明显，孔子在这里是在称赞为己的古人，而批评为人的今人。朱熹也非常强调为己之学。例如，他认为："大抵为己之学，与他人无一毫干预"。⑳

　　又说：㉑

> 学者须是为己。圣人教人，只在《大学》第一句"明明德"上。以此立心，则如今端己敛容，亦为己也；读书穷理，亦为己也；做得一件事是实，亦为己也。圣人教人持敬，只是须着从这里说起。其实若知为己后，即自然着敬。

在这种意义上，我们似乎可以说，儒家伦理是自我中心的。但重要的是，我们需要弄清，儒家是在什么意义上提倡这样一种明显是自我中心的理想。换言之，我们要弄清，儒家在为己之学与为人之学之间的真正区分到底是什么。朱熹强调了三个方面。

　　首先，朱熹接受了程颐对为己与为人的解释："为己，欲得之于己也；为人，欲见之于人也"。因此，在上引的一段话中，紧接着"学者须是为己"一句，朱熹就强调："圣人教人，只在大学第一句'明明德'上"。他并进一步说明："'明明德'乃是为己功夫"。㉒同样，在上引的另一段话中，就在说了为己之学与他人毫无关系之后，朱熹又强调："圣贤千言万语，只是使人反其固有而复其性尔耳"。㉓这里圣人要我们明了的"明德"和要我们恢复的固有之性，在朱熹看来，就是仁义礼智这四德。而这儒家四德全是涉及他人的。在这一点上，它们甚至与亚里士多德所谈论的美德不同,因为后者不仅包含涉及他人的美德,也包括只涉及行为主体本人的美德。因此在儒家传统中,要成为一个具有这四种美德的人,我们就不能不关心他人的利益。因此在孔子说,真正的学问是为己之学时,朱熹认为,孔子所称道的古之学者所关心的,是如何从事道德的自我修养,而不是向他人炫耀自己的学问。正是在这种意义上,朱熹将为学与吃饭作类比:^㉔

> 学者须是为己。譬如吃饭,宁可逐些吃,令饱为是乎? 宁可铺摊放门外,报人道我家有许多饭为是乎? 近来学者,多是以自家合做底事报与人知……此间学者多好高,只是将义理略从肚里过,却翻出许多说话……如此者,只是不为己,不求益;只是好名,图好看。

朱熹还用吊丧为例来说明为己之学与为人之学的差别:^㉕

> 且如"哭死而哀,非为生者"。今人吊人之丧,若以为亡者平日与吾善厚,真个可悼,哭之发之于中心,此固出于自然者。又有一般人欲亡者家人知我如此而哭者,便不是,这便是为人。

从这两个例子中可以明显地看出,作为典范的古之学者所关心的是如何发展自己的德性,成为一个有德之人。他们并不关心别人是否知道自己是有德之人。与此相反,孔子所批评的今之学者只是想让人知道自己有学问,而对自己是否是一个有德之人则并不关心。

其次,虽然有德之人不会不关心别人的利益,在某种意义上,也许这样的人仍然可以看作是自我中心的,但在朱熹看来,这只是因为有德之人把关心别人看作是自己的分内事。在这一点上,朱熹的一个学生

所说的下面这段话对此有很深的体会：㉖

> "古之欲明明德于天下"，至"致知在格物"，向疑其似于为人。今观之，大不然。盖大人，以天下为度者也。天下苟有一夫不被其泽，则于吾心为有慊；而吾身于是八者有一毫不尽，则亦何以明明德于天下耶！夫如是，则凡其所为，所若为人，其实则亦为己而已。

对此朱熹明确表示肯定，说对他人的关心是"为其职分所当为也"。㉗这就表明，孔子所说的为己之人不是对他人漠不关心的人。恰恰相反，这样的人一定关心他人，而且比任何别的人更关心他人。所不同的只是，这样的人把对别人的关心看作是自己的事情，看作是自己职分所应当做的事。正因为这样，这样的人才能在对别人的关爱中感受到乐趣。与此不同，如果一个人把对别人的关心看作是自己分外的事，他们就不能心甘情愿地关爱别人，因为他们不能从中感到快乐。如果在这样的情况下他们还勉强去关爱别人，在朱熹看来，这就不是为己而是为人了："为己者无所为，只是见得自家合当做，不是要人道好……若因要人知了去心恁地，便是为人"。㉘

第三，我们在上面看到，一个人之所以能够把对别人的关爱看作是自己的分内事，看作是对自己的关爱的一部分，一个重要的原因在于其能从中感到快乐，而一个人不能如此做是因为其不能在对别人的关爱中感到快乐。因此朱熹认为，要像古人那样从事为己之学，我们就应当乐于行善，而从事为人之学的今人则只能勉强行善。在这里，很重要的一点是，一个人是否能在其善行中找到乐趣。朱熹的学生文振向其汇报学习《论语·为政》中"视其所以"一章的体会时，对这一点非常强调。他说：㉙

〔这里的〕"所以"是大纲目。看这一个人是为善底人,是为恶底人。
若是为善底人,又须观其意之所从来。若是本意以为己事所当为,
无所为而为之,乃为己。若以为可以求知于人而为之,则是其所从
来处已不善了。若是所从来处既善,又须察其中心乐与不乐。若
是中心乐为善,自无厌倦之意,而有日进之益。若是中心所乐不在
是,便或作或辍,未免于伪。

对此,朱熹不仅加以点评说:"于乐处,便是诚实为善。'如好好色,
如恶恶臭',不是勉强做来。若以此观人,亦须以此自观。看自家为善,
果是为己,果是乐否?"而且还向别的学生推荐这个学生的理解:"看文
字,须学文振每逐章挨近前去。文振此两三夜说话,大故精细。看《论
语》方到一篇,便如此"。⑩这里,在朱熹看来,一个真正为己的人能够像
《大学》中所说的那样"好善如好好色,恶恶如恶恶臭"。当一个人能如
此好善恶恶时,他就能够很自然,而无须勉强用力。⑪在好好色与恶恶
臭中,看到好色与喜欢这个好色、闻到恶臭与厌恶这个恶臭不是两个前
后分开的过程,而是合二为一的过程。因为一个人之所以知道这是好
色(或恶臭)是因为他喜欢这个颜色(或厌恶这个味道),而一个人之所
以喜欢这个颜色(或厌恶这个味道)是因为他知道这是好色(或恶臭)。
同样,在一个为己的"古人"好善与恶恶时,知道其是善或恶与决定加以
喜好或厌恶也不是两个前后分开的过程,而是合二为一的过程。若不
知其为善或恶,他就不会对之喜好或厌恶;同样若对此没有喜好或厌
恶,他也不能知其为善或恶。这里正如一个人之好好色、恶恶臭一定是
为己而不是为人,是自己感到喜欢或者厌恶,而不是人家教他去喜欢或
者厌恶,或者想告诉别人自己能够好好色、恶恶臭,同样,一个人好善恶
恶也是为己,而非为人。

由上可见，儒家的为己之学，尽管表面上具有自我中心的倾向，至少并不是通常意义上的、值得批评的那种自我中心主义。古之学者的"为己"正是日常意义上的"为人"，而今之学者的"为人"恰恰是日常意义上的"为己"。培养自己的美德（即孔子所说的"为己"），就是要培养自己生来具有的对他人的仁爱之心（即日常意义上的"为人"）。因此一个人越是在孔子意义上为己，就越是在日常意义上为人。相反，向别人炫耀自己的学问（即孔子所说的为人），就意味着一个人想追求自己的名声（即日常意义上的"为己"）。在这一点上，程颐说了一句非常精辟的话："古之学者为己"，其终至于成物。"今之学者为人"，其终至于丧己。㉜在其学生问到程颐的这段话时，朱熹要他的学生特别注意程颐所说的"为己"与"成物"和"为人"与"丧己"的特定意义。㉝今之学者的为人是向他人炫耀自己的学问，而古之学者的"成物"是帮助他人自立。由于今之学者的为人是向别人炫耀自己的学问，从而忽视了自己的道德修养，结果就是"丧己"，而古之学者的为己是关心自己的道德修养，其结果自然就是其对别人的关心，因而能够"成物"。

　　概而言之，由于朱熹认为，具有美德的行为主体是为己的，可以说他们是自我中心的；但是这种自我中心具有两个重要特征，表明儒家的这种美德伦理学并不具有自我中心的倾向。这里的第一个特征是，虽然儒家伦理也说拥有美德是对己有利的事，但这里所谓的对己有利之"利"，是使自己成了一个有德之人，因而这种"利"内在于其美德行为。很显然，这与日常意义上的、外在于美德行为的"利"不同。关于这种外在的利，霍斯墨尔（LaRue Tone Hosmer，1927 - 2014）提到了柏拉图《理想国》（*The Republic*）中能够使人在做不道德的事情时隐身的神秘戒子。假如在现代商业行为中，有人想从事不道德的事情，而又具有这样一枚戒子（因此其不道德行为可以不被人发现），我们有什么办法说服他从事道德行为呢？霍斯墨尔的回答是，要想使其公司在长期的竞争中处于不败，从事道德上正当的、公正的和公平的活动是绝对必要的。③这里，我们即使肯定道德行为确实为企业成功所必要，⑤我们还是可以看到，这里的道德行动对一个企业之利外在于这个道德行动，它指的是道德行动为该企业所可能带来的长远的利润。在这种情况下，一个商人并不会在其道德行动中感到乐趣。事实上，他们往往会为这样的道德行动感到很痛苦。他们之所以还是决定从事这样的行动，只是考虑到这样的行动将为他们带来物质和金钱的利益。

应当指出的是，即使是当代西方的新亚里士多德传统的美德伦理学者赫斯特豪斯，在论证我们为什么要有美德时，提出的一个论证也认为，美德在那种外在的意义上有益于美德的拥有者。赫斯特豪斯当然看到，美德并非一无例外地有益于其拥有者，使其得以成功。她说：⑥

> 这里是一个例子：假如我按照我应该做的那样说出心里话，我会被关进牢房，并受到强制的药物注射；这里是另外一个例子：从事勇敢的行为可能会使我身体残缺；这里又是一个例子：如果我从事仁慈的事情，我会面临死亡的危险。在这些场合，对我们面临的问题的回答就不可能是这样："如果你想幸福，过一种成功的、繁荣的生活，你就应该做诚实的、勇敢的或仁慈的事情；你会觉得这样做很划算"。

因此她也同意，对于一个人的外在成功来说，美德既不是其必要条件，也不是其充分条件：⑦

> 它之所以不必要，因为大家都知道，邪恶的人有时会像繁茂的树林

那样成功。而我们在讨论这个问题时考虑到的（上面）那些从事美德行为时所可能遇到的残酷情形则表明，美德也不是一个充分的条件。

即使如此，赫斯特豪斯还是认为，总体而言，美德有益于其拥有者。她做了这样一个类比：听从医生的忠告既不是健康的必要条件，也不是其充分条件。但一个人如果要想健康，最好还是听从医生的忠告。同样，具有美德虽然既不是一个人的外在成功的必要条件，也不是其充分条件。但如果一个人要想成功，最好还是做有美德的人。⑱简言之，赫斯特豪斯还是从美德会为人带来的外在利益来的角度，来说明一个人何以应当具有美德。这样一种说明显然无法回避自我中心的批评。

在解释孔子的为己概念时，如果朱熹认为儒家的这种为己，就是赫斯墨所谓的"划算"，或者赫斯特豪斯所谓的"有益"，那么我们也就可以正当地说，朱熹的儒家美德伦理学也具有成问题的自我中心倾向了。但我们已经看到，在朱熹那里，一个人在从事美德行为时所获得的自我利益，就内在于这种行动，而不在这种行动之外。一个人能在其美德行动中获得乐趣，不是因为它可能为其带来名誉、财富或健康等，而是因为它使其实现了真实的自我（即有德者）。而且，这种意义上的为己，经常需要人对自己的名誉、健康、财富甚至生命做出自我牺牲。因此，朱熹指出：⑲

> 学者当常以"志士不忘在沟壑"为念，则道义重，而计较死生之心轻矣。况衣食至微末事，不得未必死，亦何用犯义犯分，役心役志，营营以求之耶！某观今人因不能咬菜根而至于违其本心者众矣，可不戒哉！

　　朱熹的德性伦理表面上具有的自我中心的第二个特征是,日常意义上的自我中心的考虑往往会与道德发生冲突(即使在某些情况下,这两者也会发生重合:一个人自我中心的考虑会使这个人去从事道德行为,而一个人的道德行为会为人带来自我的利益),儒家美德伦理的那种表面上的"自我中心"不但与道德没有冲突,而且恰恰是道德的体现。虽然朱熹认为人应该有美德,因为这会给人带来快乐,但他并不认为,凡是给人带来快乐的事情,人都应该去做。换言之,虽然具有美德给人带来好处,但并不是凡给人带来好处的事情,人都应该去做。这里的关键是要弄清什么是一个人真正的自我利益:成为有德之人,从而获得为人所特有的快乐。这里自我利益与道德之间的冲突消失了,因为一个人真正的自我利益就是要关心他人的利益,而后者正是道德的要求。在这种意义上,一个人越是追求自我利益,就越能关心他人的利益,因而越是道德。正如另一个亚里士多德专家克劳特(Richard Kraut,1944 -)所指出的,具有美德的人首先要提出一种具体的完善的概念,然后要求我们每一个人去最大限度地实现我们各自的完善。这并不是说,不管其对这个完善概念做何解释,大家都应该追求各自的完善。相反,我们首先要表明美德行为与好的行为之等同。这意味着,我们不应当接受这样一种通常的假定:归根到底,一个人的自我利益一定与他人利益发生冲突。[41]

　　当然,朱熹对美德伦理学之自我中心批评的上述回应,在西方美德伦理学中也不难找到。事实上,索罗门自己对此批评所做的回应也十分类似。他认为,我们必须在美德伦理学的两个特征之间做一种重要的区分。对美德伦理的批评者看到了其中的一个特征,这就是在美德伦理的实际考虑中,一个人自己的品格占有重要地位。但在美德伦理学中,还有每个行为主体想在其品格中体现的一系列美德。虽然美德伦理的第一个特征可能使其显得过于自我中心，其第二个特征显然可以避免这样一种危险。不管我们认为应该在多大程度上关心他人，美德伦理所涉及的美德都会要求我们做出这样的关心。虽然它要求每一个行为主体将主要精力放在发展他自己的品格上，它也要求将行为主体改造成从根本上关心他人利益的人。⑪换言之，虽然美德伦理学关于为什么要道德这个问题的回答是自我中心的：培养你自己的美德，但你所培养的这些美德本身（至少是其中一部分）却是涉及他人的：关心他人利益。正如威廉斯（Bernard Williams）所指出的，有德之人"常常有做有德之事的欲望"，而且我们可以说，任何为欲望所驱动的东西都会为人带来快乐，而对快乐的追求总是利己主义的。⑫但威廉斯也指出，我们必须明白，我的有些欲望所追求的事情并不涉及我自己，它们是自我超越的欲望。⑬换言之，我们可以说有德之人是自我中心的，只是因为这个人一直试图满足其自己的欲望。但我们所要注意的是，这些有德之人所想满足的欲望到底是什么。很显然，作为有德之人，他们所要力图满足的欲望通常是要帮助别人。在这种意义上，有德之人就完全不是自我中心的了。⑭

在这个方面，朱熹的儒家立场与亚里士多德主义的立场确实非常一致。虽然作为一位当代的新亚里士多德主义者，赫斯特豪斯认为美德在外在的意义上有益于有美德的人，而且这种说法也不难在亚里士多德本人那里找到根据，但是赫斯特豪斯自己也强调，这只是其亚里士多德主义论证的一部分，因此我们必须将其与这个论证的另一部分联系起来：美德使其拥有者成为一个地道的人（characteristic human）。⑮根据亚里士多德主义的这个论证，一个人之所有要具有美德，并不是因为美德会为其拥有者带来物质的、外在的好处。事实上，在从事美德活动时，他们想的正是如何为别人带来这些物质的、外在的好处。为此，他们甚至常常需要牺牲自己的物质的、外在的利益,有时甚至需要牺牲自己的生命。具有美德的人的自我利益,是通过实现他人的利益而实现的,因为他们在为别人服务的过程中体会到了乐趣,从而实现了内在的自我。这一点在亚里士多德的自爱概念中得到了充分的说明。在亚里士多德看来,真正的自爱者并不是那些为自己"争取更多的财富、荣誉和肉体享受"的人,⑯而是那些一直想公正地、有节制地或根据某种其他美德来行动的人。⑰其理由是:⑱

> 〔后者〕所追求的是最崇高、最美好的东西,从而使自己最真实的自我得到实现……因此,最爱这一部分自我的、使这部分自我得以实现的人,是所有自爱者中最自爱的人。

由此亚里士多德得出了与朱熹十分类似的结论:好人应该是自爱的人(因为通过崇高的行为,他不仅自己(内在地)获益,而且还使他人(外在地)获益),而邪恶的人则不是自爱的人,因为受命于其罪恶的情感,他不仅(内在地)伤害了自己,也(外在地)伤害了其邻居。⑲

第三节　自我中心批评之第二层面:
亚里士多德主义的问题

在回答对美德伦理之自我中心批评时,我们看到,具有美德的人虽然关心其自己,但他所关心的是其自己的美德,而这些美德,特别是像仁义礼智这样的儒家美德,之所以是美德,恰恰是因为它们使其拥有者自然地关心别人。在这种意义上,如果美德伦理还是自我中心的,这种自我中心不应当受到道德的谴责。但是,正如索罗门所指出的,这样一

种回应会引向自我中心批评之更深的层面：⑩

> 批评者要指出，在行为主体对自己品质的关心与其对他人的品质
> 的关心之间，存在着一种不对称。这里所提出的问题是：既然美
> 德伦理学要求我把主要的注意力放在我自己的内在品质上，这不
> 就表明，我应该认为，自己的内在品质具有最重要的伦理意义？但
> 如果是这样，而且如果我真的也关心别人，我对别人的关心不也应
> 该超越对他们的外在愿望、需求和欲望的满足，而应该包含对他们
> 内在品质的关心吗？我不应该像我关心我自己的内在品质一样，
> 关心我邻居之内在品质吗？

为了说明这个问题，索罗门用了基督教的爱这种美德作为例子。假如
这种爱是一个人的主要美德，这个人就会想方设法对别人体现这样的
爱，但这个美德却并不要求具有美德的人想方设法使其周围的人也具
有这样的美德：基督教的爱要求我关心别人的期望、需求和欲望。但
这是否意味着，我认为在道德上别人没有我那么重要？满足他们的需
要对他们来说就已经足够了，而我自己则要成为一个具有爱心的人。⑪
　　索罗门同样没有明说是谁对美德伦理提出了这样的批评，但他还
是认为这样的批评可以从康德或者当代的康德主义者那里找到。但就
笔者所知，相对明确地提出这样一种批评的是威廉斯，他本身倒不是一
个康德主义者。我们上面看到，威廉斯本人并不认为，美德伦理，至少
在第一个层面上，是自我中心的，因为虽然具有美德的人在其美德行为
中找到快乐，但这种美德行为本身是涉及他人的。但他又认为，即使是
这样，在美德伦理学中，似乎还存在着可以看作是利己主义的东西，这
里涉及的是，行为主体关心其内在的自然倾向，并把它们与自己的生活

状况联系起来。虽然这样的自然倾向本身并非指向自我,这个行为主体在其苏格拉底式的思考中所关心的还是其自己的生活状况。这样,利己主义又回来了。㊿

威廉斯这里所谓的利己主义就是关于美德伦理之自我中心的第二个层面:对于他人,具有美德的人只关心其外在的利益,而对于自己,他却主要关心其内在的利益;而在这样做时,具有美德的人很清楚,内在的德性比外在的幸福更重要,更能体现人之为人的独特性。这一点,在威廉斯讨论苏格拉底关于"好人不可能受到伤害"(我们只能伤害其肉体而不能伤害其灵魂,而灵魂才是其真正的自我)的说法时,就说得很清楚:㊼

> 〔苏格拉底〕在描述人的道德动机时,对一个人自己的道德动机,持有一种非常清高的立场,但其伦理学并不要求他对别人的利益持一种同样清高的立场。如果肉体的伤害不算是真正的伤害,那么美德为什么如此强烈地禁止我们伤害别人的身体呢?

我们这里也许还可以加上一句:如果身体的快乐不算真正的快乐,那么美德为什么如此强烈地要求我们为别人提供这样的快乐呢?

亚里士多德并不认为肉体的伤害和快乐是真正的伤害和快乐,或者至少它们没有灵魂的伤害和快乐那么重要。但恰恰是在灵魂的伤害和快乐方面,亚里士多德的具有美德的人只关心自己,而不关心别人。更重要的是,这个具有美德的人获得其灵魂快乐或者避免其灵魂伤害的途径,恰恰是帮助别人获得肉体的快乐或者避免肉体的伤害。因此,威廉斯说,亚里士多德与现代伦理观最显著的差别是,其最推崇的行为主体只关心其自己,这正是令人难以相信。㊾威廉斯这里说的,就是我们在上面提到的亚里士多德关于有美德的人是真正的自爱者的看法。我们看到，亚里士多德区分了日常意义上的自爱者与这种真正的自爱者。通常意义上的自爱者是那些想把更多的财富、荣誉和身体快乐归于自己的人。^⑤在亚里士多德看来，这样的人理当加以谴责。但真正自爱的人是那些自始至终都最想公正地、有节制地或者按照别的什么美德行事的人。这样的人之所以是真正自爱的人，是因为他们所爱的是他们真正的自我。但正因为这样，亚里士多德的真正的自爱者也就成了索罗门所说的深层意义上的自我中心论者。虽然亚里士多德说得不错，具有美德的行动同时使行为者和他人得益，但这两种利益之间有一种不对称：他人从具有美德的人的行为中获得的是财富、荣誉和身体快乐，而具有美德的人从自身的行为中获得的则是高贵的气质（nobility），而且亚里士多德自己明白无误地认为，后者远比前者重要：真正的自爱者将丢掉财富、荣誉和人们相互竞争所想得到的一切，而换来的则是崇高的气质。^⑥而我们知道，对美德伦理之深层的自我中心的批评正是针对这一点：虽然亚里士多德的具有美德的人，在关爱别人的时候，确实是在为别人考虑，但他所考虑的只是对他们来说不那么重要的外在的幸福，而不是对他们更重要的内在的德性；而在他为别人而牺牲自己的外在幸福时，他所考虑的是对自己更重要的内在的德性。

　　作为一个美德伦理学家，索罗门在讨论对美德伦理学的这样一种批评时也承认，美德伦理学确实无法回应这样一种批评。在他看来，对这样的批评的唯一回应可能就是有时被看作是逻辑谬误的"共犯"论证，即说明对美德伦理的批评者或者美德伦理的竞争者本身也犯有同样的毛病。其意思是，既然你自己也具有同样的问题，你就不能指责我有这样的问题；或者既然这是所有伦理学都无法避免的毛病，也许这本来就不是毛病。这事实上也确实是索罗门所做的。例如，他指出，康德的伦理学要求行为主体根据其义务感行动,却不要求这个行为主体设法让别人也根据义务感行动。康德认为:除了在任何场合都必须一无例外地履行的完美的义务(perfect duty;如不说谎或者不伤害人)外,每个行为主体还有两个应该尽可能加以履行的非完美的义务(imperfect duties),即促进自己的道德完满和推进别人的幸福,但他并不认为他们也有相应的推进自己的幸福和促进他人的道德完满的义务。康德认为,我们没有推进自己的幸福的义务,是因为我们本来就会自然地去追求自己的幸福,而我们没有促进别人的道德完满的义务,是因为其他人作为理性的人的完满完全在于其自己的、根据其自己的义务概念来选择目的的能力;要求我去做只有别人自己可以做的事情,并将其看作是我的义务,乃是自相矛盾。⑤因此,用索罗门的话说,康德这里的口号也许是:"我的正当,你的幸福",⑧即我应当作道德上正当的行为使别人得到幸福。⑨索罗门认为,功用主义的情形复杂一些,因为古典功用主义要求行为主体不仅自己要仁爱,而且还要努力使别人仁爱。但他认为这里还是有不对称:行为主体对别人的仁爱的关心只具有工具的价值(达到最大限度的人类幸福),而行为主体对自己的仁爱的关心就不只有工具的价值。行为主体的仁爱似乎是别人的仁爱从中得到其工具性的道德意义之视野,而这个行为主体自己的仁爱本身不可能从这个视野中获得其道德意义,因为它本身就是这个视野。正是在这种意义上,即使是在功用主义那里,一个人自己的品格具有一种为别人的品格所没有的特别价值。⑩

尽管如此,还有一些亚里士多德专家并不满足这样的"同犯"论证。他们试图表明,亚里士多德的幸福论(eudaimonism)能够避免这种深层的自我中心的指责。⑪他们的一个重要证据就是亚里士多德讨论他们所谓的道德竞争的一段话:⑫

> 因此大家都赞同并称赞那些异乎寻常地忙于从事崇高行为的人；而且如果大家都追求崇高的事情，并竭尽全力地从事最崇高的事情；那么每一个人都会为自己赢得最大的利益，因为美德就是最伟大的利益。

例如，克劳特就认为，亚里士多德在这里谈论的是在具有美德的人之间的道德竞争。这样一种竞争与别的形式的竞争之间的差别恰恰在于，通常在相互竞争时，一个人的赢就意味着另一个人的输；但当具有美德的人在为高尚品质而相互竞争时，在某种意义上，每一个人都可以是赢者。[63]为了说明这一点，克劳特用音乐家之间的相互竞争作为类比来说明，每一个音乐家表演得越好，这个音乐家就越有可能赢，但同时，由于每一个人都尽力表演，每一个别的人也会因此而得益。[64]

克劳特的意思是：我之尽可能好的表演会使别人也尽可能好地表演，因为我们大家都想赢得这场比赛。所以在具有美德的人之间的道德竞争中，我越是充分地发展自己的美德，我也就越是帮助别人发展他们的美德。安娜斯（Julia Annas，1946 –）在这一点上同意克劳特的看法。在她看来，由于亚里士多德把真正的自爱重新定义为对自己的美德的爱，在真正的自爱者之间的竞争很自然地也需要重新定义，因此这样的竞争当然也与我们通常理解的竞争很不一样。通常的竞争是为了某种有限的物品，因此一个人之赢就是别人的输；如果我得到较多，那么你就得到较少。但当人们为成为具有美德的人而相互竞争时，他们并非以别人的损失为代价。亚里士多德认为，每一个人都可以得到最大的利益，因为"美德就是这样一种东西"：它是不可穷尽的；如果我得到很多的美德，这并不意味着留给你的就不多了。[65]虽然克劳特和安娜斯都没有明确地说，但在他们看来，在道德竞争和其他形式的竞争之间的主要差别是：在别的竞争中，往往只有一个赢者，至少一定是既有赢者，也有输者，但在道德竞争中，每一个人都可以是赢者，因此道德竞争的裁判用来评判输赢的标准也不同。例如，在赛跑中，赢者是跑得最快的人，但在亚里士多德的道德竞争中，赢者是尽了其最大的努力者。因此，假如用赛跑作类比，一方面赢者可能比输者跑得慢，因为前者可能尽了全力，而后者则没有；而另一方面也可能每一个人都是赢者，因为可能每一个人都尽了全力（当然也有可能全是输者，因为可能没有一个人尽了全力）。也许正是在这种意义上克劳特认为，在亚里士多德的行为主体为成为最好的人而相互竞争时，尽力而为比胜过别人更重要。⑯

这确实是对亚里士多德的一种非常有意思的解释。但是作为关于美德伦理之自我中心的批评的回应，这样一种解释至少存在着三个问题。首先，我们到底在什么意义上可以谈论在具有美德的人之间的道德竞争？克劳特和安娜斯所谓的道德竞争概念主要来自亚里士多德的这样一段话：⑰

> 真正自爱的人，除了别的事情，甚至会为了其朋友牺牲自己的行动，因为让自己的朋友从事这个行动也许比自己从事这个行动更崇高。因此，在所有值得称道的事情中，具有美德的人奖励给自己的是最崇高的东西。

为了说明这一段话中提到的具有美德的人为了别人而牺牲自己的美德行动，托纳(Christopher Toner)用了这样一个假设的情景：我们两个人是朋友，又是从事危险活动的侦察小组的同事。在一个特定的场合，我们的小组长需要有一个志愿者去从事非常危险的行动。我知道你无缘无故地背上了一个胆小鬼的臭名，而且想洗刷这个臭名。所以我决定不吱声,以便你能成为第一个志愿者。⑧克劳特提供了一个类似的例子：假定我知道我的朋友有能力管理一个重大的民用项目,但迄今为止没有什么机会来表现其这方面的价值。所以我说服了有关的官员,让我的朋友管理这个专案。⑨

在这两个例子中,具有美德的人(即这两个例子中第一人称的"我"),各自为了其朋友而牺牲了其美德的行动。在这种情况下,具有美德的人都将最崇高的东西奖励给了自己,而其朋友也获得了从事美德行动的机会。如果这样,一个具有美德的人在关心别人时,就显然不是只关心其外在的幸福,而还关心其内在的美德。但这里似乎还是有点问题。在这两个例子,具有美德的人所想帮助的朋友似乎也已经具有了美德。在托纳的例子中,具有勇敢这种美德的人的朋友只是有一个胆小鬼的坏名声,而具有美德的人的自我牺牲只是帮助其朋友洗刷其不应有的名声,而恢复其应有的荣誉。但这却不会使其朋友变得更有美德,因为在亚里士多德看来,荣誉(honor)本身就属于外在的幸福,它与财富和健康是同一类东西,是日常意义上的自爱者而不是真正的自爱者所喜爱的东西。事实上,正如柏拉图《理想国》中的特拉西马库斯(Thrasymachus)所说的,具有纯粹美德的人"虽然不做什么错事,也必须有一个最不公正者的名声,以表明其作公正的事情并非只是为了有一个好名声"。⑩在克劳特的例子中,具有美德的人为了其朋友而牺牲了自己具有美德的行动,以便使其朋友有机会来体现其价值。这假定了,具有更多机会从事美德行为的人比具有较少这样的机会的人更有美德。这种假定显然并不成立,因为它过于强调实际的行动。真正重要的是,一个人是否有从事美德行动的内在倾向(disposition)。真正具有美德的人是一有机会就从事这样的美德行动的人,而与从事这种行动的机会的多寡没有关系。而且正如霍尔卡(Thomas Hurka, 1952 -)

所指出的,虽然一个人可以从事美德的行动,但她也可以有从来没有实际导致行动的具有美德的欲望和情感。例如,假如她无法使一个人免除痛苦,但她对这个人的爱的情感也具有美德的性质。㉑事实上,亚里士多德自己也说,美德不仅是指行动,而且也指感情。

其次,如我们所指出的,在托纳和克劳特的例子中,参与道德竞争的人已经是具有美德的人,是亚里士多德意义上的真正自爱者。因为只有具有美德的人才会愿意参加这样的竞争,而且具有美德的人也只与其他具有美德的人竞争。这就马上引出了一个问题。批评美德伦理具有自我中心倾向的人所抱怨的,正是具有美德的行为主体缺乏使别人具有美德的兴趣。具有美德的人不需要去关心别的具有美德的人的品质。对美德伦理的批评者所要知道的是,亚里士多德意义上的具有美德的人是否想或者能够让没有美德的人变得有美德。现在看来回答应当是否定的。一方面,在讨论朋友问题时,亚里士多德说得很明确,他所谈论的是内在品质的朋友(即在具有美德的人之间的友情)。㉒而且,正如克劳特所注意到的,在亚里士多德看来,如果一个具有美德的朋友变坏了,那么如果有人想抛弃这样的朋友,也没有什么值得大惊小怪。㉓这就表明,亚里士多德的具有美德的朋友并不关心没有美德的人的品质。同时,亚里士多德的具有美德的人的自我牺牲也无法使没有美德的人变得有美德。我们来看托纳的例子。假如其朋友也已经有了勇敢这种美德,那么这个人也就没有必要在这个特定的场合放弃所需要的勇敢的行动;但假如其朋友是一个胆小鬼,勇敢的人为其朋友牺牲自己的勇敢行动是否就能使其朋友变得勇敢起来,而从事其勇敢的朋友让给他的勇敢行动呢? 显然不会。一个胆小鬼之所以是个胆小鬼,不是因为其没有机会从事勇敢的行动,而是因为每当需要其做出勇敢行动的机会出现时,他就退缩了。所以,如果勇敢的人决定牺牲其勇敢的行动，其结果只能使胆小鬼不会因其是胆小鬼而感到内疚，因为他会发现没有人跟他有什么两样，其他胆小的人当然跟他一样不会从事勇敢的行动，而勇敢的人则因决定为胆小鬼牺牲其从事勇敢行动的机会而（至少在外表上）变得与他无异。事实上，如果通过牺牲其勇敢的行动，一个勇敢的人能够使不勇敢的人变得勇敢，那胆小鬼不就更能使别的胆小鬼变得勇敢吗？因为胆小鬼会更自然地、自愿地做出这样的牺牲。更进一步，如果这样的否定性的举措（牺牲其从事美德行动的机会）能够使邪恶的人有美德，那么邪恶的行动不就更能使人有美德了吗？例如，不断地给人家找麻烦也许可以使被麻烦的人获得耐心这种美德。这当然是荒唐的，因为这似乎是说，邪恶的人实际上是具有美德的人：他们"无私地"把从事美德行动的机会让给别人。

　　第三，也许托纳和克劳特的例子想说明的亚里士多德的道德竞争，既不是在完全具有美德的人之间的竞争，因为在这种情况下已经没有必要进行竞争；也不是在完全没有美德的人之间的竞争，因为这样的人根本不会有兴趣加入这样的道德竞争。相反，这是在一定程度上具有、但并非完全具有美德的人之间的竞争，而这样的竞争有助于他们充分地发展其美德。但即使这样，这里还是存在着一个问题，因为这样的竞争所产生的结果（参与竞争的人的美德之完满），与市场经济理论中的"看不见的手"对自私的人之间的竞争所起的作用，非常类似。在市场竞争中，每个人越是试图追求自己的利益，就越能为他人的利益做出贡献。在这样的例子中，虽然相互竞争的每个人的自私行为实际上使他也得益，但他们之所以参加竞争却是为了自己的利益，而不是为了他人的利益。克劳特和安娜斯所提到的道德竞争也是这样：每个人都只想培养自己的美德，但其客观效果则是促使别人培养他们的道德。当然，对于这一点，克劳特、安娜斯和其他一些亚里士多德专家可能并不同意。他们可能认为具有美德的人不仅实际上使别人也具有美德,而且他们也确实想让别人有美德。但在笔者看来,他们的看法大多是对亚里士多德著作中某些模棱两可的说法所作出的不无问题的推论。例如,亚里士多德曾经说,好人的陪伴可以培养自己的美德,[74]还说,好人之间的友谊之所以好,是因好人因其相互作伴而变得更好;而且可以说,由于他们的活动,由于他们的相互帮助,好人会变得更好,因为他们各自从对方那里学习他们所称道的品德。[75]由此克劳特就推断说,朋友之间相互帮助,培养各自的美德,并相互纠正各自的不好的东西。[76]但很显然,亚里士多德在这里所提到的朋友之间相互推进各自的美德的说法,至少也可以用"看不见的手"的论证来解释。

麦克利(Dennis McKerlie,1948 - 2014)也作了一些类似的推论。亚里士多德说,好人把与其朋友的关系看作是其与自己的关系。[77]由此麦克利就推论说,在亚里士多德看来,在这样一种友情中,我们对别人的关怀在本质上与我们对自己的关怀应当没有什么重要的差别。我们应当像关心我们自己的幸福(eudaimonia)的实现一样,关心我们朋友的幸福的实现。因此我们朋友的幸福,应当同我自己的幸福一样,是我的根本目标。[78]亚里士多德说,正如其自己的存在是为所有人都想要的存在,其朋友的存在也应当是这样。[79]由此,麦克利就加以发挥说:[80]

〔**这段话**〕可能指的是,好人认为其朋友的存在与其自己的存在几乎一样重要;或者是,他像看待其自己的存在的价值一样来看待其朋友的存在的价值……这个论证的关键是,朋友就是另一个自我。我应当像对待自己的幸福(eudaimonia)那样对待我朋友的幸福。

但很显然,在上述两段话中,我们也可以认为,亚里士多德所强调的只是,有美德的人应当只与有美德的人交朋友。

笔者并不是想全盘否定亚里士多德的具有美德的人有意愿去使别的人有美德,因而也并不是认为亚里士多德的美德伦理绝对无法对自我中心的批评做出回应。但一方面,迄今为止,我们还没有看到明显成功的例子。这表明,在亚里士多德的美德伦理传统中,对美德伦理的自我中心之深层批评做出回应的资源,确实非常贫乏。另一方面,当我们把目光转向儒家传统,特别是朱熹的理学思想时,在我们面前呈现的是一幅清楚得多、直接得多、光亮得多的图画。所以在下一节中,笔者将专门讨论朱熹对这个批评所能做出的回答。

第四节 自我中心批评之第二层面：朱熹的儒家回答

在朱熹那里,君子是有德之人,不只是因为他们乐于为别人提供外在的、物质上的利益,而且还是因为他们乐于使别人也成为君子。这一点在朱熹对《大学》开头的"大学之道在明明德,新民,至善"的解释中就表现得很明显。一般都把明明德、新民和至善,特别是前两者,看作是不同的事情。前者涉及的是自身：恢复自己原有、而后来被私欲遮蔽了的美德,而后者涉及的是爱(这里"新民"被读为"亲民")他人。根据这样的理解,特别是如果我们把爱他人理解为关心他人的物质和外在利益的话,《大学》中的这句话似乎也不能避免深层意义上的自我中心的指责。但在朱熹看来,明明德、新民和至善(甚至《大学》后面提到的格物、致知等八条目),实际上是一回事,这就是明明德,因为后两项已经包含在第一项中了。我们在前面已经看到,在朱熹看来,圣人千言万语,归根到底就是要我们明明德。关于这一点,朱熹还有更明确的

说法：^㉛

> 若论了得时，只消"明明德"一句便了，不用下面许多。圣人为学者
> 难晓，故推说许多节目。今且以明德、新民互言之，则明明德者，所
> 以自新也；新民者，所以使人各明其明德也。然则虽有彼此之间，
> 其为欲明之德，则彼此无不同也。譬之明德却是材料，格物、致知、
> 诚意、正心、修身，却是下功夫以明其明德耳。于格物、致知、诚意、
> 正心、修身之际，要得常见一个明德隐然流行于五者之间，方分明。
> 明德如明珠，常自光明，但要时加拂拭耳。若为物欲所蔽，即是珠
> 为泥涴，然光明之性依旧自在。

在这段话中，朱熹说明整部《大学》的要点是明明德。就我们本章
所关心的问题而言（即为己与为人的问题），明明德是为己，而新民是为
人。但朱熹认为在这两者之间并没有什么不对称：明德就是一个人的
自新，而新民，则是"使人各玥其德"。这就最清楚地不过地表明，新民
不只考虑他人外在的、物质上的利益，而是要像明自己之明德一样，使
他人也各明其德。换言之，明明德是使自己自新以成为有德之人，而新
民则是让他人明其明德而自新。

更重要的是，虽然在上面这一段话中，朱熹没有明说，但在朱熹看
来，之所以明德与新民是一回事，不只是因为明明德就是自新，而新
民就是使他人各明其明德，而且还因为这两者是紧密联系在一起的。
因此，在一个学生说："新民必本于在我之自新也"，朱熹表示了明确的
赞同。^㉜在朱熹看来，一个自明其明德的人必然会去新民，而能新民的
人必然是自明其明德的人。而当其学生说，好像也"有自谓足以明其明
德，而不屑乎新民者"时，虽朱熹表示赞同，并说佛、老便是这样的人，^㉝

但在朱熹看来，正因为这样，佛老不能说是已经自明其明德的人。因为"明明德，便欲无一毫私欲；新民，便欲人于事事物物上皆是当"，而不欲新民则恰恰是一种私欲。因此当其学生说："明德而不能推之以新民，可谓是自私"时，朱熹明确地加以肯定，并说：

> 德既明，自然是能新民。然亦有一种人不如此，此便是释、老之学。此个道理，人人有之，不是自家可专独之物。既是明得此理，须当推以及人，使各明其德。岂可说我自会了，我自乐之，不与人共！

又说：

> 我既是明得个明德，见他人为气禀物欲所昏，自家岂不恻然欲有以新之，使之亦如我挑剔揩磨，以革其向来气禀物欲之昏而复其得之于天者。此便是"新民"。

还说：

> 教他各得老其老，各得长其长，各得幼其幼。不成自家老其老，教他不得老其老；长其长，教他不得长其长；幼其幼，教他不得幼其幼，便不得。

在所有这些段落中，朱熹表达了一个非常重要的思想，一个自明其德的人是无私的人，而一个不想使他人各明其德的人乃是自私的人。换言之，说有人自明其德而不欲使他人各明其德，乃是一种自相矛盾的说法。自明其德的人必定会使他人各明其德，而不想使他人各明其德者也不能说是自明其德。因此朱熹说："若是新民而未止于至善,亦是自家有所未到"。⑧这里朱熹提出了一个非常有意思也非常特别的"自私"概念。通常说一个人自私时,我们指的是这个人不愿意将自己的东西(物质上的)给予别人。倶朱熹的自私概念要宽广得多。他说:⑨

> 大抵私小底人或有所见,则不肯告人,持以自多。君子存心广大,己有所得,足以及人。若己能之,以教诸人,而人不能,是多少可闷!

这就是说,不仅如果我很富有而不想与人分享是一种自私,如果我知道一件事情而不愿意告诉人家是一种自私,而且如果我具有美德而不想让人家具有美德也是一种自私。这里在第一种情况下,如果我把财富与别人分享,我自己的财富就会减少。但在后两者情况下,如果我把自己知道的事情告诉人家,我不会因此而少知道一些东西;而如果我使别人也具有美德,我自己的美德不但不会减少,反而会增加。在这种意义上,在第一种意义上自私的人比较容易理解,但一个人为什么会在第二甚至第三种意义上自私呢? 不想让别人也具有美德的人,在这种意义上,不是比不想让别人富有的人,更不可理喻吗?

那么为什么还是有人像佛老那样只管自己的美德而不管别人的美德呢? 在朱熹看来,这是因为自私即吝这种恶德,与另一种恶德骄紧密相连:⑩

> 骄者必有吝,吝者必有骄。非只是吝于财,凡吝于事,吝于为善,皆是。且以吝财言之,人之所以要吝者,只缘我散与人,使他人富与我一般,则无可称夸于人,所以吝。某尝见两人,只是无关紧要闲

事，也抵死不肯说与人。只缘他要说自会，以是骄夸人，故如此。因曾亲见人如此，遂晓得这'骄吝'两字，只是相匹配得在，故相靠得在……骄吝，是挟其所有，以夸其所无。挟其所有，是吝；夸其所无，是骄。而今有一样人，会得底不肯与人说，又却将来骄人。

在这段话中，朱熹清楚地说明了吝与骄这两个恶德之间的关系：一个人如果不吝（即让别人也有自己所有的东西），这个人就没有东西可以引以为骄。这一点适用于自私或吝的所有三种情形：吝于财、吝于事和吝于为善。这里特别值得注意的是，朱熹明确地将吝于为善，也作为一种自私的表现。一个人之所以不想让别人也像自己一样成为有美德之人，是因为如果这样，自己也就没有什么好向别人炫耀的了。但在朱熹看来，吝于为善的人没有注意到，在前两者情况下，我可以自己富有而不与别人分享，我可以自己知道一件事情而不告诉自己，但在后一种情形下，我却不能自己有美德而不想让别人有美德，因为不想让别人有美德就表明自己没有美德。推而言之，一个人如果只想使自己有美德，而不关心别人是否有美德，就不能算是一个具有美德的人，因为不关心别人是否有美德这个事实本身就表明这个人缺乏美德。

关于这最后一点，也即本章所要强调的一点，朱熹还在其他地方加以反复说明。《论语》中有"己欲立而立人，己欲达而达人"[30]一句。我们现在一般都把它看作是对道德金律的正面表述，与其反面表述"己所不欲，勿施于人"相辅相成；我们也一般是在物质和外在的意义上来理解所立、所达（和所施）者。例如，我自己想富有，我就应当让人家也富有。但当一个学生问，这里的"'立''达'二字，以事推之如何"时，朱熹却明确地指出：这"二者皆兼内外而言"。[32]他所谓的外就是我们日常理解的福乐康宁；[33]因为我自己想福乐康宁，我也应当使人家福乐康宁。那么他所指的内是什么呢？就是美德。因为就在说立和达兼内外而言以后，朱熹就紧接着说："且如修德，教德有所成立"。⑭因此在朱熹那里，道德金律获得了一种深层的意义：如果一个人想成为有德之人，这个人就应当帮助别人也成为有德之人。关于这个重要论点，他的一个学生在讨论道德金律的否定说法"己所不欲，勿施于人"时，就深有体会地说："如己欲为君子，则欲人皆为君子；己不欲为小人，则亦不欲人为小人"。⑮朱熹本人的说法也与此类似：⑯

> 我心之所欲，即他人之所欲也。我欲孝弟而慈，必欲他人皆如我之孝弟而慈。"不使一夫之不获"者，无一夫不得此理也。只我能如此，而他人不能如此，则是不乊矣。

与朱熹对于道德金律的这样一种独特和深刻的解释有关，我们还可以看他对《论语》4.15 的解释，因为人们通常认为这一段话也与道德金律有关。在这段话中，孔子说其道一以贯之。在他走后，其学生们对其一以贯之之道究竟为何不解，曾子便对其他弟子说："夫子之道，忠恕而已"。对于曾子的这个回答，历来的评注者也时有感到不解者，其中的原因之一是，孔子明明讲其道"一"以贯之，而曾子的回答是二：忠和恕。这里的关键便是要理解忠和恕这两者的关系。在这一点上，朱熹接受了程颐的解释："尽己为忠，推己为恕"。⑰但朱熹强调，"忠恕只是一件事，不可作两个看"。⑱这是因为在朱熹看来，忠（即尽己）已经包含了恕（即推己）。一方面，由于一个追求美德的人对自己的道德瑕疵一定不能宽容，朱熹认为，这样一个人也就不能宽容别人的道德瑕疵。因此，当他的一个学生问，具有"恕"这种美德的人是否就应该不责人、宽恕别人的道德瑕疵时，虽然"恕"确实具有宽恕的意思，朱熹还是说：⑲

此说可怪。自有六经以来，不曾说不责人是恕！若中庸，也只是说"施诸己而不愿，亦勿施于人"而已，何尝说不责人！不成只取我好，别人不好，更不管他！于理合管，如子弟不才，系吾所管者，合责则须责之，岂可只说我是恕便了。《论语》只说"躬自厚而薄责于人"，谓之薄者，如言不以己之所能，必人之如己，随材责任耳，何至举而弃之！

这是因为在朱熹看来，不同的人有不同的非道德才能，如有的聪明，有的则不那么聪明，聪明的人不应责备不那么聪明的人。他认为这是《论语》中所说的薄责于人的意思。但在道德能力方面，由于大家都是一样的，人人可以成尧舜，因此如果别人有道德瑕疵，有德之人就必须加以指出，并帮助其改正。另一方面，忠者（即尽己的人），会处处为善，因此这个人也必定会恕（即及人，即也让别人为善）。因此朱熹说："人以事相谋，须是仔细量度，善则令做，不善则勿令做，方是尽己。若胡乱应去，便是不忠"。⑩很显然，在朱熹看来，尽己已经包含了推己，忠已经包含了恕，因此他说："成己方能成物，成物在成己之中"。⑪

由上可见，在朱熹的儒家美德伦理学中，一个具有美德的行为主体在关心别人时，不仅应该关心他们外在的、物质的利益，而且还要关心他们内在的德性的培养。正是因为这样，这样一种美德伦理学才能够就自我中心的批评，不仅是在表面的第一层面上，而且是在深层的第二层面上，做出为亚里士多德的美德伦理传统所无法做出的恰当的、明确的回应。不过，虽然如我们上面指出，关心别人外在的、物质的利益往往意味着牺牲自己的外在的、物质的利益，而关心他人的内在的德性发展不但不会牺牲，而且会促进自己的内在的德性的培养，但关心别人的内在的德性，较之关心别人的外在的利益，要困难得多。因为在后者，一个人只要将自己所有的与他人分享,而在前者,一个有德之人所要作的不是将自己的德给予别人,因为别人也生来具有这样的德,只是这样的德被其物欲所遮盖。因此所需要的只是要去除其私欲,从而使其本来的明德得以自明,但这样的事情似乎只有当事人本身才能作。我们前面提到康德的说法:"其他人作为〔理性的〕人的完满完全在于其自己的、根据其自己的义务概念来选择目的的能力;要求我去作只有别人自己可以做的事情,并将其看作是我的义务,乃是自相矛盾",⑩也许就是这个意思。事实上,朱熹自己也说:⑩

> 德者,得也,便是我自得底,不是徒恁地知得便住了。若徒知得,不能得之于己,似说别人底,于我何干。如事亲能孝,便是我得这孝;事君能忠,便是我得这忠。说到德,便是成就这道,方有可据处。

这就是孟子所提到的、后来为宋明儒所津津乐道的自得概念,即一个人的美德只能靠自己获得。正是根据这样一种自得概念,在解释孔子的"民可使由之,不可使知之"⑭时,朱熹接受了程颐的独特解释。对《论语》中这句费解的话,一般人要么认为孔子想实行愚民政策,不让老百姓知道,要么认为孔子觉得老百姓太愚蠢,不能知道。但程颐认为,这里所要知道的,即为人之道,按其本性,只能由人自知,因此即使圣人也不能使民知之。⑮对此朱熹完全赞同:⑩

> 盖民但可使由之耳,至于知之,必待其自觉,非可使也。由之而不知,不害其为循理。及其自觉此理而知之,则沛然矣。必使知之,则人求知之心胜而由之不安,甚者遂不复由,而维知之为务,其害岂可胜言?释氏之学是已。大抵由之而自知,则随其深浅,自有安

处；使之知，则知之必不至，至者亦过之而与不及者无以异。

这里涉及的就是苏格拉底提出的美德是否可教的老问题。尽管朱熹强调美德的获得（或者恢复）主要靠一个人自己，他并不持美德不可教这种极端的主张。虽然他经常用孟子的比拟，说有德之人是先知先觉者，而其明德还被私欲遮蔽者是昏睡未醒者，但朱熹也很清楚，这个比拟不能过度使用，因为一个尚未觉醒者，到了一定时间，还是会自己觉醒，但被私欲遮蔽的人，如果不加唤醒，则恐怕永远也不能自己成为有德者。因此，他指出：⑩

> 人昏昧不知有此心，便如人困睡不知有此身。人虽困睡，得人唤觉，则此身自在。心亦如此，方其昏蔽，得人警觉，则此心便在这里。

这里朱熹强调了将人唤醒的重要性。他说："学者工夫只在唤醒上"；当其学生问："人放纵时，自去收敛，便是唤醒否？"朱熹回答说："放纵只为昏昧之故。能唤醒，则自不昏昧；不昏昧，则自不放纵"。⑪

因此一方面，一个人之明德归根到底只能靠自己自明，但另一方面，还没有自明其德的人则又如困睡之人，非要有已自明其明德之人来唤醒不可。这里的问题就是，一个自明其明德的人怎样才能使他人各明其明德。在朱熹看来，最重要的是以身作则。朱熹认为这就是孔子"道之以德"的意思："'道之以德'，是躬行其实，以为民先。如必自尽其孝，而后可以教民孝；自尽其弟，而后可以教民弟，如此之类"。⑫与此相关，朱熹认为：如欲"禁人为恶，而欲人为善，便求诸人，非诸人。然须是在己有善无恶，方可求人、非人也"。⑬这里我们看到了朱熹与亚里士多德的一个重要差别。我们在前面考察了亚里士多德的一个很有争议，而且在我们看来确实很有问题的主张，具有美德的人有时为了别人而"牺牲"具有美德的行动，而朱熹则强调，具有美德的人，要想让别人也具有美德，就必须从事美德的行为。这是因为，一方面，只有自己从事美德的行为，一个人才可以教别人也从事这样的行为。另一方面，朱熹认为："德修于己而人自感化"。[⑪]在朱熹看来，身教之所以有效，是因为每个人本来都有美德，只是在有些人那里这种美德被私欲遮蔽了。因此，他们能够受到有德之人的德行的潜移默化，从而能够自己变成有德之人。而看到别人受到自己德行的感化，在朱熹看来，是有德者的最大快乐。正是根据这一点，他接受了程颐对《论语》一开头的"有朋自远方来，不亦乐乎"的独特解释："以善及人而信从者众，故可乐"。[⑫]对此朱熹表示完全赞成：[⑬]

> 旧偿有"信从者众，足以验己之有得"。然己既有得，何待人之信从，始为可乐。须知己之有得，亦欲他人之皆得。然信从者但一二，亦未能惬吾之意。至于信之从之者众，则岂不可乐！

这里朱熹强调，有德者之乐，不在于其有德因信从者众而得到验证，而是因为其德行感化了众人，使之也成了有德之人。因此当一个学生问："'以善及人而信从者众'，是乐其善之可以及人乎，是乐其信从者众乎？"朱熹明确地回答："乐其信从者众也……今既信从者自远而至，其众如是：安得不乐"。[⑭]

不过，身教并非总是能有效地使他人各明其明德而也成为有德之人，因此，朱熹认为还需要一些辅助的手段。例如，朱熹认为：[⑮]

> 你不晓得底，我说在这里，教你晓得；你不会做底，我做下样子在
> 此，与你做。只是要扶持这个道理，教它常立在世间，上挂天，下挂
> 地，常如此端正。

　　这里朱熹提到了两点。其一是言教。在他看来，儒家圣人的所作
所为是身教，而其所著的儒家经典则是言教。有德之人除了身教以外，
还要传播圣人之言。其二是让人根据儒家之礼仪规范甚至法律规则从
事德行，或者至少不从事恶行。确实，如果光因这外在的礼仪规范甚至
法律规则而为善、而不作恶，一个人还不是有德之人。但在朱熹看来，
首先，这至少可以使人不作恶。更重要的是，如果总是伴之以另两者方
法，言传和身教，这个手段也能够使人逐渐地变成有德之人。因此在谈
到上面我们提到的《论语》中"民可使由之，不可使知之"这句话时，朱熹
又指出：[16]

> 〔这〕只是要他行矣而著，习矣而察，自理会得。须是"匡之，直之，
> 辅之，翼之，使自得之，然后从而振德之"。今教小儿，若不匡，不
> 直，不辅，不翼，便要振德，只是撮那尖利底教人，非教人之法。

　　换言之，对无德者的外在规范，作为言传身教的暂时的、补充性的手段，
对于使人成为有德者，也具有一定作用。
　　总之，在朱熹看来，一个人应当以大舜为榜样，因为"大舜'乐取诸
人以为善'，是成己之善，是与人为善，也是着人之善"。[17]这里的成己之
善，就是要培养自己的德性，与人为善，就是要对他人作善行，而着人之
善则是帮助别人培养其德性。虽然这里分成三个方面，但如我们在上
面所指出的，这三个方面，归根到底就是一点，这就是明明德。

在本章中,笔者认为儒家伦理,特别是朱熹的理学伦理,本质上是一种美德伦理,与最近在西方伦理学界复兴的美德伦理类似。但这不是本章试图加以证明的论点,而是本章所假定的前提。本章所侧重的是儒家伦理对当代美德伦理所能做出的贡献。为此本章围绕对美德伦理的一个重要批评:美德伦理具有自我中心的倾向。这个批评可以从两个层面加以回答。在第一个层面上,虽然美德伦理要求行为主体关心其自己的美德,因而具有自我中心的表象,但美德之所以是美德,特别是涉及他人的美德,是因为具有美德的人总是自然地、心甘情愿地、恰当地关心他人的利益。在这种意义上,具有美德的人根本不是自我中心的人。在这一点上,虽然亚里士多德传统的美德伦理,同朱熹的儒家伦理,基本一致,但由于后者还强调美德在日常的意义上(即在外在的和物质的意义上)对美德的拥有者有利,笔者认为朱熹的儒家回答更直接,更清楚。不过,对美德伦理之自我中心的批评还有第二个层面:虽然具有美德的人也关心他人,但他只关心他人外在的物质的利益,而他在关心自己时,却关心自己的内在的美德。由于他知道美德比外在的幸福更重要,具有美德的人便具有自我中心的倾向。关于这样一种批评,亚里士多德主义传统的美德伦理没有办法做出回应,因为这个伦理传统中的具有美德的人正是其批评者所描述的那种人。但朱熹所呈现的儒家的美德伦理则完全可以避免这种自我中心的指责,因为在儒家传统中的有德者在关心他人利益时,不仅关心其外在的利益,也关心其内在的美德。

注释

① Rosalind Hursthouse, *Virtue Ethics* (Oxford: Oxford University Press, 1999), p.1.

② Robert Merrihem Adams，"Motive Utilitarianism," *Journal of Philosophy* 73，14，pp.467 - 481.

③ 同上书，第 467 页。

④ 同上书，第 467 页。

⑤ 因此沃森(Gary Watson)就指出，在品格功用主义那里，"拥有和体现某种品格特征所产生的后果这种价值，乃是评判所有其他价值的终极标准。它与行动功用主义一样认为，最重要的是好的后果、好的事态，即人类幸福"。参见 Gary Watson，"On the Primacy of Character," in Daniel Statman（ed.），*Virtue Ethics: A Critical Reader*（Washington，D.C.：Georgetown University Press，1997），p.61.

⑥ Onora O'Neill，"Kant after Virtue," *Constructions of Reason: Exploration of Kant's Practical Philosophy*（Cambridge：Cambridge University Press，1989），p.152.

⑦ 同上书，第 153 页。

⑧ 劳登(Robert B. Louden)指出了奥尼尔对康德的这样一种解释的其他一些问题。参见 Robert B. Louden，"Kant's Virtue Ethics," in Daniel Statman（ed.），*Virtue Ethics*（Washington，D.C.：Georgetown University Press，1997），pp.290 - 292.

⑨ Onora O'Neill，"Kant after Virtue," p.162.

⑩ 劳登也试图说明美德在康德伦理学中的重要性，但他所强调的不是康德的行为准则概念，而是其善良意志概念。在他看来，善良意志，"作为品格的意志状态，乃是一个人所有行动的基础"；由此劳登进而认为："在康德伦理学中真正重要的不是行动，而是行为主体"；在这种意义上，可以说康德的伦理学是美德伦理学，"因为康德把美德……看作'是在面对与我们意志的道德态度相反的力量时所体现的毅力'。因此康德眼中具有美德的行为主体，由于具有这样的毅力，而能够抵制与道德律相悖的欲求和倾向"。参见 Robert B. Louden，"Kant's Virtue Ethics," p.289.但劳登自己也看到了这样去解释康德所存在的一个问题，因为在康德那里，"善良意志，跟美德一样，都要服从道德律……由于人的美德必须与道德律和绝对命令一致，在康德伦理学中首要的东西，看来不是美德本身，而是对规则的服从。美德确实是康德伦理学的核心……但康德的美德本身要受到最高的道德原则的规定"。参见 Robert B. Louden，"Kant's Virtue Ethics," p.290.

⑪ Rosalind Hursthouse，*Virtue Ethics*，p.26.

⑫ 同上书，第 31 页。

⑬ 参见 Daniel Statman，"Introduction," in Daniel Statman（ed.），*Virtue Ethics: A Critical Reader*（Washington，D.C.：Georgetown University Press，1997），p.16.

⑭ 参见 Bryan W. van Norden，*Virtue Ethics and Consequentialism in Early Chinese Philosophy*（Oxford：Oxford University Press，2007）；Jiyuan Yu，*The Ethics of Confucius and Aristotle: Mirrors of Virtue* (New York：Routledge，2007)；May Sim，*Remastering Morals with Aristotle and Confucius* (Cambridge：Cambridge University Press，2007).沈清松认为，对儒家伦理的这样一种解释，同先前以牟宗三为代表的现代新儒家对儒家伦理的解释，很不相同。因为后者认为，最能体现儒家伦理特色的，是康德的伦理学。参见 Vincent Shen，"Chen Daqi，" in Antonio Cua (ed.)，*Encyclopedia of Chinese Philosophy* (New York：Routledge，2002)，p.31.应当指出的是，在牟宗三把儒家伦理与康德伦理联系起来时，他并不认为，儒家伦理与美德伦理对立，而是认为儒家伦理与康德伦理所批判的像基督教伦理那样的他律伦理存在着对立。牟宗三认为，康德伦理的核心就是行为主体的自律或者自我立法，因为这与基督教的他律概念(上帝为我们立法)正好相反。在牟看来，真是这个自律概念把儒家伦理与康德伦理联系了起来，因为儒家伦理也是一种自律伦理，而不是一种他律伦理。在这种意义上，笔者认为，牟宗三也不一定反对将儒家伦理看作是一种美德伦理。

⑮ David Solomon，"Internal Objections to Virtue Ethics，" in Daniel Statman (ed.)，*Virtue Ethics: A Critical Reader* (Washington，D.C.：Georgetown University Press，1997)，p.169.

⑯ Immanuel Kant，*Critique of Practical Reason* (New York：Macmillan，1956)，p.21.

⑰ 同上书，第 114 – 115 页。

⑱ 关于康德对这种在他看来具有自我中心倾向的道德的批评，泰伦斯·欧文 (Terence H. Irwin)作了比较详细的考察。参见 Terence H. Irwin，"Kant's Criticism of Eudaemonism，" in Stephen Engstrom and Jennifer Whiting (eds.)，*Aristotle，Kant，and the Stoics: Rethinking Happiness and Duty* (Cambridge：Cambridge University Press，1996)。

⑲ 杨伯峻(译注)：《论语》，14.24。

⑳ 〔宋〕朱熹：《朱子语类》(长沙：岳麓书院，1997 年)，第 8 卷，第 121 页。

㉑ 同上书，卷 14；第 232 页。

㉒ 同上书，卷 14，第 232 页。

㉓ 同上书，卷 14，第 232 页。

㉔ 同上书，卷 8，第 126 页。

㉕ 同上书，卷 17，第 344 页。

㉖ 同上书，卷 15，第 280 页。

㉗ 同上书，卷 15，第 280 页。

㉘ 同上书，卷 17，第 344 页。

㉙ 同上书，卷 24，第 515 页。

㉚ 同上书，卷 24，第 515 页。

㉛ 参见同上书，卷 17，第 344 页。

㉜〔宋〕程颢、程颐：《二程集》（北京：中华书局，1989 年），第 325 页。在讨论儒家的"为己之学"时，杜维明指出："儒家坚持为己之学是因为其坚信，自我修养是目的本身，而不是实现别的目的的手段。那些坚定地把自我修养看作是目的的人，可以为自我实现创造出内在的资源，而这是为那些为社会地位或政治成功这样的外在目标而从事自我修养的人是不可想象的"。在杜看来，如果儒家"不相信学习主要是为了自我完善，强制的社会服务会伤害他们看作是崇高目标本身的自我修养的品质"。参见 Weiming Tu, "Happiness in the Confucian Way," in Leroy S. Rouner (ed.), *In Pursuit of Happiness* (Notre Dame: University of Notre Dame Press, 1995), pp.105 - 106.虽然笔者认为杜正确地说明了儒家的为己之学的概念，他在这里对为己（道德的自我修养）与为人（具有美德的关爱别人的行动）这两者之间的联系、甚至同一性，没有加以足够的注意。

㉝ 参见〔宋〕朱熹：《朱子语类》，卷 26，第 1011 页。

㉞ LaRue Tone Hosmer, "Why Be Moral: A Different Rational for Managers," *Business Ethics Quarterly* 4, 2 (1994), p.192.

㉟ 肖（Bill Shaw）和科尔维诺（John Corvino）就不同意霍斯墨尔这里的看法："我们无法断定，真正的道德行为是否比道德的假相更能帮助一个企业的成功。而且我们也没有办法确定，真正的道德确实会在这方面更有帮助……如果企业经理们相信，通过从事邪恶的而不是具有美德的事情同样甚至更能获得成功，我们怎么能指望他们道德行事呢？"。参见 Bill Shaw and John Corvino, "Hosmer and the 'Why Be Moral?' Question," *Business Ethics* 6, 3 (1996), p.378.

㊱ Rosalind Hursthouse, *Virtue Ethics*, p.171.

㊲ 同上书，第 172 页。

㊳ 同上书，第 173 页。卡普（David Copp）和索贝尔（David Sobel）不同意这样一种看法："虽然我们无法认同，也许确实'总体而言，'一个人的诚实、慷慨、仁慈和关爱有益于这个人。但我们同样也看到，'总体而言，'一个人的自私、对他人漠不关心和小心谨慎，也有益于这个人"；但他们也承认："霍斯特豪斯的观点的一个长处是……它的成功概念并不具有道德说教成分。例如，她承认，美德要求人们作出的牺牲可能不利于一个人为人所特有的幸福（eudaimonia）"。参见 David Copp and David Sobel, "Morality and Virtue: An Assessment of Some Recent Work in Virtue Ethics," *Ethics* 114, 3 (2004), p.531.

㊴〔宋〕朱熹：《朱子语类》，卷 13，第 215 页。

㊵ Richard Kraut, "Egoism and Altruism," in Edward Craig (ed.), *Routledge Encyclopedia of Philosophy* (New York: Routledge, 1998), §4.

㊶ David Solomon, "Internal Objections to Virtue Ethics," pp.171 - 172.

㊷ Bernard Williams, *Ethics and Limits of Philosophy* (Cambridge: Harvard University Press, 1985), p.49.

㊸ 同上书，第 50 页。

㊹ 在这一点上，赫斯特豪斯做了一个很重要的说明："具有完全的美德的人通常知道自己应该做什么，并做自己应该做的事情，而且有欲望做这样的事情。这个人的欲望与其理性完全吻合。因此，在做其该做的事情时，这个人是在做其有欲望要做的事情，从而收获着其欲望得以满足的奖励。因此，'美德的行为给喜欢美德的人带来快乐'；具有完全美德的人总是高高兴兴地做他们倾向于做的事情"。参见 Rosalind Hursthouse，*Virtue Ethics*，p.92.

㊺ 尽管如此，亚里士多德主义论证的这两个部分之间的真实关系还是一个问题。如果如其反对者所说的，总体而言，美德不会给人带来外在的利益，但却会使一个人成为地道的人，那么亚里士多德主义者是否还主张一个人应当具有美德呢？

㊻ Aristotle，*Ethica Nicomachea*，in W. D. Ross (trans.)，*The Works of Aristotle*，vol.9 (Oxford：Oxford University Press，1963)，1168b15 - 1168b16.

㊼ 同上书，1168b26 - 1168b28。

㊽ 同上书，1168b29 - 1168b33。

㊾ 同上书，1169a12 - 1169a15。

㊿ David Solomon，"Internal Objections to Virtue Ethics，" p.172.

(51) 同上书，第 172 页。

(52) Bernard Williams，*Ethics and Limits of Philosophy*，p.50.

(53) 同上书，第 34 页。

(54) 同上书，第 35 页。

(55) Aristotle，*Ethica Nicomachea*，1168b15 - 1168b17.

(56) 同上书，1079b20 - 1179b21。

(57) Immanuel Kant，*The Doctrine of Virtue* (Philadelphia：University of Pennsylvania Press，1964)，p.44.

(58) David Solomon，"Internal Objections to Virtue Ethics，" p.172.

(59) 斯洛特(Michael Slote)也是当代美德伦理学的一个重要代表，虽然他曾经也是亚里士多德主义者，但他现在主要是从英国经验主义的伦理传统，特别是在休谟(David Hume)那里，吸取资源。他的美德伦理学强调在行为主体与行为对象之间的对称。他认为他的一个任务正是要克服康德伦理学中的这种不对称。在他看来："根据常识，我们羡慕一个人能够为他自己和别人的幸福所作出的贡献，我们同时也羡慕一个人能够为自己和别人的可羡慕性所作出的贡献。我们通常羡慕人们拥有涉及自身和涉及他人的美德……我们也羡慕人们能帮助别人培养其令人羡慕的或者具有美德的品质……而且我想我们常识的美德伦理学假定，人们应该同时关心别人和自己的幸福和美德"。参见 Michael Slote，*From Morality to Virtue* (Oxford：Oxford University Press，1992)，p.111.

(60) David Solomon，"Internal Objections to Virtue Ethics，" p.173.

(61) 麦克利(Dennis Mckerlie)区分了幸福论的利己主义解释和利他主义的解释："其中之一认为，亚里士多德(Aristotle)为每一个行为主体确定了单一的、根本的任务：使其自己的生活实现幸福。我称这样一种观点为'利己主义的幸福论'解释。而另一种解释则认为：亚里士多德是一个利他主义的幸福论者。亚里士多德认为，除了要在我们自己的生活中实现幸福以外，我们也应该有另一个重要的目标，即至少某些别人也能实现其幸福"。参见 Dennis Mckerlie，"Friendship，Self-Love，and Concern for Others in Aristotle's Ethics，" *Ancient Philosophy* 11，1（1991），p.85.我们将看到，麦克列自己认为第二种解释更符合亚里士多德的意思。

㉒ Aristotle，*Ethica Nicomachea*，1169a6 - 1169a12.

㉓ Richard Kraut，*Aristotle on the Human Good*（Princeton：Princeton University Press，1989），p.117.

㉔ 同上书，第 117 页。

㉕ Julia Annas，*The Morality of Happiness*（Oxford：Oxford University Press，1993），p.297.

㉖ Richard Kraut，*Aristotle on the Human Good*，p.119.

㉗ Aristotle，*Ethica Nicomachea*，1169a33 - 1169a36.

㉘ 参见 Christopher Toner，"The Self-Centeredness Objection to Virtue Ethics，" *Philosophy: The Journal of the Royal Institute of Philosophy* 81，4（2006），p.611.

㉙ Richard Kraut，*Aristotle on the Human Good*，p.126.

㉚ Plato，*Protagoras*，in Edith Hamilton and Huntington Cairns（eds.），*Plato: The Collected Dialogues*（Princeton：Princeton University Press，1980），361c.

㉛ Thomas Hurka，*Virtue，Vice，and Value*（Oxford：Oxford University Press，2001），p.8.

㉜ 正如安娜斯（Julia Annas）所指出的："在最好的、最完美的友情中，一个人之所以与别人是朋友，是因为别人的善良，特别是其善良的品质。正是这样，这样的友情常常被称为品质的友情"。参见 Julia Annas，*The Morality of Happiness*，pp.249 - 50.

㉝ Aristotle，*Ethica Nicomachea*，1165b13 - 1165b21. 亦参见 Richard Kraut，*Aristotle on the Human Good*，p.111.

㉞ Aristotle，*Ethica Nicomachea*，1170a11 - 1170a12.

㉟ 同上书，1172a12。

㊱ Richard Kraut，"Egoism and Altruism，" p.121.

㊲ Aristotle，*Ethica Nicomachea*，1166a31 - 1166a33.

㊳ Dennis Mckerlie，"Friendship，Self-Love，and Concern for Others in Aristotle's Ethics，" p.88.

㊴ Aristotle，*Ethica Nicomachea*，1170b7 - 1170b8.

㊵ Dennis Mckerlie，"Friendship，Self-Love，and Concern for Others in Aristotle's

Ethics," pp.96 - 97.
⑧ 〔宋〕朱熹：《朱子语类》,卷 15,第 275 页。
⑧ 同上书,卷 16,第 284 页。
⑧ 同上书,卷 17,第 339 页。
⑧ 同上书,卷 17,第 339 页。
⑧ 同上书,卷 17,第 339 页。
⑧ 同上书,卷 14,第 241 - 242 页。
⑧ 同上书,卷 16,第 322 页。
⑧ 同上书,卷 14,第 242 页。
⑧ 同上书,卷 20,第 404 页。
⑨ 同上书,卷 35,第 841 页。
⑨ 杨伯峻(译注)：《论语》,6.30。
⑨ 〔宋〕朱熹：《朱子语类》,卷 33,第 758 页。
⑨ 同上书,卷 42,第 928 页。
⑨ 同上书,卷 33,第 758 页。
⑨ 同上书,卷 42,第 958 页。
⑨ 同上书,卷 16,第 322 页。
⑨ 〔宋〕程颢、程颐：《二程集》,第 23、306 页。
⑨ 〔宋〕朱熹：《朱子语类》,卷 27,第 602 页。
⑨ 同上书,卷 27,第 629 页。
⑩ 同上书,卷 21,第 435 页。
⑩ 同上书,卷 8,第 120 页。
⑩ Immanuel Kant, *The Doctrine of Virtue*, p.44.
⑩ 〔宋〕朱熹：《朱子语类》,卷 34,第 779 页。
⑩ 杨伯峻(译注)：《论语》,8.9。
⑩ 对程颐的这种独特解释的详细分析,参见 Yong Huang, "Neo-Confucian Hermeneutics at Work: Cheng Yi's Philosophical Interpretation of *Analects* 8.9 and 17.3," *Harvard Theological Review* 101, 1 (2008), pp.169 - 201.
⑩ 〔宋〕朱熹：《朱子集》(成都：四川教育出版社,1996 年),卷 39,第 1806 页。
⑩ 〔宋〕朱熹：《朱子语类》,卷 12,第 179 页。
⑩ 同上书,卷 12,第 179 页。
⑩ 同上书,卷 23,第 493 页。
⑩ 同上书,卷 16,第 319 页。
⑪ 同上书,卷 23,第 480 页。在表面上,朱熹这里提出的身教观与我们前面讨论的他的另一个观点,从事为己之学的古之学者不在乎他人是否知道自己的德行,似乎存在矛盾,因为身教之能有效的一个前提就是别人知道自己的德行。朱熹对此并非全无察觉,但他指出："以善及人而信从者众,则乐；人不己知,则不愠。乐

惕在物不在己，至公而不私也"。这里的区别是：一个人到底是为了向人炫耀自己的德行，还是想让别人也成为有德之人。参见同上书，卷20，第406页。

⑪ 参见同上书，卷20，第405页。

⑬ 同上书，卷20，第404页。

⑭ 同上书，卷20，第404页。

⑮ 同上书，卷13，第204 - 205页。

⑯ 同上书，卷49，第1078页。

⑰ 同上书，卷53，第1601 - 1602页。

参考书目

【古代典籍】

〔宋〕朱熹

1996　《朱熹集》(成都：四川教育出版社)。

1997　《朱子语类》(长沙：岳麓书院)。

〔宋〕程颢、程颐

1989　《二程集》(北京：中华书局)。

〔明〕王阳明

1996　《王阳明全集》(北京：红旗出版社)。

〔清〕戴震

1986a《原善》,收于胡适《戴东原的哲学》(台北：源流出版社)。

1986b《孟子字义疏证》,收于胡适《戴东原的哲学》(台北：源流出版社)。

【中文文献】

方克立

1997　《中国哲学史上的知行观》(北京：人民出版社)。

王文锦（译注）

2008 《大学中庸译注》（北京：中华书局）。

王庆节

2004 《老子的自然观念：自我的自己而然与他者的自己而然》，《求是学刊》，第 6 期，第 41-50 页。

未刊稿《恕道与普世伦理的可能性：儒家伦理本性的一个现代解释》。

朱谦之

1984 《老子校释》（北京：中华书局）。

牟宗三

1990 《心体与性体》（台北：正中书局）。

2001 《从陆象山到刘蕺山》（上海：上海古籍出版社）。

余英时

2004 《反智论与中国政治传统》，《中国思想传统及其现代变迁》（桂林：广西师范大学出版社）。

吴震

2003 《阳明后学研究》（上海：上海人民出版社）。

杜维明

1999 《十年机缘谈儒学》（香港：牛津大学出版社）。

2002 《论体知》，《杜维明文集》，第 5 卷（武汉：武汉出版社）。

侯外庐等（编）

1997 《宋明理学史》（下）（北京：人民出版社）。

唐君毅

1986a 《中国哲学原论：导论篇》（台北：台湾学生书局）。

1986b 《中国哲学原论：原教篇》（台北：台湾学生书局）。

陈来

1991 《有无之境：王阳明哲学的精神》(北京：人民出版社)。

陈鼓应(译注)

1983 《庄子今注今译》,修订本(台北：台湾商务印书馆)。

劳思光

2003 《新编中国哲学史》,第 3 卷上(台北：三民书局)。

冯友兰

1989 《中国哲学史新编》(北京：人民出版社)。

黄勇

2002 《儒家仁爱观与全球伦理：兼伦基督教对儒家的批评》,收于黄俊杰(编)《传统中华文化与现代价值的激荡与调融(一)》(台北：喜马拉雅研究发展基金会)。

2004 《解释学的两种类型：为己之学与为人之学》,《东亚文明研究》,第 5 期,第 29 - 28 页。

2005 《二程兄弟的本体神学》,《哲学门》,第 6 卷,第 2 期,第 145 -174 页。

2009 《美德伦理之自我中心问题：朱熹的回答》,收于吴震(编)《宋代新儒学的精神世界：以朱子学为中心》(上海：华东师范大学出版社)。

杨伯峻(译注)

1980 《论语》(北京：中华书局)。

2005 《孟子》(北京：中华书局)。

杨国荣

1997 《心学之思：王阳明哲学的阐述》(北京：三联书店)。

杨儒宾

2003 《儒家身体观》(台北：中央研究院中国文哲研究所)。

蒙培元

1984 《理学的演变》(福州：福建人民出版社)。

赵敦华

2002 《中国古代价值律的重构及其现代意义》,《哲学研究》,2002 年第 1、2 期,第 17 - 23、48 - 53 页。

钱穆

2001 《宋明理学概述》(台北：兰台出版社)。

【英文文献】

Adams，Robert Merrihem

1976 "Motive Utilitarianism," *Journal of Philosophy* 73, 14, pp.467 - 481.

Allinson，Robert E.

1985 "The Confucian Golden Rule: A Negative Formulation," *Journal of Chinese Philosophy* 12, 3, pp.305 - 315.

1989 *Chuang-Tzu: An Analysis of the Inner Chapters* (Albany: State University of New York Press).

1990 "The Ethics of Confucianism and Christianity: The Delicate Balance," *Ching Feng* 33, 3, pp.158 - 175.

1992 "The Golden Rule as the Core Value in Confucianism and Christianity: Ethical Similarities and Differences," *Asian Philosophy* 2, 2, pp.173 - 185.

2003 "Hillel and Confucius: The Proscriptive Formulation of the Golden Rule in the Jewish and Chinese Ethical Traditions,"

Dao: A Journal of Comparative Philosophy 3, 1, pp.29 – 42.

Alston, William

1989 *Epistemic Justification: Essays in the Theory of Knowledge* (Ithaca: Cornell University Press).

Altham, J. E. L.

1986 "The Legacy of Emotivism," in Graham Macdonald and Crispin Wright (eds.), *Fact, Science, and Morality: Essays on A. J. Ayer's Language, Truth, and Logic* (Oxford: Blackwell).

Annas, Julia

1993 *The Morality of Happiness* (Oxford: Oxford University Press).

Anscombe, G. Elizabeth M.

1957 *Intention* (Oxford: Blackwell).

Aristotle

1963 *Ethica Nicomachea*, in W. D. Ross (trans.), *The Works of Aristotle*, vol.9 (Oxford: Oxford University Press).

Arrington, Robert L.

1993 "Advertising and Behavior Control," in Thomas I. White (ed.), *Business Ethics: A Philosophical Reader* (Upper Saddle River: Prentice Hall).

Augustine

1948 *The Lord's Sermon on the Mount*, in *Ancient Christian Writers*, vol.5 (Westminster: Newman Press).

Ayer, Alfred Jules

1946 *Language, Truth, and Logic* (London: Gollancz).

Berlin, Isaiah

1969   *Four Essays on Liberty* (Oxford: Oxford University Press).

Blackstone, W. T.

1965   "The Golden Rule: A Defense," *Southern Journal of Philosophy* 3, 4, pp.172 - 177.

Böllnow, Otto Friedrich

1979   "What Does It Mean to Understand a Writer Better than He Understood Himself," *Philosophy Today* 23, 1, pp.16 - 28.

Bransen, Jan

1996   "Identification and the Idea of an Alternative of Oneself," *European Journal of Philosophy* 4, 1, pp.1 - 16.

Bull, Norman J.

1969   *Moral Education* (London: Routledge and Kegan Paul).

Buscemi, William I.

1993   "The Ironic Politics of Richard Rorty," *The Review of Politics* 55, 1, pp.141 - 157.

Carmichael, Peter A.

1973   "Kant and Jesus," *Philosophy and Phenomenological Research: A Quarterly Journal* 33, 3, pp.412 - 416.

Chan, Sin-Yee 陈倩仪

2000   "Can *Shu* be the One Word that Serves as the Guiding Principle of Caring Actions?", *Philosophy East and West* 50, pp.507 - 524.

Chan, Wing-Tsit 陈荣捷 (ed.)

1963   *Source Book in Chinese Philosophy* (Princeton: Princeton University Press).

Cheng，Chung-Ying 成中英

1991　*New Dimensions of Confucian and Neo-Confucian Philosophy* (Albany：State University of New York Press).

Ching，Julia 秦家懿

1976　*To Acquire Wisdom: The Way of Wang Yang-ming* (New York：Columbia University Press).

Copp，David and David Sobel

2004　"Morality and Virtue：An Assessment of Some Recent Work in Virtue Ethics," *Ethics* 114，3，pp.514 – 554.

Cua，Antonio S. 柯雄文（ed.）

2003　*Encyclopedia of Chinese Philosophy* (New York：Routledge).

Davidson，Donald

1996　"On Knowing One's Own Mind," in Andrew Pessin and Sanford Goldberg（eds.），*The Twenty Years of Reflection on Hilary Putnam's "The Meaning of 'Meaning'"* (New York：M.E. Sharp，1996)；originally published in *Proceedings and Addresses of the American Philosophical Association* 60，pp.441 – 458.

2006　"First Person Authority," in Ernie Lepore and Kirk Ludwig（eds.），*The Essential Davidson* (Oxford：Clarendon Press，2006)；originally published in *Dialectic* 38，pp.101 – 111.

de Bary，W. M. Theodore

1998　*Asian Values and Human Rights: A Confucian Communitarian Perspective* (Cambridge：Harvard University Press).

Denis，Lara

2001　*Moral Self-Regard: Duties to Oneself in Kant's Moral Theory* (New York: Garland Publishing).

Eliade, Mircea

1959　*The Sacred and the Profane: The Nature of Religion* (San Diego: Harcourt Brace Jovanovich).

1963　*Patterns in Comparative Religion* (Cleveland: Meridian Books).

Feuerbach, Ludwig

1957　*The Essence of Christianity* (New York: Harper).

Fingarette, Herbert

1972　*Confucius: The Secular as Sacred* (New York: Harper and Row).

1979　"Following the 'One Thread' of the Analects," *Journal of the American Academy of Religion* 47, 3 (Thematic Issue), pp.373 – 405.

Foot, Philippa

1997　"Virtue and Vices," in Roger Crisp and Michael Slote *Virtue Ethics* (eds.), (Oxford: Oxford University Press).

Frankfurt, Harry

1988　*The Importance of What We Care About: Philosophical Essays* (Cambridge: Cambridge University Press).

2003　*Reason of Love* (Oxford: Oxford University Press).

Freud, Sigmund

1952　*The Unconscious*, in *Major Works of Sigmund Freud*, Great Books of the Western World 54 (London: Encyclopedia

Britannica, Inc).

Frisina, Warren

2002 *The Unity of Knowledge and Action: Toward a Non-representational Theory of Knowledge* (Albany: State University of New York Press).

Gadamer, Hans-Georg

1993 *Truth and Method* (New York: Continuum).

Gewirth, Alan

1978 *Reason and Morality* (Chicago: The University of Chicago Press).

1980 "The Golden Rule Rationalized," *Midwest Studies in Philosophy* 3, pp.133 – 147.

Godlove, Terry F.

1999 "Religious Discourse and First Person Authority," in Russell T. McCutcheon (ed.), *The Insider/Outside Problem in the Study of Religion* (London: Cassell).

Gould, James A.

1963 "The Not-So-Golden Rule," *Southern Journal of Philosophy* 1, 3, pp.10 – 14.

1983a "The Golden Rule," *American Journal of Theology and Philosophy* 4, 2, pp.73 – 79.

1983b "Kant's Critique of the Golden Rule," *New Scholasticism* 57, pp.115 – 122.

Habermas, Jürgen

1972 *Knowledge and Human Interests* (London: Heinemann).

1993   *Justification and application: Remarks on Discourse Ethics* (Cambridge: The MIT Press).

1996   "Coping with Contingencies: The Return of Historicism," in Jozef Niznik and John T. Sanders (eds.), *Debating the State of Philosophy: Habermas, Rorty and Kolakowski* (Westport: Praeger).

Hansen, Chad

1983   "A Tao of Tao in Chuang-Tzu," in Victor Maier (ed.), *Experimental Essays on Chuang-Tzu* (Honolulu: University of Hawaii).

Hare, R. M.

1963   *Freedom and Reason* (Oxford: Oxford University Press).

1975   "Abortion and the Golden Rule," *Philosophy and Public Affairs* 4, 3, pp.201 - 222.

1981   *Moral Thinking: Its Levels, Method, and Point* (Oxford: Oxford University Press).

Harman, Gilbert

1993   "Desired Desires," in R. G. Frey and Christopher W. Morris (eds.), *Value, Welfare, and Morality* (New York: Cambridge University Press).

Hertzler, J. O.

1934   "On Golden Rule," *International Journal of Ethics* 44, pp.418 - 436.

Hill, James F.

1984   "Are Marginal Agents Our Recipients?", in Edward Regis, Jr. (ed.), *Gewirth's Ethical Rationalism: Critical Essays with a*

Reply by Alan Gewirth (Chicago: The University of Chicago Press).

Hirst, E. W.

1934 "The Categorical Imperative and the Golden Rule," *Philosophy: The Journal of the Royal Institute of Philosophy* 9, pp.328 – 335.

Hoche, Hans-Ulrich

1982 "The Golden Rule: New Aspects of an Old Moral Principle," in Darrell E. Christiansen, et al. (eds.), *Contemporary German Philosophy*, vol. 1 (University Park: Penn State University Press).

Hosmer, LaRue Tone

1994 "Why Be Moral: A Different Rational for Managers," *Business Ethics Quarterly* 4, 2, pp.191 – 204.

Huang, Yong 黄勇

1996 "The Father of Modern Hermeneutics in a Postmodern Age: A Reinterpretation of Schleiermacher's Hermeneutics," *Philosophy Today* 40, 2, pp.251 – 262.

2001 *Religious Goodness and Political Rightness: Beyond the Liberal-Communitarian Debate*, *Harvard Theological Studies* 49 (Harrisburg: Trinity Press International).

2003 "Cheng Brothers' Neo-Confucian Virtue Ethics: The Identity of Virtue and Nature," *Journal of Chinese Philosophy* 30, 3, pp.451 – 467.

2005 "Moral Copper Rule: A Daoist-Confucian Alternative to the

Golden Rule," *Philosophy East and West* 55, pp.394 – 425.

2006a "A Neo-Confucian Conception of Wisdom: Wang Yangming on the Innate Moral Knowledge," *Journal of Chinese Philosophy* 33, 3, pp.393 – 408.

2006b "Interpretation of the Other: A Cultural Hermeneutics," in Inwon Choue, Samuel Lee, and Pierre Sane (eds.), *Interregional Philosophical Dialogues: Democracy and Social Justice in Asia and the Arab World* (Seoul: UNESCO/Korea National Commission of UNESCO).

2007 "How Is Weakness of the Will Not Possible? Cheng Yi on Moral Knowledge," in Roger T. Ames and Peter Hershock (eds.), *Educations and Their Purposes: A Philosophical Dialogue Among Cultures* (Honolulu: University of Hawaii Press).

2008a "Neo-Confucian Hermeneutics at Work: Cheng Yi's Philosophical Interpretation of *Analects* 8. 9 and 17. 3," *Harvard Theological Review* 101, 1, pp.169 – 201.

2008b "Why be Moral?: The Cheng Brothers' Neo-Confucian Answer," *Journal of Religious Ethics* 36, pp.321 – 353.

2008c "The Cheng Brothers' Onto-theological Articulation of Confucian Values," in On-Cho Ng (ed.), *Rethinking Chinese Thought: Hermeneutics, Onto-Hermeneutics and Comparative Philosophy* (New York: Global Scholarly Publications).

2010a "The Ethics of Difference in the *Zhuangzi*," *Journal of American Academy of Religion*, 78, 1, pp.66 – 99.

2010b "The Possibility of a Virtue Ethics in the Zhuangzi," *Journal of Asian Studies* 69, 4 (2010), pp.1049–1070.

Hume, David

1978 *A Treatise of Human Nature* (Oxford: Clarendon Press).

Hurka, Thomas

2001 *Virtue, Vice, and Value* (Oxford: Oxford University Press).

Hursthouse, Rosalind

1999 *Virtue Ethics* (Oxford: Oxford University Press).

Irwin, Terence H.

1996 "Kant's Criticism of Eudaemonism," in Stephen Engstrom and Jennifer Whiting (eds.), *Aristotle, Kant, and the Stoics: Rethinking Happiness and Duty* (Cambridge: Cambridge University Press).

Ivanhoe, Philip J.

1990 "Reweaving the 'One Thread' of the *Analects*," *Philosophy East and West* 40, 1, pp.17–33.

2002 *Ethics in the Confucian Tradition*, 2nd edition (Indianapolis: Hackett).

Kading, Daniel

1960 "Are There Really 'No Duties to Oneself'?," *Ethics* 70, 2, pp.155–157.

Kalin, Jesse

1984 "Public Pursuit and Private Escape: The Persistence of Egoism," in Edward Regis, Jr. (ed.), *Gewirth's Ethical Rationalism: Critical Essays with a Reply by Alan Gewirth*

(Chicago: The University of Chicago Press).

Kant, Immanuel

1956   *Critique of Practical Reason* (New York: Macmillan).

1963   *Lectures on Ethics* (Indianapolis: Hackett).

1964a   *The Doctrine of Virtue* (Philadelphia: University of Pennsylvania Press).

1964b   *Groundwork of the Metaphysic of Morals* (New York: Harper and Row).

1980   *Ethical Philosophy* (Indianapolis: Hackett).

Klemm, David E.

1986   *Hermeneutical Inquiry. Volume I: The Interpretation of Texts* (Atlanta, Georgia: Scholars Press).

Kraut, Richard

1989   *Aristotle on the Human Good* (Princeton: Princeton University Press).

1998   "Egoism and Altruism," in Edward Craig (ed.), *Routledge Encyclopedia of Philosophy* (New York: Routledge).

Leeuw, Gerardus van der

1986   *Religion in Essence and Manifestation* (Princeton: Princeton University Press).

Little, Margaret Olivia

1997   "Virtue as Knowledge: Objections from the Philosophy of Mind," *Noûs* 31,1, pp.59 – 79.

Locke, John

1894   *An Essay Concerning Human Understanding* (London: George

Routledge and Sons).

Louden, Robert B.

1997   "Kant's Virtue Ethics," in Daniel Statman (ed.), *Virtue Ethics* (Washington, D.C.: Georgetown University Press).

Loughrey, Dennis

1998   "Second-order Desire Accounts of Autonomy," *International Journal of Philosophical Studies* 6, 2, pp.211 – 229.

MacIntyre, Alasdair

1999   "Is Understanding Religion Compatible with Believing?", in Russell T. McCutcheon (ed.), *The Insider/Outside Problem in the Study of Religion* (London: Cassell).

Maciver, Robert M.

1952   "The Deep Beauty of the Golden Rule," in *Moral Principles of Action: Man's Ethical Imperative*, ed. Ruth Nanda Anshen (New York and London: Harper and Brothers).

McGray, James W.

1989   "The Golden Rule and Paternalism," *Journal of Interdisciplinary Studies* 1, pp.145 – 161.

McKerlie, Dennis

1991   "Friendship, Self-Love, and Concern for Others in Aristotle's Ethics," *Ancient Philosophy* 11, 1, pp.85 – 101.

McNaughton, David

1988   *Moral Vision: An Introduction to Ethics* (Oxford: Blackwell).

Mill, John Stuart

1971   *Utilitarianism, with Critical Essays* (Indianapolis: Bobbs-

Merrill).

Mulholland, Leslie A.

1988 "Autonomy, Extended Sympathy and the Golden Rule," in Sander H. Le (ed.), *Inquiries into Values: The Inaugural Session of the International Society for Value Inquiry* (Lewiston: The Edwin Mellen Press).

Nivison, David S.

1996 *The Ways of Confucianism: Investigations in Chinese Philosophy*, edited with an Introduction by Bryan W. van Norden (Chicago: Open Court).

O'Neill, Onora

1989 "Kant after Virtue," *Constructions of Reason: Exploration of Kant's Practical Philosophy* (Cambridge: Cambridge University Press).

Otto, Rudolf

1972 *The Idea of the Holy* (Oxford: Oxford University Press).

Pals, Daniel

1999 "Reductionism and Belief: An Appraisal of Recent Attach on the Doctrine of Irreducible Religion," in Russell T. McCutcheon (ed.), *The Insider/Outside Problem in the Study of Religion* (London: Cassell).

Penner, Hans H. and Edward A Yonan

1972 "Is a Science of Religion Fossible?," *Journal of Religion* 52, pp.107 – 133.

Pestana, Mark Stephen

1996　"Second Order Desires and Strength of Will," *The Modern Schoolman* 73, pp.173 - 182.

Plato

1980　*Protagoras*, in Edith Hamilton and Huntington Cairns (eds.), *Plato: The Collected Dialogues* (Princeton: Princeton University Press).

Putnam, Hilary

1983　*Realism and Reason* (Cambridge: Cambridge University Press).

1996　"The Meaning of Meaning," in Andrew Pessin and Sanford Goldberg (eds.), *The Twenty Years of Reflection on Hilary Putnam's "The Meaning of 'Meaning'"* (New York and London: M. E. Sharp, 1996); originally in *Mind*, *Language*, *and Reality: Philosophical Papers*, *Volume 2* (New York: Cambridge University Press).

Rawls, John

1999　*A Theory of Justice*, revised edition (Cambridge: Harvard University Press).

Reath, Andrew

1997　"Self-Legislation and Duties to Oneself," *Southern Journal of Philosophy* 36, supplement, pp.103 - 124.

Reiner, Hans

1983　*Duty and Inclination* (The Hague: Martinus Nijhoff Publishers).

Ricoeur, Paul

1990   "The Golden Rule," *New Testament Studies* 36, 3, pp.392 – 397.

1991   *From Text to Action: Essays in Hermeneutics II* (Evanston: Northwestern University Press).

Robbins, Michael H.

1974   "Hare's Golden Rule Argument: A Reply to Silverstein," *Mind* 83, 332, pp.578 – 581.

Rorty, Richard

1979   *Philosophy and the Mirror of Nature* (Princeton: Princeton University Press).

1989   *Contingence, Irony, and Solidarity* (Cambridge: Cambridge University Press).

1990   "Truth and Freedom: A Reply to Thomas McCarthy," *Critical Inquiry* 16, 3, pp.633 – 643.

1996   " The Ambiguity of ' Rationality '," *Constellations: An International Journal of Critical and Democratic Theory* 3, 1, pp.73 – 82.

1997a "Justice as a Larger Loyalty," in Ron Bontekoe and Marietta Stepaniants (eds.), *Justice and Democracy: Cross-Culture Perspectives* (Hawaii: University of Hawaii Press).

1997b *Truth, Politics, and Post-modernism* (Assen: van Gorcum).

1998a *Truth and Progress: Philosophical Papers 3* (Cambridge: Cambridge University Press).

1998b *Achieving Our Country* (Cambridge: Harvard University Press).

1999   *Philosophy and Social Hope* (London: Penguin Books).

2000   "Is 'Cultural Recognition' a Useful Concept for Leftist Politics?", *Critical Horizons* 1, 1, pp.7 – 20.

2002a   *Against Bosses, Against Oligarchies* (*Chicago:* Prickly Paradigm Press).

2002b   "Hope and Future," *Peace Review* 14, 2, pp.149 – 155.

2002c   "Worlds or Words Apart? The Consequences of Pragmatism for Literary Studies: An Interview with Rorty," *Philosophy and Literature* 26, pp.369 – 396.

Rost, H. T. D.

1986   *The Golden Rule: A Universal Ethic* (Oxford: George Ronald).

Rowley, H. H.

1951   "The Chinese Sages and the Golden Rule," *Submission in Suffering and Other Essays on Eastern Thought* (Cardiff: University of Wales Press).

Russell, Leonard J.

1942   "Ideals and Practices (I)," *Philosophy: The Journal of the Royal Institute of Philosophy* 17, pp.99 – 116.

Saka, Paul

2000   "'Ought' Does Not Imply 'Can'," *American Philosophical Quarterly* 37, 2, pp.93 – 105.

Scanlon, Thomas M.

1998   *What We Owe to Each Other* (Cambridge: Harvard University Press).

Schleiermacher, Friedrich

1986　*Hermeneutics: The Handwritten Manuscripts*, edited by Heinz Kimmerle (Atlanta: Scholars Press).

Segal, Robert

1999　"In Defense of Reductionism," in Russell T. McCutcheon (ed.), *The Insider/Outside Problem in the Study of Religion* (London: Cassell).

Shaw, Bill and John Corvino

1996　"Hosmer and the 'Why Be Moral?' Question," *Business Ethics* 6, 3, pp.373 – 383.

Shen, Vincent 沈清松

2002　"Chen Daqi," in Antonio S. Cua (ed.), *Encyclopedia of Chinese Philosophy* (New York: Routledge).

Silverstein, Harry S.

1972　"A Note on Hare on Imagining Oneself in the Place of Others," *Mind* 81, 323, pp.448 – 450.

Sim, May 沈美华

2007　*Remastering Morals with Aristotle and Confucius* (Cambridge: Cambridge University Press).

Singer, Marcus G.

1959　"On Duties to Oneself," *Ethics* 69, 3, pp.202 – 205.

1963a "Duties and Duties to Oneself," *Ethics* 73, 2, pp.133 – 142.

1963b "The Golden Rule," *Philosophy: The Journal of the Royal Institute of Philosophy* 38, 146, pp.293 – 314.

1967　"Golden Rule," in Paul Edwards (ed.), *Encyclopedia of Philosophy* (New York: Macmillan Publishing).

1971   *Generalization in Ethics: An Essay in the Logic of Ethics,
        With the Rudiments of a System of Moral Philosophy* (New
        York: Russell and Russell).

1998   "Golden Rule," in Edward Craig (ed.), *Routledge
        Encyclopedia of Philosophy* (New York: Routledge).

Slote, Michael

1992   *From Morality to Virtue* (Oxford: Oxford University Press).

Smith, Nicholas H.

1997   *Strong Hermeneutics: Contingency and Moral Identity* (New
        York: Routledge).

Smith, Wilfred Cantwell

1979   *Faith and Belief* (Princeton: Princeton University Press).

1981   *Toward a World Theology* (Philadelphia: The Westminster
        Press).

1991   *The Meaning and End of Religion* (Minneapolis: Fortress
        Press).

Solomon, David

1997   "Internal Objections to Virtue Ethics," in Daniel Statman
        (ed.), *Virtue Ethics: A Critical Reader* (Washington, D.C.:
        Georgetown University Press).

Spooner, W. A.

1928   "Golden Rule," in James Hastings (ed.), *Encyclopedia of
        Religion and Ethics* (New York: Scribners).

Statman, Daniel

1997   "Introduction," in Daniel Statman (ed.), *Virtue Ethics: A*

Critical Reader (Washington, D. C.: Georgetown University Press).

Tang, Chun-I 唐君毅

1970 "The Development of the Concept of Moral Mind from Wang Yang-ming to Wang Chi," in W. M. Theodore De Bary (ed.), *Self and Society in Ming Thought* (New York: Columbia University).

Taylor, C. C. W.

1965 "Review of *Freedom and Reason*," *Mind* 74, pp.280 – 298.

Ten, Chin-Liew

2003 "The Moral Circle," in Kim-Chong Chong, Sor-Hoon Tan, and Chin-Liew Ten, (eds.), *The Moral Circle and the Self: Chinese and Western Approaches* (Chicago: Open Court).

Toner, Christopher

2006 "The Self-Centeredness Objection to Virtue Ethics," *Philosophy: The Journal of the Royal Institute of Philosophy* 81, 4, pp.595 – 617.

Topel, John, S. J.

1998 "The Tarnished Golden Rule (Luke 6: 31): The Inescapable Radicalness of Christian Ethics," *Theological Studies* 59, 3, pp.475 – 485.

Tu, Weiming 杜维明

1989 *Centrality and Commonality: An Essay on Confucian Religiousness* (Albany: State University of New York Press).

1995 "Happiness in the Confucian Way," in Leroy S. Rouner (ed.),

In Pursuit of Happiness (Notre Dame: University of Notre Dame Press).

van Norden, Bryan W.

2007　Virtue Ethics and Consequentialism in Early Chinese Philosophy (Oxford: Oxford University Press).

Walzer, Michael

1984　"Liberalism and the Art of Separation," *Political Theory* 12, 3, pp.315 – 330.

Wang, James Qingjie 王庆节

1999　"The Golden Rule and Interpersonal Care: From a Confucian Perspective," *Philosophy East and West* 49, 4, pp.415 – 429.

Watson, Gary

1997　"On the Primacy of Character," in Daniel Statman (ed.), *Virtue Ethics: A Critical Reader* (Washington, D. C.: Georgetown University Press).

Wattles, Jeffrey

1996　*The Golden Rule* (Oxford: Oxford University Press).

Weiss, Paul

1941　"The Golden Rule," *The Journal of Philosophy* 38, pp.421 – 430.

Wiebe, Donald

1999　"Does Understanding Religion Require Religious Understanding?", in Russell T. McCutcheon (ed.), *The Insider/Outside Problem in the Study of Religion* (London: Cassell).

Williams, Bernard

1985　*Ethics and Limits of Philosophy* (Cambridge: Harvard

University Press).

Wittgenstein，Ludwig

1958   *Philosophical Investigation* (New York：Macmillan).

Wong，David B.黄百锐

1989   "Universalism versus Love with Distinction," *Journal of Chinese Philosophy* 16，3，pp.251－272.

Yu，Jiyuan 余纪元

2007   *The Ethics of Confucius and Aristotle: Mirrors of Virtue* (New York：Routledge).

人名索引

A

Adams，Robert Merrihew 亚当斯 260

Agassi，Joseph 阿加西 118

Allinson，Robert E. 艾林森 77, 158,159,199

Altham，A.E.J. 奥尔瑟姆 248

Ames，Roger T. 安乐哲 151,152, 164

Annas，Julia 安娜斯 279,280,283, 301

Anscombe，G. E. M. 安斯康姆 246, 261

Aquinas，Thomas 阿奎那 83,191, 202

Aristotle 亚里士多德 10,11,146 - 148,164,243,244,254,259,262, 263,265,270,272 - 274,276 - 285, 291,293,294,296,300,301

Arnold，Gottfried 阿诺德 70

Arrington，Robert L. 阿灵顿 65

Augustine 奥古斯丁 17,23,25,72, 74

Ayer，Alfred Jules 艾耶尔 116,247

B

Baier，Annette 拜尔 81,180,183

Berlin，Isaiah 伯林 39,66,67

Blackstone，W. T. 布莱克斯通 73

Böllnow，Otto Friedrich 博尔诺夫 122

Bull，Norman J. 布尔 49,50,58,77

Bultmann，Rudolf 布尔特曼 80

Buscemi，William I. 布舍弥 189

C

Carmichael，Peter A. 卡麦克尔 80

Copp，David 卡普 299

Corvino，John 科尔维诺 299

Cua，Autonio S. 柯雄文 141,144,

145,153,155,156,164,165

D

Darwin, Charles 达尔文 174

Davidson, Donald 戴维森 5,6, 105,107,114 - 118,121 - 124,127, 130 - 133,135

De Bary, W. M. Theodore 狄培理 165

Denis, Lara 丹尼斯 81

Dewey, John 杜威 173,202,259

Descartes, René 笛卡尔 230

Duhem, Pierre 迪昂 118

E

Eliade, Mircea 伊利亚德 108,109, 111,115,117,120

Einstein, Albert 爱因斯坦 222,233

F

Feuerbach, Ludwig 费尔巴哈 6, 108,112

Fingarette, Herbert 芬格莱特 47, 158,160,161

Foot, Philippa 富特 243,244

Frankfurt, Harry 法兰克福 64,83

Freud, Sigmund 弗洛伊德 6,108, 112,117,118,121,135

Frisina, Warren 弗里西纳 151

G

Gadamer, Hans-Georg 伽达默尔 5,87,88,90,92,96 - 99,101,137

Gewirth, Allan 格维斯 17,22 - 26, 32,50,51,56,72,73,75,76,81, 160

Godlove, Terry F. 伽德拉夫 119 -

121

Gould, James A. 古尔德 23,25, 73,75,76,82

H

Heidegger, Martin 海德格尔 97, 137,173,174

Habermas, Jürgen 哈贝马斯 87, 101,171,172,201

Hansen, Chad 汉森 77

Hare, R. M. 哈尔 26 - 32,48,55, 76,81

Hill, James F. 希尔 50,75

Hoche, Hans-Ulrich 霍赫 51,52, 64,73,81,83,84

Hosmer, LaRue Tone 霍斯墨尔 269,270,299

Humboldt, Wilhelm von 洪堡 184

Hume, David 休谟 9,180,183, 227,229,230,245 - 249,259,300

Hurka, Thomas 霍尔卡 281

Hursthouse, Rosalind 赫斯特豪斯 259,262,270,271,273,300

Hegel, G. W. F 黑格尔 88,201

I

Irwin, Terence H. 欧文 298

Ivanhoe, Philip J. 艾文贺 71,75, 212 - 214,225,253

J

Jesus 耶稣 40,49,77,80,130

K

Kading, Daniel 卡丁 82

Kalin, Jesse 凯林 76

Kant, Immanuel 康德 17,32,48,

59－62,72,73,77,80,82,83,100,102,109,112－114,142－144,146,153,160,163,173,179,180,183,191,201,202,220,222,234,240,243,249,250,253,259－262,264,275,277,278,292,297,298,300

Kaufman, Gordon D. 考夫曼　103

Kraut, Richard 克劳特　272,279－284

L

Locke, John 洛克　217,218,225

Louden, Robert 劳登　142,297

M

Macier, Robert M. 马歇尔　81

MacIntyre, Alasdair 麦金泰尔　128,129

Malinowski, Bronisław Kasper 马林诺夫斯基　118

Marx, Karl 马克思　6,108,112

Mckerlie, Dennis 麦克利　284,300

McNaughton, David 麦克诺顿　248

Mulholland, Leslie A. 穆赫兰　50,80

N

Nietzsche, Friedrich 尼采　87,259

Nivison, David S. 倪德卫　45,145,146,157,158,160,161,219

O

O'Neill, Onora 奥尼尔　261,297

Otto, Rudolf 奥托　108,109,111,115,128

P

Pals, Daniel 帕尔斯　130,134,137

Penner, Hans 潘纳　111

Pestana, Mark Stephen 培斯塔那　83

Plato 柏拉图　179,183,191,202,218,219,269,281

Putnam, Hilary 普特南　119－122,171,172

R

Rawls, John 罗尔斯　32,184,195－197,203,221

Reath, Andrew 雷斯　82

Ricoeur, Paul 利科　80,87,89,101

Robbins, Michael H. 罗宾斯　76

Rorty, Richard 罗蒂　87,88,92,169,171－181,183－187,189－193,195－198,201,202,219

Rost, H. T. D. 罗斯特　71

Ryle, Gilbert 赖尔　9,135,237,238

S

Schleiermacher, Friedrich 施莱尔马赫　99,122

Segal, Robert 塞伽尔　111,114,115,117,119,125－127,129

Scanlon, T. M. 斯坎隆　247

Shaw, Bill 肖　233,299

Silverstein, Harry S. 西尔弗斯坦　27,76

Singer, Marcus G. 辛格　15,18－22,29,31－33,53,55,58－62,71－74,81,82

Slote, Michael 斯洛特　300

Smith, Adam 亚当·斯密　32,77

Smith, Wilfred Cantwell 史密斯　6,89,90,98,108－110,113,115,120－

122,124,129 - 133
Sobel，David 索贝尔 299
Solomon，David 索罗门 147,263,
264,272,274,275,277,278
Spooner，W. A. 斯普纳 74,77

T

Taylor，C. C. W. 泰勒 27,87,195
Taylor，Charles 泰勒 27,87,195
Thrasymachus 特拉西马库斯 281
Toner，Christopher 托纳 280 - 283

W

Walzer，Michael 沃尔泽 32
Watson，Gary 沃森 297
Wattles，Jeffrey 瓦特斯 71
Weiss，Paul 维斯 31,81
Whitman，Walt 惠特曼 184,202
Wiebe，Donald 维伯 112,113,
126,127
Williams，Bernard 威廉斯 82,273,
275,276
Wittgenstein，Ludwig 维特根斯坦
6,123,127

Y

Yonan，Edward 约南 111

四画

王庆节（James Qingjie Wang） 38,
39,56,68,77,78,81,84
王阳明 9,10,149 - 151,165,200,
205,207 - 227,229 - 255
方克立 223
孔子 40 - 45,47,59,147,148,158,
163,165,173,176 - 179,181,183,
184,187 - 191,193,194,198,219,

221,244,265 - 267,269,271,290,
292,293

五画

冯友兰 68,77,151,152,158,166

六画

老子 38,39,68,78,80,84
成中英（Chung-Ying Cheng） 146,
149,151,152,164,223
朱熹 9,11,154,158,165,214,224,
257,259,262,263,265 - 269,271 -
274,285 - 296,298,299,302
庄子 34 - 38,41,59,76 - 78,81,
94,96
庄锦章（Kim-Chong Chong） 148
刘述先 153,154,159,164
刘殿爵（D. C. Lau） 158
安延民 161,162
牟宗三 142 - 144,153,166,209,
223,251,298

七画

劳思光 210,224
杜维明（Weiming Tu） 147,159,
165,229,230,237,238,250,253,
299
李明辉 102
杨子 181
杨国荣 252,253
吴震 165,200,218,225
佛陀 49,198
余英时 150,252
沈清松（Vincent Shen） 142 - 144,
298
张载 149,154,178,214,234

陆象山　150,223,251
陈大齐　142,144
陈来　214,223,224,236,251,252
陈荣捷（Wing-Tsit Chan）　40
陈倩仪（Sin-Yee Chan）　47,48
邵雍　154

九画
赵敦华　72
柯雄文（Antonio S. Cua）　141,144,
　145,153,155,156,164,165
侯外庐　224

十画
秦家懿（Julia Ching）　236,251
钱穆　226,253
唐君毅（Chun-I Tang）　153,166,
　209,210,223,224,252

十一画
黄百锐（David B. Wong）　143,144,
　152,183,201
黄直　244

章学诚　150
十二画
韩子奇　149,154,155
程颐　41,42,44,45,59,78-81,95,
　102,149,154,157,163,165,167,
　168,182,188,194,195,200-202,
　215,223,224,251,254,265,269,
　290,292,294,299,302
程颢　41,42,44,45,78-81,95,102,
　154,155,157,163,165,167,168,
　178,188,194,200-202,207,215,
　223,224,232,251,254,299,302
傅佩荣　144
湛若水　218
十三画
蒙培元　223
十五画
墨子　8,181
十七画
戴震　146,150,151,166

名词索引

A

阿基米德点　171

爱有差等　7,8,40,41,95,148,163,
　176,187,188

B

本体　146,192,208,216,219,231,
　232,239,247,254

本体论　87,110-112,114,125,134,
　153,154,157,195

比较哲学　144,152,229

比较宗教　6,89,108

表象主义　171-173

不平等　174

C

恻隐　181,182,193,195,208,213,
　217,218,231

差异　8,19,34,67,91,142,143,
　159,160,165,173,184-191,198,
　213,221,222,224,225

常识　151,300

超越　3,9,77,88,90,109,111,114,
　124,171,174,175,180,195,200,
　273,275

程序　171

崇拜　48,90,112,119,120,136

传统　5,8-11,15,22-24,31-34,
　38,39,43,50,71,77,78,87-98,
　101,109,113,130,145,146,149-
　152,154,160,172,178-180,183,
　193,212,224,229,230,252,255,
　262,263,266,270,285,291,
　296,300

创造性　92,149,154-156

存在　7,16,21-24,30-32,34,35,
　48,50,51,55,56,61,62,64,67,
　69,70,72,74,80,83,88,89,91,92,
　98,100,107-109,111,112,114-
　116,118-124,127,129,130,135,
　145,148,151,156,157,159-161,
　165,171,172,174,178,180,184-

186,189,192,194 - 198,201,202,
214,217,218,220,225,230,232,
236,241,246,247,249 - 251,254,
262, 275, 280, 283, 284, 297,
298,302

D

大体 148,177,208,230,232,238,
243,250,263

《大学》 43,45,79,161,162,226,
236,239,243,246,265,268,285,
286

道德 3,4,7 - 11,15 - 17,19,21 -
26,28 - 34,36,42 - 44,46,48 - 51,
53 - 61,67,69 - 77,80 - 83,89,91 -
94,96,99 - 102,109,113,131 -
133,142 - 153,155 - 163,165,173,
175 - 200,202,203,205,207 - 213,
217 - 226,230,234,238,243 - 245,
247 - 250,253,254,259 - 262,264 -
266,269,270,272 - 276,278,283,
290,291,297 - 299

道德金律 3,4,15 - 26,29 - 33,36,
37,39,40,42 - 53,57,58,66,69 -
75,77,80 - 84,93 - 96,102,289,
290

道德竞争 278 - 280,282,283

道德客体 91,94,160,162,163

道德铜律 1,3 - 5,7,8,10,13,15,
16,19,33,36,38 - 59,61 - 70,72,
73,77,78,81,83,84,94 - 96,100,
163

道德银律 3,15,93,96

道德主体 94,144,146,147,156,
160,162

道家 3,8,9,13,15,16,33,34,38,
39,59,94,147,154

道教 71,128

道问学 150

道义论 8,11,142,143,259 - 262

德性 37, 54, 142, 150, 187, 235,
243,244,252,254,259,263,266,
272,276,277,291,295

德性之知 9,149,150,166,224,
234,235,238,243,251,252

第一人称的权威 6,105,107,114,
116 - 124,130 - 133,137

动机 149,260,265,276

动态平衡 195 - 197,203

对话 5, 20, 33, 80, 88, 89, 91,
97,198

对象 4 - 7,15,20,21,41,42,50,55,
56,59,66,68,70,74,89 - 91,93,
95,96,98,100,111,112,119,121,
123,125,128,131,134,151,163,
175,177,179,181 - 183,187,188,
190,220,249,250,260,264

多样性 162,184 - 186,259

E

恶德(vice) 261

二元论 247

F

反本质主义 176

反表象主义 171,172

反讽 47,186

反还原论 107,108,111,114,115,
128,129,132,134

反理智主义　150,252
反实在论　172
方法论　107,110 - 112,114,133,134
非理性　63 - 67,69,152,180
非认知主义　247
分析哲学　5,107,115,121
佛教　71,134,153,182
否定自由　16,39,189

G

格物　166,231,232,267,285,286
工夫　210,236,244,293
公共　66,186,190,222
公正　3,52,74,82,147,174,176,
　179,180,270,274,277,281
功利主义　55,142 - 144,198
古之学者　168,265,266,269,302

H

合理性　75
后现代主义　87,171,184,186
怀疑论　77,122,128 - 130,136
还原论　107,108,110 - 114,127,
　129,132 - 134,262

J

机械论　112,113
基督教　30,31,46,71,78,112,114,
　122,124,130,134,144,153,159,
　184,198,240,275,298
基督徒　30,31,46,97,114,122,
　124,185
极权主义　39
家长主义　39,45,48,67,82
家庭　7,8,175 - 177,179,183,199
兼爱　181

交互性　49,50,70,77,80,84
角色转换　26 - 31,53,76,81
解释学　4,5,85,87 - 93,96 - 103,
　122,123,132,168
解释学循环　97
今之学者　168,265,266,269
进步　169,171 - 175,177 - 180,184 -
　186,191 - 193,198,199,201
进化　174
绝对命令　32,73,77,80,100,102,
　261,297
绝对真理　77
君子　37,40,43,45,59,163,187,
　215,219,225,234,236,240 - 242,
　253,254,285,288,290

K

看不见的手　283,284
科学　6,98,110 - 112,118,125,132,
　154,191,197,199,210,223,224,
　234,235
克己复礼　41,45,163,188
客气　214 - 217
肯定自由　16,39
宽容　81,174,197,290
狂热主义　30

L

礼　11,37,144,145,166,195,198,
　222,223,253,265,274,295
理解　4 - 8,11,18,23,26,28,33,34,
　39,40,44,47,52,55,59,62,66 -
　68,77,81,88 - 93,96 - 102,105,
　107 - 110,113 - 115,117,119 -
　137,142,145,148 - 152,154 - 158,

160,161,163,183,186 - 188,190,
191,193 - 198,207,208,212,214,
215,217,220,224,229,237,245,
249,251 - 253,262,268,279,285,
288 - 290

理论理性 114,220,249,254

理念 15,100

理性 9,10,20 - 24,28,50,51,62,
64 - 67,70,76,77,84,148,150,
152,179,180,183,184,202,218,
235,240,246,247,253,262,278,
292,300

理性化 22,24 - 26,31

理学 5,109,150,153 - 157,194,
212,214,223,224,226,253,262,
263,265,285,296

理智主义 150

利己主义 51,76,80,147,148,273,
275,276,300,301

利他主义 32,49,50,54,58,62,70,
84,147,300,301

良知 9 - 11,205,207 - 222,225,
227,229 - 240,243 - 252,254

伦理学 4,8,10,11,26,33,69,70,
76,132,142 - 145,148,152,220,
234,240,243,254,259 - 264,269 -
273,275 - 277,291,296 - 298,300

《论语》 42 - 44,78,79,168,175,199 -
202,268,289 - 292,294,295,298,
302

M

美德 8 - 11,142 - 147,149,152,
153,156,157,160,163,165,166,

223,257,259 - 266,269 - 277,279 -
285,288 - 294,296 - 300

民主 186

墨家 7,8,40,95,173,176,183,187

目的论 154,200

穆斯林 6,98,99,109,124,130,
185,193

N

内气 215

内在 11,41,109,116,119,124,
127,145,146,148,153,154,192,
240,241,260,261,263,269,271,
274 - 277,281,282,291,296,299

O

偶像崇拜 90,120

P

朋友 43,49,84,175,176,184,233,
280 - 282,284,285,301

品格 10,243,253,259 - 262,264,
272,273,278,297

平等 7,25,26,32,50,70,80,
84,127

普遍性 28,174

Q

气 18,29,30,154,155,212 - 217,
220 - 222,242,250,277,287

启蒙运动 87,159

启示 88,124

前理解结构 97,98,137

全球伦理 13,15,78,159

R

人类学 108,117

仁 1,3,7,10,11,34,40 - 45,72,78,

95，100，143，144，157，159，163，166，168，175，176，183，187，188，193－195，242，253，260，265，269，270，274，278，299

认识论 110，112－114，126，132，133，148，151，164，173，219，220

儒家 3，5，7－11，13，15，16，34，39－45，59，71，78，81，87，89，93－95，139，141－149，151－154，155，157，159，161－166，169，171，173，175－179，181－183，187，188，190，191，193，195－198，200，205，207，219，225，229，230，238，254，255，259，262，263，265，266，269，271－274，285，291，295，296，298，299

S

善良意志 152，297

上帝 48，90，111，112，119，120，124，126，128－130，144，195，198，240，298

身教 294，295，302

神秘主义 236，252

神圣 17，109，120

神学 87，127

圣人 39，41，42，95，146，149，163，176，178，179，188，200，207－212，221，225，226，231，237，240，244，245，250，252，253，265，285，286，292，295

实践 30，31，40，44，75，93，118，127，147－149，151，176，192，195，220

实践理性 10，114，220，249，

250，254

实践哲学 87

实用主义 185，198

实在 21，22，83，93，97，111－113，119，120，126，129，136，146，171，192，194，195，245，261，264

实证主义 247

世俗 120，125

事亲 42，175，209，292

适合的方向 246，248，249

恕 43－45，47，81，157，158，161，290，291

私人 6，123，186，190

四端 145，214，251

T

他律 48，144，298

体知 165，227，229－232，235，237－239，245，250，253

天道 93，194

天赋 88，207－209，211，217，218，221，223

天理 149，207－210，221，232，252

天主教 185

W

外气 214，215

外在 9，11，69，88，109，112，119，121，127，145，148，163，192，241，261，263，269－271，273－277，281，285，286，289，291，295，296，299，300

为己 5，11，85，87，88，90－93，96，100，102，147，148，164，165，168，236，253－255，265－269，271，286，

299,302

为人　5,10,11,15,18,41,44,50,76,85,87,89-93,96-103,142,144,148,150,164,168,181,193,194,207,208,213,216-218,223,231,246,265-269,271-273,276,286,290,292,299

闻见之知　149,150,224,235,237-239,251,252

无偏见的旁观者　32,53,77

无神论　48,121,129,130

无我　37,41,45,59,95

X

先验　220

小人　215,225,240,290

小体　148,177,230,232,237,238,243,250

孝　44,144,150,175,176,183,208-210,217,231,233-235,240,241,249,250,252-254,290,292,293

效果论　259-262

心理分析　117-119,135

心理学　71,108,109,117-119,218,230,245

心学　219,252,253

信念　9,10,29,115-117,121,123,124,129,130,132,136,156,171,192,196-198,203,219,220,227,229,230,245-250

信仰　30,31,46,107-115,117-126,128-134,136,151,159,191,198,202

行为对象　7,17,19-22,24-35,37,39,42-48,50-55,57-59,63-67,69,70,74,80-82,84,91,95,99,100,132,300

行为主体　9,15,17,20,22-28,72-75,81,83,84,143,259,261,262,264,266,269,272,273,275,276,278,280,282,291,296-298,300

形而上学　46,110,113,125,132,133,142,150,153,155-157,173,191-198,203,219

幸福　11,142-144,147,185,260,263-265,270,276-278,281,284,296,297,299-301

性别　185,186,191

修养　5,44,45,88,91-93,144,145,212,266,269,299

Y

言教　295

夜气　215,216

一般化　18,20,21,31,33,73

一神论　119

伊斯兰教　71,130

义务　9,22,25,50,59-63,72,74,81-83,142-144,178-180,261,278,292

因果律　113,260

隐喻　171,172,194

印度教　71,89,110,134

勇敢　8,270,281-283

犹太教　71,130,134

有神论　129

欲望　3,4,9,10,18-20,22-25,29,48,54-58,63-70,74,83,84,115,

143,146,152,153,160,215,227,229,230,238,245 - 249,260,273,275,282,300

原初状态 32,219

原教旨主义 30,31,46,87

Z

真理 124,131,137,169,171 - 176,179,181,183,192,198,218

真元之气 215

正义 66,183,184,188,203

知行合一 9,149,150,152,236,238,239,246,251

直觉 25,50,54,56,67,70,74,152,180,191 - 193,195 - 197,202,203,214

至善 149,200,212,264,285,288

致良知 10,212,218,222,231 - 233,236,244,251

中立 23,24

《中庸》 43,79,161,175,182,199,236

忠诚 179,181,183,184

终极实在 194,195,197

种族中心主义 172

主观主义 34,36,37,90

主气 214,215

自得 222,234,235,240,242,254,292,295

自律 144,298

自私 91,283,287 - 289,299

自我 5,6,26,34,38,45,49,50,59 - 64,70,78,80 - 83,88,89,92,93,96,97,101,107,112,114,116,123 - 125,128,131 - 133,135,137,145,147 - 149,165,173,175 - 180,183,185,186,190 - 192,196,198,212,263,264,266,271 - 274,276,277,281,282,284,298,299

自我中心 11,147,165,257,259,263,265,266,269,271 - 278,280,282,285,291,296,298

自由 24 - 26,36,51,61,64 - 67,76,82,113,134,174,175,184,186,195,220,249

自由至上主义 39

自由主义 3,31,49,190

自主性 47,48,66,80

宗教 3,5,6,15,30,31,46,48,71,73,89,107 - 115,117 - 134,136,137,159,185,189,197,198,223

宗教性 108

尊德性 150

后　记

　　2008年夏天,受台湾大学人文社会高等研究院院长黄俊杰教授的邀请,笔者到该院做访问学者,本书的准备工作就是当初在黄教授的积极鼓励下开始的,并在2011年以《全球化时代的伦理》为书名由台湾大学出版中心出版。因此可以说,没有黄教授的大力支持,本书的出版是不可能,在此笔者要对黄教授谨表谢忱。其次,台湾大学人文社会科学高等研究院的编辑林沛熙先生为本书的出版花了大量的心血,笔者同样在此要表示由衷的感谢。最后,2017年5月在武汉大学开会期间碰到上海交通大学哲学系姜丹丹教授,闲聊之间谈到了我在台大出版中心出版的本书和其他两本书,她认为大陆学界对这几本书应该会很有兴趣,建议在大陆出简体版,并马上让我跟上海交大出版社的刘旭先生联系。刘先生是我见到的最热心、效率最高、编辑最认真、好点子最多的编辑。跟他合作令人非常愉快,在此我也要向他深深致谢!

　　收入本书的这些论文先前都曾以不同方式发表过。这次在将它们重新整理过程中,笔者作了细微的修订,大多数是为了使各篇的体例一致,译名统一,同时也改正了一些文字上的错误。虽然这些论文写作的时间和背景很不相同,在写作这些论文时,笔者并没有计划将它们以书的形式出版,因此,书难免缺乏系统性,而各章之间偶尔也有少量的重复。为了保证各章论证的完整性,这些重复的部分在这次整理过程中还是保留下来了。但是,甚至使笔者自己都感到惊奇和欣慰的是,收于本书的各篇论文不仅观点一致,而且论证也有相当的连贯性。笔者在本书的导言中,对贯穿各篇的主题及其相对连贯的论证作了一些梳理,这也算是弥补了为任何论文集所难免具有的系统性不够的缺陷。

以下是各章发表的情况:

第一章原文为英文,"A Copper Rule versus the Golden Rule: A Daoist-Confucian Proposals for Global Ethics," *Philosophy East and West* 55,3(2005),pp.394-425。后经扩充,以《作为全球伦理原则的道德铜律:以儒家和道家为资源》为题,发表于《中国学术》,第6卷(2005年),第72-130页。

第二章原为联合国教科组织在韩国首尔召开的"地区间的哲学对话:亚洲和阿拉伯世界的民主与社会正义"会议上宣读的论文,后以"Interpretation of the Other: A Cultural Hermeneutics," in Inwon Choue, Samuel Lee, and Pierre Sane (eds.), *Inter-regional Philosophical Dialogues: Democracy and Social Justice in Asia and the Arab World* (Seoul: UNESCO/Korea National Commission of UNESCO, 2006). 中文以《解释学的两种类型:为己之学与为人之学》发表于《东亚文明研究学刊》,第5期,第29-28页和复旦大学的《复旦大学学报》,2005年第2期,第45-52页。

第三章原为在中央研究院文哲研究所举办之"跨文化视野下的东亚宗教传统国际学术研讨会"(2009年1月15—17日)提交的论文;后

以《理解他者：戴维森的"第一人称的权威"》发表于上海社会科学院《哲学分析》，2010 年第 3 期，第 19－36 页。

第四章原为英文，"On Some Fundamental Issues in Confucian Ethics"发表于 *Journal of Chinese Philosophy* 32，3（2005），pp.509－528；后由崔亚琴翻译成中文，与本章同题发表于华东师范大学现代中国文化研究所（编）：《思想与文化》，2006 年第 3 期（上海：华东师范大学出版社，2006 年）。

第五章原文为英文，"Rorty's Progress into Confucian Truth," in Yong Huang（ed.），*Morality，Human Nature，and Metaphysics：Rorty Responds to Confucian Critics*（Albany：State University of New York Press，2009）和 Randall E. Auxier and Lewis Edwin Hahn（eds.），*The Philosophy of Richard Rorty: The Library of Living Philosophers*（Chicago：Open Court，2010）；西安交通大学胡军良翻译成中文，与本章同题发表于《陕西师范大学学报》，2006 年第 3 期（2006 年），第 18－29 页。

第六章原文为英文，"A Neo-Conception of Wisdom：Wang Yangming on the Innate Moral Knowledge（*Liangzhi*），" *Journal of Chinese Philosophy* 33，3（2006），pp.393－408；后由崔亚琴翻译成中文，以本章同题发表于成中英、冯俊（编）《康德与中国哲学智慧》（北京：中国人民大学出版社，2009 年）。

第七章以《王阳明在休谟主义和反休谟主义之间：良知作为体知＝信念、欲望≠怪物》发表于陈少明（编）：《体知与人文学》（北京：华夏出版社，2008 年）。

第八章原以同题发表于吴震（编）：《宋代儒学的精神世界：以朱子为中心》（上海：华东师范大学出版社，2009 年）。修订和扩充了的英文版将以"The Self-Centeredness Objection to Virtue Ethics: Zhu Xi's Neo-Confucian Response"为题发表于 *American Catholic Philosophical Quarterly* 84（2010）。

　　笔者对上述各出版社、刊物允许笔者在此重印这些论文，对有关编辑在原文发表时所给予的帮助，特别是对有关论文的中文译者，谨表谢意。另外，在写作、修订、翻译和编辑出版这些论文过程中，笔者也得益于无法在此一一列举的师友的帮助，但除了上面提到的以外，尽管一定是挂一漏万，笔者还是要特别感谢倪培民、吴光明、贝克（Allan Bäck）、克拉克（Kelly James Clark）、赫克斯曼（Hyun Hochsmann）、李晨阳、莉莎（John Lizza）、罗蒂（Richard Rorty）、王庆节、道麦尔（Fred Dallmayr）、李明辉、黄俊杰、张再林、余继元、斯蒂克勒（Richard Stichler）、倪良康、吴震、张汝伦、方旭东、袁劲梅、杜维明、陈少明。